微塑料污染与防治

白英 刘铮◎著

兰州大学出版社
LANZHOU UNIVERSITY PRESS

图书在版编目（CIP）数据

微塑料污染与防治 / 白英，刘铮著. -- 兰州 ：兰
州大学出版社，2025. 7. -- ISBN 978-7-311-06952-0

Ⅰ. X5

中国国家版本馆 CIP 数据核字第 2025Q4H337 号

责任编辑　米宝琴　黄　卉
封面设计　程潇慧

书　　名　**微塑料污染与防治**
　　　　　WEISULIAO WURAN YU FANGZHI
作　　者　白　英　刘　铮　著
出版发行　兰州大学出版社　（地址：兰州市天水南路222号　730000）
电　　话　0931-8912613(总编办公室)　0931-8617156(营销中心)
网　　址　http://press.lzu.edu.cn
电子信箱　press@lzu.edu.cn
印　　刷　甘肃日报报业集团有限责任公司印务分公司
开　　本　787 mm×1092 mm　1/16
成品尺寸　185 mm×260 mm
印　　张　14.25
字　　数　276千
版　　次　2025年7月第1版
印　　次　2025年7月第1次印刷
书　　号　ISBN 978-7-311-06952-0
定　　价　78.00元

（图书若有破损、缺页、掉页,可随时与本社联系）

前　言

当今社会，塑料以其卓越的性能和广泛的用途，深度融入了人类生活的方方面面。从日常生活用品到复杂的工业制品，塑料无处不在，为社会的发展与进步作出了重要贡献。然而，随着塑料产量和使用量的持续攀升，塑料污染问题也愈发严峻，尤其是微塑料污染，正逐渐成为全球关注的环境问题。

微塑料是一种新兴的污染物，通常指直径小于 5 mm 的塑料颗粒或碎片。自 2004 年英国普利茅斯大学的汤普森等人首次提出这一概念以来，微塑料污染问题迅速引起了科学界、环保组织以及公众的广泛关注。微塑料的来源极为广泛，既包括塑料垃圾在环境中的破碎、降解等形成的次生微塑料，也包括一些在生产过程中被制造出来的初生微塑料，如化妆品、个人护理产品中的塑料微珠，以及工业生产中的塑料原料颗粒等。这些微塑料通过多种途径进入大气、水体和土壤等环境介质，并在全球范围内广泛分布，无论是人口稠密的城市，还是人迹罕至的高山密林，都难以避免其影响。在水生生态系统中，微塑料可被浮游生物、鱼类、贝类等多种水生生物误食，导致其肠道堵塞、营养不良、生长发育受阻，甚至死亡。同时，微塑料还可能吸附环境中的持久性有机污染物、重金属等有害物质在生物体内释放并积累，通过食物链传递，对高营养级生物产生潜在威胁。在土壤生态系统中，微塑料会改变土壤的物理结构和化学性质，影响土壤微生物的群落结构和功能，进而对植物的生长发育和土壤生态系统的物质循环、能量流动产生负面影响。此外，越来越多的研究表明，微塑料对人体健康也存在潜在风险，它们可能会通过呼吸、饮食和皮肤接触等途径进入人体，引发炎症反应、免疫反应，甚至干扰人体的内分泌系统。

面对微塑料污染的严峻挑战，利用可靠且高效的检测技术了解其污染状况是开展相关研究的重要一步。目前，微塑料的检测技术涵盖了目检法、电子显微镜法、光谱法、色谱法等多种方法，这些方法各有所长；然而，由于微塑料的种类繁多、粒径范围广、在环境中浓度较低，且又与其他物质混合存在，现有的检测技术仍面临诸多难题和挑战，需要进一步发展和完善。

　　为有效应对微塑料污染，应制定科学合理的治理策略。这不仅需要从源头上减少塑料的生产和使用，推广可降解塑料和环保替代品，加强塑料垃圾的管理和回收利用，还需要研发针对微塑料的末端处理技术，如生物降解、物理分离、化学处理等。同时，加强国际合作与交流，制定统一的监测标准和政策法规，提高公众的环保意识，这些都是解决微塑料污染问题不可或缺的环节。

　　本书对微塑料的污染溯源、危害解析、检测技术与治理策略等进行了系统、全面的阐述，旨在为从事环境科学、生态学、材料科学、公共卫生等相关领域的科研人员、工程技术人员、政策制定者以及关注环境问题的公众提供一部参考著作，帮助他们全面了解微塑料污染的现状、问题和研究进展，为解决微塑料污染问题提供思路和方法。

　　本书由刘铮制定编写大纲，统筹全书编写，并对全书进行审阅及修改。前言、第1章、第2章、第3章和第7章白英执笔完成，共计14万字；第4章、第5章、第6章和结语由刘铮执笔完成，共计13.6万字。

　　本研究得到省级科技计划（基础研究计划-自然科学基金类）项目《黄河流域甘肃段新污染物微塑料的来源研究》（项目编号24JRRA715）、《兰州市主城区自然条件下典型来源对大气中微塑料的贡献及其驱动因子》（项目编号23JRRA1176）、《兰州市主城区大气沉降物中微塑料的时空分布研究》（项目编号：20JR10RA288），甘肃省青年人才（团队项目）《甘肃省黄河及其主要支流水体中微塑料的分布、来源和动态迁移规律研究》（项目编号：2025QNTD05）、甘肃省教育科技创新项目-青年博士基金项目《兰州市主城区黄河水体中微塑料来源及迁移转化机制》（项目编号：2022QB-172），甘肃省高校教师创新基金项目《河西走廊石羊河绿洲农田土壤中微塑料的归趋行为及生态效应研究》（项目编号：2025B-172）的资助；在编著过程中，还得到了兰州城市学院、甘肃省生态环境科学设计研究院等单位的大力支持，在此表示衷心的感谢。

　　本书编写过程中，我们力求内容准确、丰富，能涵盖微塑料领域的最新研究成果和实践经验；但由于微塑料研究是一个快速发展的领域，新的发现和成果不断涌现，加之我们知识和能力有限，书中难免存在不足之处，恳请广大读者批评指正。

目　录

第1章　微塑料的前世今生

1.1　微塑料的发现

微塑料（microplastics）这个词现在众所周知，它代表了塑料产生的一大类污染物。但在这个词出现之前的20世纪60年代，随着塑料产量和使用量的急剧增加，海洋生物与垃圾之间的相互作用开始受到关注，人们已经在环境中发现了大量塑料碎片[1-2]。1969年，Kenyon和Kridler在夏威夷群岛信天翁的胃里发现了塑料，这一发现引起了科学家们对塑料在海洋环境中存在及其影响的初步思考。1972年，Carpenter和Smit在 *Science*（《科学》）杂志上发表了论文。论文指出，塑料颗粒可作为微生物载体，还可能是有毒化合物的来源，如进入海洋食物网的增塑剂和多氯联苯（polychlorinated biphenyls，PCB）等，这进一步引发了科学家对塑料颗粒潜在危害的研究兴趣。

直到2004年，英国普利茅斯大学的Thompson等人检测了17个海滩浮游生物样本，发现了大量塑料碎片，这些塑料碎片少数为颗粒状，大部分为纤维状，直径约为20 μm，颜色鲜艳。Thompson在 *Science* 杂志上发表了 *Lost at Sea: Where Is All the Plastic?* 论文，首次明确了微塑料的环境学概念，并认为这类碎片是由难降解的塑料通过机械作用逐渐分解形成的，会被海洋生物摄入，具有很高的风险。此后，越来越多的研究聚焦微塑料领域，正式拉开了微塑料研究的序幕（表1-1）。科学家们在海洋、土壤、大气等各种环境介质中都检测到了微塑料的存在，其分布之广泛、数量之庞大令人震惊。从深海海底到高山之巅，从极地冰川到热带雨林，微塑料几乎无处不在。2016年，联合国环境署出版的《全球环境报告》指出，地球上的微塑料分布愈发广泛，数量日益增加，甚至在几千米深的深海海底都能检测到微塑料的存在。2022年，*Cryosphere*（《冰冻圈》）发表的研究表明，在南极冰雪里也发现了微塑料的踪迹。随着研究的深入，微塑料对生态系统和人类健康的潜在危害逐渐显现，这引起了全球科学界、政府和公众的高度重视。微塑料已成为环境科学领域的研究热点之一，各国纷纷加大对微塑料的研究投入，并开展相关监测和评估工作，制定相应的政策和法规，以应对微塑料污染带来的挑战。2023年10月1日，"塑料际"（plastisphere）概念被提出，这加速了微塑料与微生物的交叉研究。2024年10月25日，相关研究人员对近二十年来有关微塑料污染的各项研究进行了系统梳理与总结。结果表明，在未来长达一百年的时间内，微塑料极有可能会引发大规模的生态危害。图1-1为微塑料引起关注及成果发表的统计。

表1-1　微塑料引起全球的关注

20世纪70年代	首次发现微塑料碎片；微塑料作为一种污染物开始引起了越来越多学者的关注。
2004年	*Science* 首次使用"微塑料"术语描述海洋中的微小塑料颗粒。
2008年	美国国家海洋和大气管理局组织的第一个国际微塑料研讨会将微塑料定义为直径小于5 mm的塑料碎片。
2015年	联合国将微塑料污染列为新型环境污染的一大类型，与全球气候变化、臭氧污染、海洋酸化并列为全球重大环境问题，并呼吁各国对此加强研究。
2018年	6月5日，世界环境日的主题被联合国环境规划署定为"塑战速决"。

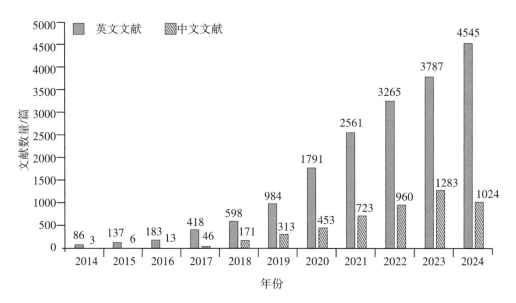

图1-1　微塑料引起关注及成果发表的统计

1.2　微塑料的定义与分类

现在，人们普遍认为微塑料是塑料制品在化学风化、光氧化、生物分解和机械力等持续过程的影响下，其结构完整性被破坏，最终碎片化成塑料颗粒。但实际上，微塑料的概念依然十分模糊，尤其在其尺寸界定上存在很大争议。现在普遍使用的微塑料的尺寸上限是美国国家海洋和大气管理局（National Oceanic and Atmospheric Administration，NOAA）海洋垃圾委员会于 2008 年提出的，该委员会将微塑料定义为直径小于 5 mm 的塑料碎片。随后，欧盟在其海洋战略框架指令中也将 5 mm 作为微塑料尺寸的上限。美国国家环境保护局（Environmental Protection Agency，EPA）在其官方网站发布的微塑料研究报告中，同样将小于 5 mm 的塑料颗粒定义为微塑料。2024 年 10 月，理查德·汤普森在 *Science* 杂志上发表的一篇题为 "*Twenty years of microplastic pollution research—what have we learned?*" 的综述进一步深化了微塑料的定义。该综述系统总结了近二十年来微塑料污染的相关研究成果，并从生物摄入视角，将微塑料定义为尺寸小于或等于 5 mm 的固体塑料颗粒。参考可吸入颗粒物（PM_{10}）和细颗粒物（$PM_{2.5}$）的尺寸界定方式，把 5 mm 的塑料颗粒划归微塑料范畴，具有较强的合理性。我国唯一一个与微塑料有关的国家标准——《化妆品中塑料微珠的测定》（GB/T 40146—2021）对这一界定予以支持和沿用，标准中将塑料微珠定义为尺寸小于或等于 5 mm 且不溶于水的固体塑料颗粒。而微塑料尺寸下限的界定更加复杂。首先，在大多数科学研究中，微塑料的尺寸下限往往受到鉴定方法的限制：一般通过体视显微镜能识别的微塑料最小尺寸为 500 μm；显微傅里叶变换红外光谱仪对微塑料的检测下限为 20 μm；显微拉曼光谱仪对微塑料的检测下限理论上为 1 μm；红外拉曼同步测量系统检测下限降为 500 nm 以下。其次，各个国家或组织对微塑料尺寸下限的界定也多种多样，我国国家标准化管理委员会、欧洲化学品管理局（European CHemicals Agency，ECHA）和美国材料与试验协会（American Society for Testing and Materials，ASTM）对微塑料的尺寸下限没有规定；美国环保局将微塑料尺寸下限定为 1 nm；国际标准化组织将 1 μm 作为微塑料的尺寸下限。从词源学角度来看，"micro-" 这一前缀在英文中通常表示"微小的、微观的"，其对应的尺度量级往往指向微米级。基于此，将微塑料的下限定为 1 μm，相比其他尺度界定，这一下限更契合大众对于"微"这一概念在认知习惯上的直观理解。根据以上分析，微塑料应该被定义为

"尺寸≥1 μm且≤5 mm的不溶于水的固体塑料颗粒"。

　　微塑料按来源主要分为两类，即初生微塑料和次生微塑料（图1-2）。初生微塑料是在产品设计、生产制造和使用阶段就存在的微小塑料颗粒，一般没有经过老化过程，常见的如各类化妆品中的塑料微珠。而次生微塑料则是由较大的塑料碎片在自然环境作用下，如光降解、物理磨损、化学氧化、生物降解、冻融循环等，分解成更小的颗粒，其表面形貌通常具有明显的老化特征。这种分类方式有助于我们更好地理解微塑料的来源和它们在环境中的行为。

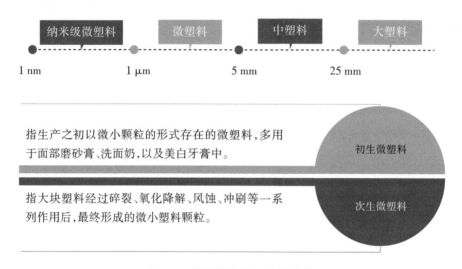

图1-2　微塑料的定义、来源分类

1.3　微塑料的前世——塑料

1.3.1　塑料的概述

　　在人类发展的历史长河中，地球上从未出现过像塑料这般独特的材料。"塑料"一词最早可追溯至17世纪30年代，是用于描述一种能够被塑造或成型的物质，其源于古希腊术语"plastikos"，本意即为"可塑造的"。塑料是以单体为原料，通过加聚或缩聚反应生成的高分子聚合材料的总称，在一定条件下可塑成一定形状并在常温下保持其形状不变的材料。塑料的构成较为复杂，主要包含树脂与添加剂，树脂是塑料的主体成分，在塑料中的占比通常处于40%～100%之间；还常添加填料如增塑剂、固化剂、稳定剂、润滑剂、着色剂等，用以改善树脂的物理化学性能。一般利用树脂来命名塑料，比如常见的聚乙烯、聚丙烯、聚对苯二甲酸乙二醇酯、聚氯乙烯、聚苯乙烯、聚碳酸酯、聚酰胺、聚氨酯等。塑料的原材料最初取自动植物分泌的液态化合物，塑料经人类加工后逐渐演变成如今丰富多样、用途极为广泛的材料。当下，塑料的主要原材料多从石油和天然气中提取，并借助聚合反应制备的聚合单体来制造。

塑料的优点是质轻，相对密度在0.90～2.2之间；绝大多数塑料具有优良的化学稳定性，对酸、碱等有良好的抗腐蚀能力；电绝缘性能优异，是电的不良导体；传热性能较差，是热的不良导体；燃点较低，不耐热；具有消声、减震的作用；机械强度分布广，强度较高。塑料的物理和化学性质赋予其轻巧、耐用、耐蚀和可塑等优点。随着石化工业的发展，塑料的制造成本大幅降低，加之塑料生产工艺日趋成熟，塑料产量增长迅速。现在，塑料已全方位融入人类的生产与生活。

直至目前，绝大多数生物没有进化出能轻松降解塑料的能力。2005年，塑料的持久性及其对水生环境的影响得到了验证。当时，在中途岛的一只莱桑信天翁雏鸟的尸体中，发现了多块塑料，其中有一块白色塑料。这只雏鸟很可能因持续食用塑料，肠道被堵塞而无法获取营养，最终死于饥饿。经检查，这块白色塑料上印有编号，反复核查后发现，它竟来自第二次世界大战期间的美国海军水上飞机。该飞机是1944年在数千公里外的日本附近被击落的。后续的计算模型与模拟显示，这块塑料在北太平洋亚热带海洋流涡中漂泊了长达60年之久。

自塑料诞生以来，已有数十亿吨塑料被排放到环境中，它们以各种形式留存至今，或许需要历经数千年才能完全降解。塑料在现代人类社会中无处不在，曾被誉为"人类有史以来成功的材料之一"。尽管塑料助力人类实现了巨大飞跃，但倘若我们无法开发出处理塑料环境持久性问题的新技术、新工艺或新方法，这些近乎永恒的物质将持续在环境中累积，在不久的将来会引发严峻的环境问题。或许有人会问，生物降解塑料又如何呢？实际上，近期研究中出现了以大豆和玉米淀粉等天然物质为原料生产的塑料，这类材料从生物学角度具备可降解性。不过，当前人们使用的大多数塑料依然不可生物降解，且对降解具有很强的抗性。

1.3.2 塑料的发展历程

1869年，第一种合成塑料——赛璐珞被发明。此后近一百年间，多种塑料相继出现。随着市场需求的增长，塑料的发展经历了从单一树脂材料到多种复合材料的转变。这一过程中，"改性"操作的引入，使得单一树脂材料发展出具有不同性能的新型塑料，从而大大丰富了塑料产品的种类。1945年以后，随着石油化工产业的迅速发展，塑料的品种和产量才出现爆炸式增长。根据使用需要的不同，塑料能被加工成各种形状和大小。在全球所有国家和地区中，我国塑料产量的增长最快，现已成为最大的塑料生产国，贡献了当今世界约三分之一的塑料产量。由石油化工生产的塑料中，聚乙烯、聚丙烯和聚氯乙烯的产量位居前三。值得注意的是，我国通过资源回收生产的塑料占比仅为10%。

（1）早期探索阶段（19世纪中叶—20世纪初）

这一时期是塑料的萌芽阶段，科学家们主要致力于寻找能够替代天然材料的合成物质。19世纪40年代，英国的亚历山大·帕克斯（Alexander Parkes）研发了最早的合成材料硝酸纤维素"Parkesine"。19世纪中叶，随着工业革命的推进，人们对新型材料的需求愈发迫切，开始积极探索天然材料的替代品，塑料的研发之旅由此开启。1869年，美国的约翰·韦斯利·海厄特（John Wesley Hyatt）将硝化纤维素和樟脑混合，成功制成了赛璐珞（Celluloid），这被视作最早的塑料。赛璐珞具有良好的可塑性和绝缘性，一经问世便被广泛应用于台球、梳子等日常用品的制作，这为塑料的发展奠定了基础。

（2）快速发展阶段（20世纪初—20世纪中叶）

20世纪初，美籍比利时的利奥·贝克兰（Leo Baekeland）发明了酚醛树脂（Bakelite），这是第一种完全合成的塑料。酚醛树脂具有耐高温、硬度大等特性，其的诞生标志着塑料工业新时代的开端，也激发了科学家们对塑料研究的热情。在酚醛树脂发明之后，塑料工业迎来了快速发展。随着技术的不断进步，科学家们陆续研发出了多种重要的塑料品种。20世纪30年代，聚乙烯（polyethylene，PE）被成功合成。最初，聚乙烯的生产成本较高，限制了其大规模应用。但随着生产技术的改进，聚乙烯逐渐展现出优良的化学稳定性、耐低温性和电绝缘性等特性，并开始在包装、电子等领域得到应用。

同时，聚氯乙烯（polyvinyl chloride，PVC）也在这一时期得到了发展。聚氯乙烯生产成本较低，具有良好的耐化学腐蚀性和机械性能，通过添加不同的增塑剂，可制成软质和硬质两种类型，分别应用于电线电缆外皮、人造革，以及管材、门窗型材等建筑材料领域。这一阶段，塑料的生产规模逐渐扩大，应用领域不断拓展。

（3）蓬勃发展阶段（20世纪中叶—20世纪末）

20世纪中叶以后，石油化工的快速发展为塑料工业提供了丰富且廉价的原料，推动塑料进入蓬勃发展阶段。聚丙烯（polypropylene，PP）在这一时期被工业化生产。聚丙烯具有较高的强度、耐腐蚀性和耐热性，在汽车零部件、家电外壳、食品包装等领域得到广泛应用。例如，汽车内饰中的很多部件都采用了聚丙烯材料，既减轻了车身重量，又降低了成本。

聚苯乙烯（polystyrene，PS）的应用也在这一时期得到了极大拓展。普通聚苯乙烯常用于制造一次性餐具、玩具、文具等；可发性聚苯乙烯（expandable polystyrene，EPS），即泡沫塑料，因其质轻、隔热、吸音等特性，成为包装和建筑保温领域的重要材料。例如，电子产品的包装常常使用可发性聚苯乙烯泡沫来保护产品，使其在运输过程中不受损坏。

此外，工程塑料在这一时期也取得了显著进展。聚酰胺（polyamide，PA），俗称尼龙，凭借其优异的耐磨性、自润滑性、机械强度高和耐化学腐蚀性，在电子电器、机械制造等领域得到了广泛应用。聚碳酸酯（polycarbonate，PC）具有良好的光学性能、抗冲击性和尺寸稳定性，被用于制造光盘、眼镜镜片、汽车灯罩、建筑幕墙等。聚甲醛（polyoxymethylene，POM）以其高硬度、高刚性、耐疲劳性和耐磨损性，常用于制造精密机械零件、电子电器配件等。这一阶段塑料的种类更加丰富，性能不断提升，应用领域涵盖了工业、农业、日常生活等各个方面。

（4）多元化发展阶段（21世纪初至今）

进入21世纪，随着环保意识的增强和对高性能材料需求的不断提高，塑料的发展呈现出多元化的趋势。一方面，可降解性塑料成为研究热点。科学家们致力于研发新型的可降解塑料，如聚乳酸（polylactic acid，PLA）、聚羟基脂肪酸酯（polyhydroxyalkanoates，PHA）等，这些塑料能够在自然环境中微生物的作用下分解，从而减少了塑料废弃物对环境的污染。另一方面，高性能塑料不断涌现，如液晶聚合物（liquid crystal polymer，LCP）、聚醚醚酮（polyetheretherketone，PEEK）等，它们具有耐高温、高强度、高模量等性能，在航空航天、电子信息等高端领域发挥着重要作用。

同时，塑料加工技术也在不断创新，如3D打印技术的发展，使得塑料能够制造出更加复杂、个性化的产品，进一步拓展了塑料的应用领域。这一阶段，塑料产业更加注重环保和高性能，朝着可持续发展的方向迈进。

1.3.3 塑料的主要种类

塑料可以按照多种方式进行分类，常见的是按树脂的性质和塑料的应用范围来分类。

1.3.3.1 按树脂的性质分类

根据树脂的性质，塑料可分为热塑性塑料（Thermoplastics）和热固性塑料（Thermosets）。

（1）热塑性塑料

这类塑料在加热时会软化、熔融，冷却后又会变硬，可反复加工成型，具有回收利用的价值。常见的热塑性塑料有聚乙烯、聚丙烯、聚氯乙烯、聚苯乙烯、聚对苯二甲酸乙二醇酯（polyethylene terephthalate，PET）等。它们具有良好的成型加工性能，生产效率高，可回收再利用。我们常见的塑料大多是热塑性塑料。

（2）热固性塑料

热固性塑料是在加热、加压下或在固化剂、紫外光等作用下，发生化学反应而交联固化成型的塑料。固化后的塑料质地坚硬，不溶于溶剂，加热也不再软化，不能反复加工成型。常见的热固性塑料有酚醛树脂（phenol-formaldehyde，PF）、脲醛树脂（urea formaldehyde resin，UF）、环氧树脂（epoxy resins，EP）、不饱和聚酯树脂（unsaturated polyester resin，UP）等。热固性塑料具有较高的强度、耐热性和绝缘性，但成型过程复杂，生产效率较低（图1-3）。

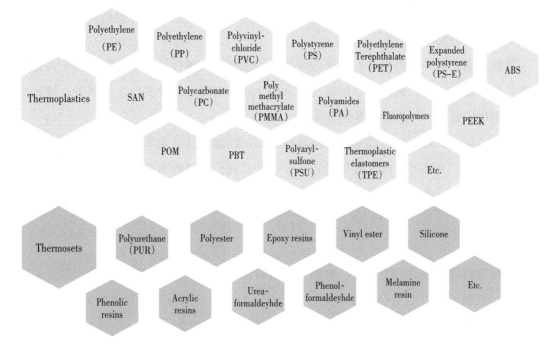

图 1-3　热塑性塑料和热固性塑料

1.3.3.2　按应用范围分类

塑料按应用范围可分为通用塑料、工程塑料、特种塑料、可降解塑料。

（1）通用塑料

通用塑料一般是指产量大、用途广、价格低的塑料品种，主要包括聚乙烯、聚丙烯、聚氯乙烯、聚苯乙烯、丙烯腈-丁二烯-苯乙烯共聚物（acrylonitrile butadiene styrene，ABS）树脂等。它们广泛应用于包装、建筑、农业、日用品等领域。

聚乙烯：是常见的塑料之一，具有优良的化学稳定性、耐低温性和电绝缘性。根据聚合方法和密度不同，聚乙烯可分为高密度聚乙烯（highdensitypolyethylene，HDPE）、低密度聚乙烯（low density polyethylene，LDPE）和线性低密度聚乙烯（linear low density polyethylene，LLDPE）。高密度聚乙烯常用于制造管材、塑料桶等；低密度聚乙烯主要用于生产薄膜、塑料袋等；线性低密度聚乙烯则兼具两者的优点，在薄膜应用中被广泛使用。

聚丙烯：具有较高的强度、耐腐蚀性和耐热性，常见于汽车零部件、家电外壳、日常用品以及食品包装等领域。例如，很多塑料餐具就是由聚丙烯制成的，它们可以在微波炉中加热而不变形。

聚氯乙烯：成本较低，具有良好的耐化学腐蚀性和机械性能。聚氯乙烯可分为软质聚氯乙烯和硬质聚氯乙烯：软质聚氯乙烯常用于制造电线电缆外皮、人造革等；硬质聚氯乙烯则用于管材、门窗型材等建筑材料。

聚苯乙烯：具有良好的透明性、绝缘性和加工性能。普通聚苯乙烯常用于制造一次性餐具、玩具、文具等；可发性聚苯乙烯，也就是我们常说的泡沫塑料，具有质轻、隔热、吸音等特性，被广泛应用于包装材料和建筑保温领域。

（2）工程塑料

工程塑料具有较高的力学性、耐热性、耐腐蚀性、耐磨性等性能，可用于制造工程结构件、机械零件、电子电器元件等。常见的工程塑料有聚酰胺、聚碳酸酯、聚甲醛、聚苯醚（polyphenylene oxide，PPO）等。

聚酰胺：俗称尼龙，具有优异的耐磨性、自润滑性、机械强度和耐化学腐蚀性。聚酰胺在电子电器、机械制造等领域应用广泛，例如，汽车发动机的一些零部件、齿轮、轴承等常由聚酰胺制成。

聚碳酸酯：具有良好的光学性能、抗冲击性和尺寸稳定性，常用于制造光盘、眼镜镜片、汽车灯罩、建筑幕墙等。例如，很多高层建筑的采光顶就采用了聚碳酸酯板材。

聚甲醛：具有高硬度、高刚性、耐疲劳性和耐磨损性，常用于制造精密机械零件、电子电器配件等，如齿轮、叶轮、把手等。

（3）特种塑料

特种塑料是具有特殊性能和特殊用途的塑料，如液晶聚合物、聚醚醚酮、氟塑料、硅塑料、聚酰亚胺（polyimide，PI）等。特种塑料通常具有优异的耐高温、耐低温、耐辐射、耐腐蚀等性能，主要应用于航空航天、国防、电子、医疗等高端领域。

液晶聚合物：具有优异的耐热性、高强度、高模量和良好的尺寸稳定性。在电子电器领域，其常用于制造高频电子元件、集成电路封装材料等；在航空航天领域，其可用于制造飞机的结构部件。

聚醚醚酮：具有突出的耐高温性能、机械性能和化学稳定性。在航空航天领域，其可用于制造飞机发动机部件、航空电子设备外壳等；在医疗领域，其可用于制造人工关节、牙科修复材料等。

（4）可降解塑料

聚乳酸：由可再生的植物资源（如玉米、甘蔗等）提取的淀粉原料制成。它具有良好的生物相容性和可降解性，常用于制造一次性餐具、包装材料、生物医学材料等。

聚羟基脂肪酸酯：是微生物在一定条件下合成的一种胞内聚酯，具有良好的生物降解性和生物相容性。其可应用于包装、农业、医学等领域，如制作农用薄膜、药物缓释载体等。

1.3.4　塑料的使用

从日常生活中的个人防护产品、化妆品、合成纺织品到各种日用品，再到建筑、交通、医疗等领域，塑料的用途广泛且重要，成为人们生活中不可或缺的部分。塑料具有的显著优点，致使人类对塑料的需求达到惊人的程度，塑料生产和使用量随着时间的推移而逐年攀升；并且大多数塑料仅作为使用寿命极短的一次性产品使用，特别是在新型冠状病毒防控期间，日常防护用品的需求急剧增加。例如，一次性口罩和手套的使用量大增，据估计，到2050年底，全球塑料产量可能会攀升至3.3亿吨。

（1）日常生活领域

食品包装：塑料薄膜用于包装糕点、肉类、蔬菜等食品，能保持食品新鲜度，延长保质期。塑料瓶常用于包装饮料、食用油、调味品等。塑料盒则可用于包装水果、酸奶、熟食等。

日用品包装：洗发水、沐浴露、牙膏、化妆品等日用品通常采用塑料瓶或塑料软管包装，方便使用和携带。

家具：塑料椅子、桌子、柜子等家具具有轻便、耐用、易清洁的特点，且价格相对较低，适合在室内外各种场所使用。

厨房用品：塑料餐具，如碗、盘、筷、勺等，轻巧且不易破碎，适合儿童使用。还有塑料菜板、洗菜篮、调料盒等，为厨房操作提供了便利。

收纳用品：塑料收纳箱、收纳盒可以帮助整理衣物、杂物等，具有防潮、防尘、防虫的功能。塑料衣架也是常见的家居用品，轻便且不易变形。

玩具：各类塑料玩具色彩鲜艳、造型多样，如塑料积木、拼图、玩偶、玩具车等。塑料具有良好的可塑性和安全性，能够满足玩具的设计和使用要求。

一次性用品：塑料杯、塑料吸管、塑料餐具等一次性用品在日常生活中经常被使用，为人们提供了便利，使用一次后就被丢弃。

运动器材：如塑料篮球、足球、羽毛球拍、乒乓球拍等，利用塑料的特性，使其具有良好的性能和耐用性。

（2）建筑领域

门窗型材：塑料门窗具有良好的隔热、隔音、密封性能，且耐腐蚀、不易变形、外观美观，被广泛应用于住宅、商业建筑等门窗的制作。

管材：塑料管材如 PVC 管、PPR 管等，具有耐腐蚀、耐磨损、重量轻、安装方便等优点，常用于建筑给排水、燃气输送、电线电缆保护等领域。

装饰材料：塑料壁纸、塑料装饰板、塑料地板等，具有丰富的图案和色彩，可用于室内墙面、地面的装饰，具有防水、防潮、易清洁等特点。

（3）汽车领域

内饰件：汽车的仪表盘、座椅、门板、方向盘等内饰件很多都是由塑料制成。塑料具有良好的可加工性和舒适性，能够满足汽车内饰的设计要求和功能需求。

外饰件：汽车的保险杠、进气格栅、后视镜外壳等外饰件也常采用塑料材质。塑料的轻量化有助于降低汽车的整体重量，提高燃油经济性，同时还能通过表面处理工艺实现不同的外观效果。

发动机零部件：一些汽车发动机零部件，如进气歧管、油底壳、气门室盖等也开始采用高性能塑料制造，以减轻发动机重量，提高散热性能。

（4）电子电器领域

外壳：手机、平板电脑、笔记本电脑、电视机、冰箱、洗衣机等电子电器产品的外壳大多采用塑料材质。塑料外壳具有良好的绝缘性能、机械性能和外观质量，能够保护内部电子元件，同时满足产品的美观和便携性要求。

内部零部件：塑料还用于制造电子电器产品的内部零部件，如电路板的绝缘支架、散热风扇、按键等，利用塑料的绝缘性、耐磨性和成型性，可提高产品的性能和可靠性。

（5）农业领域

农用薄膜：广泛应用于农业生产中的覆盖栽培，如蔬菜大棚、地膜覆盖等。它能起到保温、保湿、防虫、防草等作用，提高农作物的产量和质量，延长农作物的生长周期。

灌溉器材：塑料管材、管件和滴灌设备等在农业灌溉中被大量使用，具有耐腐蚀、耐磨损、柔韧性好等优点，可有效节约水资源，提高灌溉效率。

农产品包装：用于水果、蔬菜、粮食等农产品的包装，能起到保护产品、延长保质期、便于运输和销售等作用。

（6）医疗领域

医疗器械：注射器、输液器、血袋、医用导管、药品包装瓶等众多医疗耗材和包装采用塑料制成。塑料具有良好的生物相容性、化学稳定性和卫生性，能确保医疗用品的安全性和可靠性。塑料医疗器械如假肢、矫形器等，为患者提供了更好的治疗和康复条件。

医疗设备外壳：如医疗监护仪、超声诊断仪等设备的外壳，使用塑料材质可减轻设备重量，便于移动和操作，同时具有良好的绝缘性能和外观效果。

（7）航空航天领域

内饰件：飞机的座椅、行李架、舱内装饰板等内饰件通常采用高性能塑料制成，以减轻飞机的重量，提高燃油效率，同时满足航空内饰的舒适性和安全性要求。

结构部件：在一些非承力或次承力结构部件上，也开始采用先进的复合材料，其中以塑料作为基体材料，与纤维等增强材料结合，具有高强度、轻质、抗腐蚀等优点，有助于提高飞机的性能和经济性。

（8）纺织领域

合成纤维：许多合成纤维如聚酯纤维、锦纶、腈纶等都是由塑料原料制成的。这些合成纤维具有强度高、耐磨、耐腐蚀、易洗快干等优点，被广泛应用于服装、家纺、工业用布等领域。

非织造布：塑料制成的非织造布，如聚丙烯纺粘非织造布、聚酯水刺非织造布等，具有柔软、透气、防水、过滤等性能，被用于卫生用品、医疗用品、过滤材料、包装材料等方面。

然而，塑料制品的使用不仅仅带来了便利，也带来了新的挑战，尤其是其对环境造成了影响。高达90%的塑料制品在使用后并未得到适当的回收和再利用，大量的塑料废弃物被丢弃、焚烧或填埋，这导致了塑料垃圾在环境中的大量积累。一方面，塑料的难以降解性导致了"白色污染",大量废弃塑料堆积在环境中,破坏了生态景观,影响了土壤和水体质量,对地球生态环境构成了潜在威胁;另一方面,塑料在生产和使用过程中可能会释放出有害物质,对人体健康和生态环境造成潜在威胁。

1.4 塑料产生微塑料的机理

塑料产生微塑料是一个涉及多种因素和复杂过程的现象。存在于环境中的较大塑料碎片在长期的物理、化学和生物因素综合作用下,会不断经历破碎、分解等过程。例如,在海洋中,大型塑料垃圾在海浪、紫外线、微生物等因素的长期作用下,逐渐破碎成较小的碎片,这些碎片继续受到各种环境因素的影响,进一步变小形成微塑料。在土壤中,塑料碎片也会随着时间的推移,在土壤微生物、水分、酸碱物质等的作用下,不断分解和破碎,最终形成微塑料。

1.4.1 塑料老化

光致激发:塑料中的聚合物通常含有能够吸收特定波长紫外线的基团。当暴露在阳光下时,这些基团吸收紫外线能量后,电子从基态跃迁到激发态,使其处于不稳定的高能状态。例如,聚苯乙烯中的苯环结构对紫外线有较强的吸收能力,吸收紫外线后分子内电子云分布改变,为后续的化学键断裂创造了条件。

化学键断裂:处于激发态的分子能量较高,其内部的化学键容易发生断裂。以聚乙烯为例,在紫外线作用下,分子链中的C—C键平均键能约为 348 kJ/mol,当吸收的紫外线能量超过这个键能时,C—C键就会断裂,形成具有未成对电子的自由基。

氧化反应:自由基具有很高的反应活性,它们会迅速与空气中的氧气发生反应,生成过氧自由基。过氧自由基又会从聚合物分子链上夺取氢原子,形成氢过氧化物 ROOH,同时使聚合物分子链上产生新的自由基,引发连锁反应。氢过氧化物不稳定,会进一步分解成烷氧基自由基和羟基自由基,这些自由基继续攻击聚合物分子链,导致分子链断裂和降解,使塑料的分子量降低,力学性能下降,逐渐变脆且易碎。

1.4.2　物理破碎

风力作用：在自然环境中，风吹动塑料垃圾使其与地面、岩石等物体发生碰撞和摩擦。例如，沙漠中的塑料薄膜在强风作用下，不断与沙粒和地面摩擦，薄膜表面逐渐出现磨损和划痕。随着时间的推移，这些划痕逐渐扩展，使塑料薄膜破碎成较小的碎片。

水流与海浪冲击：河流、海洋中的塑料废弃物会受到水流和海浪的冲刷与冲击。水流的冲击力使塑料与水中的沙石、其他塑料碎片等相互碰撞，海浪的周期性拍打则使塑料在与海水和海岸的摩擦中不断破碎。如在海滩附近，海浪不断将塑料垃圾冲上岸又带回海中，反复地冲刷和碰撞使塑料逐渐破碎成更小的颗粒。

机械磨损：在塑料的使用过程中，机械运动产生的摩擦和磨损也会导致塑料破碎。以汽车轮胎为例，轮胎在行驶过程中，与路面接触的部分承受着较大的压力和摩擦力，轮胎表面的橡胶和塑料成分会逐渐磨损脱落。此外，工业生产中的塑料加工设备，如挤出机、注塑机等，在对塑料进行加工时，螺杆与料筒之间的剪切力以及塑料在模具中的流动压力，也可能使塑料内部产生应力集中，导致塑料出现微裂纹。随着加工次数的增加和使用时间的延长，这些微裂纹不断扩展，使塑料破碎。

1.4.3　化学分解

水解反应：许多塑料含有容易水解的化学键，如酯键、酰胺键等。在潮湿的环境中，水分子会攻击这些化学键。以聚对苯二甲酸乙二醇酯为例，其分子链中的酯键在水的作用下会发生水解反应，酯键断裂，生成羧基和羟基，使分子链逐渐变短。水解反应的速率与环境中的湿度、温度以及塑料的结晶度等因素有关，湿度越高、温度越高，水解反应速率越快，塑料越容易分解成较小的分子片段。

酸碱催化：环境中的酸或碱可以催化塑料的分解反应。例如，聚氯乙烯在酸性条件下，分子中的氯原子容易被质子化，然后发生脱氯化氢反应，产生双键结构，使分子链变得不稳定，容易进一步断裂。在碱性条件下，一些塑料中的酯键、醚键等也会在碱的作用下加速水解，导致塑料分解。土壤中的酸性或碱性物质、工业废水中的酸碱成分等都可能对塑料产生酸碱催化分解作用。

氧化还原反应：除了光氧化作用外，塑料还会与环境中的其他氧化剂或还原剂发生反应。例如，空气中的臭氧具有强氧化性，能够与塑料表面的双键、羟基等官能团发生反应，进一步破坏塑料的分子结构。一些金属离子如铁离子、铜离子等在一定条件下也可以催化氧化反应，加速塑料的分解。此外，在一些厌氧环境中，塑料可能会发生还原反应，虽然这种情况相对较少，但在特定的土壤深层或水体底部等缺氧环境中，这也可能对塑料的分解产生一定影响。

1.4.4 生物作用

微生物酶解：某些微生物能够分泌特定的酶来降解塑料。例如，一些细菌可以产生脂肪酶、酯酶等，这些酶能够识别并作用于塑料中的酯键等化学键。以聚乳酸为例，微生物分泌的脂肪酶可以特异性地结合到聚乳酸分子链的酯键上，通过水解反应将酯键断裂，生成乳酸单体或低聚物，然后微生物可以进一步利用这些产物作为碳源和能源进行生长和代谢。不同的微生物对不同类型的塑料具有不同的降解能力，这取决于它们所分泌的酶的特异性和塑料的化学结构。

生物物理作用：生物在其生活过程中也会对塑料产生物理作用，促进塑料的破碎和分解。例如，土壤中的蚯蚓在挖掘和移动过程中，会将塑料碎片与土壤颗粒混合，使塑料表面受到摩擦和挤压，加速塑料的破碎。一些昆虫，如白蚁，可能会啃咬塑料，在塑料表面形成小孔和裂缝，增加塑料与环境中水分、氧气和微生物的接触面积，从而促进塑料的分解和微塑料的形成。

1.5 塑料制品中影响微塑料形成的因素

塑料制品中微塑料的释放行为受多种因素的影响，如塑料自身的性质、使用条件以及环境因素等。

1.5.1 塑料自身的性质

聚合物类型：不同类型的塑料，由于化学结构和分子链的差异，释放微塑料的难易程度不同。例如，聚乙烯和聚丙烯等非极性塑料，结构较为稳定，不易被降解和破碎，但在长期的外力作用和环境因素的影响下，仍会缓慢释放微塑料。而聚乳酸等可生物降解的塑料，在适当的环境条件下，会因微生物的作用而较快地分解成较小的碎片，更易释放微塑料。

添加剂种类：塑料制品中常添加增塑剂、抗氧化剂、阻燃剂等添加剂，这些添加剂会影响塑料的物理化学性质，进而影响微塑料的释放。例如，增塑剂的加入会使塑料变得更柔软、有弹性，但也可能降低塑料的分子间作用力，使塑料更容易在外界因素作用下破碎并释放微塑料。一些抗氧化剂可能会改变塑料对光、热的稳定性，影响塑料的老化过程，从而间接影响微塑料的释放行为。

1.5.2 使用环境因素

温度：温度升高会加快塑料分子的运动，使塑料的物理性能发生变化，如玻璃化转变。温度较低的塑料在高温下会变软，更容易受到外力的作用而破碎，从而加速微塑料的释放。例如，当聚氯乙烯塑料在高温环境下使用或处理时，其分子链的活动性增加，分子间的结合力减弱，容易出现裂纹和破碎，导致微塑料的释放量增加。

光照：紫外线是导致塑料老化和微塑料释放的重要因素之一。塑料制品在阳光直射下，紫外线会引发塑料分子的光化学反应，使分子链断裂，塑料逐渐变脆、破裂，进而释放出微塑料。例如，暴露在户外的塑料薄膜，在长时间的阳光照射下，表面会出现裂纹和粉化现象，这些细小的粉末状物质就是微塑料的一种形式。

机械应力：塑料制品在使用过程中会受到各种机械应力的作用，如拉伸、弯曲、摩擦等。这些机械应力会使塑料内部产生微观裂纹，随着时间的推移，裂纹不断扩展，导致塑料破碎成更小的颗粒，从而释放微塑料。例如，在行驶过程中，由于汽车轮胎与路面的摩擦和车辆的重量作用，轮胎表面的橡胶和塑料成分会逐渐磨损，释放出微塑料。

湿度与水：高湿度环境或与水接触也会影响微塑料的释放。一方面，水分子可以渗透到塑料内部，使塑料发生溶胀，削弱分子间的作用力，从而使塑料更容易破碎。另一方面，一些塑料在水中可能会发生水解反应，导致分子链断裂，加速微塑料的释放。例如，聚酯类塑料在潮湿的环境或水中，其酯键容易被水解，使塑料的分子量降低，逐渐分解成较小的碎片。

1.5.3 时间因素

长期老化：随着使用时间的延长，塑料制品会逐渐老化。在老化过程中，塑料的化学结构和物理性能会发生变化，如分子链的交联、断裂，材料的变硬、变脆等。这些变化会使塑料更容易破碎和释放微塑料。例如，长期暴露在户外的塑料管道，经过多年的风吹日晒雨淋，其表面会出现龟裂和剥落，从而释放出微塑料。

短期作用：在某些特定情况下，塑料制品可能会在短时间内受到强烈的外界作用，导致大量微塑料的释放。例如，在塑料回收处理过程中，对塑料进行机械破碎、高温熔融等操作时，塑料会在短时间内经历剧烈的物理和化学变化，从而快速释放出大量微塑料。

1.5.4　接触介质

食品：当塑料制品与食品接触时，食品中的油脂、酸、碱等成分可能会促进微塑料的释放。例如，油脂可以溶解塑料中的一些添加剂，使塑料的结构变得疏松，同时也可能削弱塑料分子间的作用力，导致微塑料更容易脱落并进入食品中。酸性或碱性食品则可能通过化学反应破坏塑料的分子结构，从而加速微塑料的释放。

生物介质：在生物体内，塑料制品可能会受到生物酶、胃酸等生物介质的作用。例如，当塑料微粒被生物体摄入后，生物体内的酶可能会尝试分解塑料。虽然大多数塑料难以被生物完全降解，但酶的作用可能会使塑料表面产生一些微观变化，促进微塑料的释放。此外，胃酸的酸性环境也可能对塑料产生一定的腐蚀作用，使塑料释放出微塑料。

塑料制品中微塑料的释放是一个复杂的过程，受到多种因素的影响。了解这些因素有助于更好地评估塑料制品在不同环境下的微塑料释放风险，从而为减少微塑料污染提供理论依据。

参考文献

[1]RYAN P G,MOLONEY C L. Marine litter keeps increasing[J]. Nature,1993,361（6407）:23.

[2]COE J M,ROGERS D B .Marine Debris: Sources,Impacts,and Solutions[J]. Springer,1999.

第2章　微塑料的来源

了解污染物的来源对于污染治理至关重要，只有明确了污染源，才能更有针对性地制定科学有效的管理策略。微塑料的排放来源涉及多个方面，具体按照人类社会活动不同功能划分，包括工业生产、家庭生活、交通运输等。

2.1　工业来源

2.1.1　石油化工产业排放

石化产品的生产、加工及运输过程均会排放一定量的微塑料。在石化产业中，塑料颗粒和微珠是常见的原料或辅助材料。例如，在塑料制品的生产过程中，塑料颗粒作为基本原料被广泛使用。此外，微珠也常被用作工业磨料、抛光剂等，这些微塑料在生产和运输过程中可能会逸散到环境中。此外，石油化工产业的废水和废渣中也含有大量的微塑料。石化产业在生产过程中会产生大量废水，其中可能含有微塑料颗粒。微塑料颗粒具有疏水性且粒径较小，在污水处理过程中难以被有效去除，最终可能随废水排入水体，造成水体污染。石化产业在生产过程中会产生大量的塑料废料。这些废料如果未能妥善处理，可能会被露天堆放或填埋，最终因风化、雨水冲刷等自然作用而分解成微塑料。石化产业在产品运输过程中会使用大量塑料包装材料。这些包装材料在运输和使用过程中可能会损坏或破裂，形成微塑料颗粒。

综上所述，石化产业在塑料生产、加工、运输和污水处理等各个环节都有可能产生微塑料，对环境造成污染。石化产业的微塑料排放问题也与全球塑料生产和消费模式密切相关。随着全球对塑料产品需求的不断增加，石化产业的生产活动也在不断扩大，这无疑加剧了该产业微塑料的排放。因此，要有效控制石化产业的微塑料排放，需要从多个层面进行综合管理，从减少塑料使用、提高塑料回收率、开发可生物降解的替代材料等多方面入手，还要加强对石化产业排放的环境监管；同时加强科学研究，深入理解微塑料的环境行为和生态影响，为制定有效的管理策略和应对措施提供科学依据。

2.1.2 仓储泄漏

仓储过程中，塑料包装的食品、日用品等可能会因各种原因（如挤压、碰撞、老化等）发生破损，里面的塑料颗粒或粉末状物质可能会泄漏出来，形成微塑料。长期储存的塑料容器，如塑料桶、塑料箱等，会随着时间的推移逐渐老化变脆。在搬运或储存条件变化的情况下，这些塑料容器容易出现裂缝甚至破碎，释放出微塑料颗粒。如果仓储环境潮湿、温度过高或存在化学腐蚀物质，可能加速塑料包装和容器的降解和损坏，促使微塑料产生。例如，某些化学物质可能与塑料发生反应，削弱塑料的结构，使其更容易破碎成微小颗粒。仓储过程中不可避免地会产生塑料废弃物，如废弃的包装材料或容器。这些废弃的塑料包装和容器随时间老化会释放一定量的微塑料。

2.2 农业来源

2.2.1 农用塑料薄膜

农用薄膜，又称农膜，主要包括地膜和棚膜。地膜一般埋在农田土壤中，有黑色和无色透明两种，材质主要为聚乙烯。棚膜用于建造农业温室大棚，颜色为无色透明，材质有聚乙烯、聚氯乙烯、乙烯-醋酸乙烯共聚物（ethylene-vinyl acetate copolymer，EVA）、聚烯烃（polyolefins，PO）等。地膜具有提高土壤温度、保持土壤水分、防止害虫侵袭、促进农作物生长等性能，一度成为中国农业高产稳产的功臣之一。但大量残留在土壤中的塑料薄膜难以降解，也会对土壤造成污染和损害，形成大面积的"白色污染"。国家统计局公布的数据显示，2014年，我国农用塑料地膜覆盖面积达2.98亿亩（1亩≈0.0667公顷），位居世界第一。随着农业技术的发展和对环保的重视，我国地膜覆盖面积在经历了一定阶段的增长后，逐渐趋于稳定。农业农村部曾提出，到2020年，我国地膜覆盖面积基本实现零增长，地膜污染严重地区率先实现负增长。到 2021 年，我国地膜覆盖面积降至 1 728.22 万公顷。调查显示，在我国长期覆盖地膜的农田中，地膜残留量一般在 71.9～259.1 kg/hm²，其中西北地区农田土壤残膜污染最为严重，残膜量远高于华北和西南地区[1]。

农膜在使用后，若未被及时回收或处理，会因自然条件（如光照、风化和温度变化）以及农业活动（如机械耕作）的影响而发生物理破碎，逐渐分解为微塑料颗粒。这些微塑料颗粒的直径通常小于 5 mm，有的甚至成为纳米塑料。土壤的多孔特性使得微塑料在土壤中迁移扩散，进一步加剧污染。农膜中添加的增塑剂和稳定剂使其更加耐用，但也导致其难以降解。这些化学物质在农膜分解过程中可能释放到土壤中，对土壤生态系统造成进一步危害。

此前，国家发展和改革委员会、生态环境部 2021 年印发的《"十四五"塑料污染治理行动方案》明确提出，农膜回收率达到 85%，全国地膜残留量实现零增长。生态环境部、农业农村部、住房和城乡建设部等五部门公布的《农业农村污染治理攻坚战行动方案（2021—2025 年）》，再次要求农膜回收率达到 85%，并落实严格的农膜管理制度，加强农膜生产、销售、使用、回收、再利用等环节的全链条监管，持续开展塑料污染治理联合专项行动。除推动废旧农膜回收和资源化利用之外，我们还应该研发环境友好型的降解地膜，这样不仅能够保障作物产量和品质，而且还能从根本上解决地膜造成的环境污染问题，避免让地膜成为"地魔"。

2.2.2　农业灌溉设施

为提高灌溉效率，现代农业灌溉使用了大量塑料制品，比如输水管、滴灌带、喷灌装置等。这些塑料制品的外表面长期暴露在自然环境中，在紫外线辐射、冻融循环、土壤颗粒磨蚀等作用下逐渐老化，产生大量微塑料。而其内表面在灌溉过程中受到水流冲刷，加之灌溉水中泥沙颗粒运动对其产生强烈磨损，也会释放大量微塑料。此外，当这些灌溉设备的使用寿命结束后，它们的废弃处理也可能成为微塑料的一个来源。如果这些设备没有得到适当的处理，它们的分解过程中可能会释放出微塑料，这些微塑料随后也可能通过灌溉系统进入土壤。

尽管目前对这些灌溉设备产生的微塑料的规律和机制的研究还不是非常充分，但现有研究表明，这些塑料灌溉设施给农田土壤带入了大量微塑料，比如滴灌系统，由于其独特的工作原理，可能会在土壤的特定部位积累微塑料。

2.2.3 农用塑料容器

育苗穴盘、塑料筐和编织袋作为农业生产中的重要工具，它们的使用量大、使用周期长，现已成为土壤中微塑料的重要来源。

育苗穴盘的材质为聚对苯二甲酸乙二醇酯，主要用于蔬菜、瓜果、油料作物、花卉等农作物的幼苗培育。在紫外线辐射、物理磨损等老化作用下，育苗穴盘会产生大量微塑料。这些微塑料进入土壤后极易被农作物幼苗吸收，积累在作物体内，伴随作物整个生长过程，并进入人类食物链。塑料筐的材质为聚丙烯，而编织袋的材质为聚酰胺。这两种塑料制品主要用于成熟农产品的储存和运输，在使用过程中不可避免地会因紫外线辐射和物理磨损产生微塑料。这些微塑料会附着在农产品表面，直接进入人类食物链。此外，当这些材料在使用后没有得到适当的收集和处理，被遗弃在田地中，随着时间的推移，这些塑料残留物会被土壤微生物分解，形成微塑料，导致微塑料在土壤中的积累。

2.3 生活来源

个人护理用品：许多护肤品和洗漱用品中含有微塑料颗粒。例如，一些磨砂膏、洁面乳、牙膏等会添加聚乙烯、聚丙烯等塑料微粒作为摩擦剂，这些微塑料在使用过程中会随着污水排放进入环境，虽然污水处理厂可以去除大部分的微塑料，但仍有部分微塑料通过工艺不完善的处理厂或直接从家庭污水排放进入水体。此外，部分指甲油、发胶等化妆品中也可能含有微塑料成分，它们在使用和丢弃过程中会释放到环境中。这一来源产生的微塑料量大、成分复杂，难以治理。因此，国家发展和改革委员会发布的《产业结构调整指导目录（2019年本）》明确规定，含塑料微珠的日化用品到2020年12月31日禁止生产，到2022年12月31日禁止销售。目前，个人护理用品已不再是微塑料主要来源。

塑料包装：塑料制品广泛应用于食物和饮料的包装，这极大地减少了食物的浪费。常见的塑料包装主要包括塑料瓶、塑料杯、一次性餐盒、可重复用餐盒、塑料袋、保鲜膜、大米包装袋、肉类包装袋、烹煮袋、咖啡滴滤袋和茶包等。这些塑料制品携带方便、外形美观，深受人们喜爱，且随着线上购物平台使用率的增加，以及外卖和送餐服务的普及，这些塑料食品包装及容器的使用量在全球范围内都在增加。这些塑料包装在运输、使用过程中会受到不同程度的物理、化学和生物老化作用的影响，释放出粒径为 10 μm～5 mm 的片状、纤维状以及颗粒状微塑料。塑料包装在使用过后，如果处置不当，随意丢弃在环境中，在经历自然老化过程后，会逐渐破裂成小块，最终形成微塑料颗粒。

合成纤维纺织品：合成纤维制成的衣物、毛巾、床上用品，如涤纶、维纶、锦纶、氨纶、尼龙等，在洗涤过程中，会释放出大量的微纤维，这些纤维的主体由各种塑料聚合物构成，还包括各种各样的增塑剂、稳定剂、抗氧化剂、着色剂等。研究显示，洗涤一件衬衫可以释放出数千至数万根纤维，洗衣过程中产生的微小合成纤维的年排放量可达到数百吨。此外，一些合成纤维纺织品，如窗帘、沙发套等，在使用过程中会发生物理磨损和化学老化，它们均可能导致纤维的微小化，这些纤维一旦进入水环境，便形成了微塑料。值得注意的是，短纤维易于脱落，长纤维则易于断裂，这大大增加了释放微塑料的风险。

家用塑料制品：如塑料餐具、塑料玩具、塑料奶瓶、塑料奶嘴、塑料家具等，在日常使用中会因磨损、老化等原因产生微塑料。例如，塑料餐具在反复使用和清洗过程中，表面会逐渐磨损，产生微小的塑料颗粒；塑料玩具被儿童咬嚼或长期玩耍后，也可能出现破损，释放出微塑料。这些塑料制品被丢弃后进入环境中，在阳光、风雨、机械摩擦等自然因素以及微生物的作用下，会逐渐破碎，分解成微塑料。

2.4　交通运输来源

轮胎磨损：机动车辆在行驶过程中，轮胎与路面的持续摩擦会产生大量的微塑料，即橡胶微粒。轮胎磨损颗粒的去向主要是进入大气、土壤和水体。乡村公路上车辆的轮胎磨损产生大量的橡胶微粒，而区域高速公路上产生量则较少。有研究表明，与沥青混凝土路面相比，水泥混凝土路面能够减少约50%的轮胎磨损，这为未来减少轮胎磨损产生的橡胶微粒释放提供了思路和方向。

道路标线和涂料：道路标线漆和一些建筑涂料中含有塑料成分，在长期的风吹日晒、车辆碾压等作用下，会逐渐剥落并分解成微塑料。这些微塑料会随着雨水径流进入土壤和水体，对环境造成污染。

船舶运输：船舶运输也是微塑料的一个重要来源。船舶的生活污水和垃圾、燃料油等含有微塑料颗粒，排放到海洋中也会增加微塑料污染。特别是在港湾和码头区域，这些微塑料更容易积累，并通过后续的水域活动被释放到更广阔的海域。

2.5 其他来源

2.5.1 资源回收

塑料制品的回收循环利用是减少环境塑料污染的重要途径之一，但在这个过程中也不可避免地产生了微塑料。在塑料回收处理过程中，如果回收工艺不完善或处理不当，也可能产生微塑料。例如，在塑料回收的破碎、清洗等环节中，塑料颗粒之间的相互摩擦以及与设备的碰撞，可能会使塑料颗粒进一步细化。如果回收过程中没有对塑料进行有效的分类和处理，不同类型的塑料混合在一起，在加工过程中由于各种塑料的物理和化学性质不同，更容易破碎和形成微塑料。此外，一些回收塑料在重新加工成新产品后，可能在使用过程中更容易破碎，从而释放出微塑料进入环境。

泡沫塑料制品的回收过程，如发泡聚苯乙烯的回收，由于其具有特殊的结构特性，更容易释放出微塑料。根据研究可知，回收塑料制品的再处理过程，如收集、运输、拆解和再加工等环节，通过物理摩擦、撞击等作用，可使废弃的老化塑料释放大量的微塑料。这一过程中的微塑料，一部分可通过风、雨等自然因素沉降到地面，另一部分则可能进入空气中，成为大气微塑料的一个重要来源。此外，塑料制品在焚烧过程中，由于燃烧不完全，也会产生微塑料，这些微塑料会随着燃烧气流进入大气环境。

目前，为了减少塑料制品回收过程中的微塑料排放，人们正在研发新的废弃塑料处理技术，如水热液化、溶剂萃取和高温热解等。这些技术的目标是实现废弃塑料产品处理过程中的微塑料零排放。

2.5.2 垃圾填埋场

垃圾填埋场中的塑料垃圾在特定的环境条件下（如温度变化和细菌作用），可能会被分解成微塑料。填埋场内的塑料垃圾主要来源于日常生活中产生的各种包装材料，以及在生产和运输过程中意外丢弃的塑料颗粒和使用后的塑料制品。这些塑料在填埋场中的复杂生化环境下，可能会经历机械破碎或化学降解，最终形成微塑料。

此外，污水处理厂的污泥也是微塑料的重要来源，因为生活污水和工业废水中含有的微塑料会在处理过程中积累在污泥中。最新研究显示，在生活垃圾填埋场的渗滤液中存在多种微塑料，且微塑料的丰度可达到24.58颗/升。更值得注意的是，这些渗滤液中的微塑料主要是次生微塑料，占到了总数的99.36%，这意味着填埋场是一个重要的次生微塑料释放源。这些渗滤液不仅可直接污染水环境，也可能通过土壤渗透等途径对更大范围的环境造成影响。

2.6　不同来源微塑料的占比与危害程度

不同环境介质中微塑料的主要来源存在很大差异。世界自然保护联盟于2017年发布的报告《海洋中的初级微塑料》显示，合成纺织品、轮胎磨损、道路标记、船舶涂料、个人护理产品和城市灰尘等是海洋微塑料的主要来源。其中，合成纺织品由于其广泛的使用和大量的洗涤，成为海洋微塑料的重要来源之一，在海洋微塑料总量中占有一定比例；轮胎磨损产生的微塑料随着雨水冲刷等途径进入海洋，也是微塑料不可忽视的来源。在淡水环境中，污水排放和地表径流是微塑料的主要输入方式，其中污水排放中含有的微塑料主要来自个人护理产品、洗涤衣物等，而地表径流则会携带陆地环境中的塑料垃圾进入淡水系统。土壤中的微塑料，主要来源于农用地膜破碎、有机肥施用、污水灌溉等。农用地膜的广泛使用导致其在土壤中的残留量较高，成为土壤微塑料的重要组成部分。大气中的微塑料主要来源于塑料制品的生产、使用和回收过程，以及陆地和海洋中积累的微塑料通过风力扬起、海浪飞溅等方式进入大气，其中塑料制品生产过程中的排放和合成纤维衣物的磨损是大气微塑料的重要来源。

不同类型的微塑料对环境和生物的危害程度也有所不同。原生微塑料由于其尺寸微小，容易被生物摄入，且在生产过程中可能添加了各种化学添加剂，这些添加剂可能具有毒性，会对生物的生理功能产生影响。次生微塑料虽然在形成过程中可能会损失一些添加剂，但由于其在环境中广泛存在，且会吸附环境中的重金属、有机污染物等有害物质，成为污染物的载体，增加了对生物的危害风险。被微塑料吸附的重金属如铅、汞等，以及有机污染物如多氯联苯、多环芳烃等，在被生物摄入后，会在生物体内积累，导致生物中毒、器官损伤等问题。微塑料还会改变土壤的物理、化学和生物学性质，影响植物的生长和发育，对土壤生态系统造成破坏；在大气中，微塑料会影响空气质量，对人体健康产生潜在威胁，如引起呼吸道疾病、过敏反应等。

参考文献

[1] 严昌荣，刘恩科，舒帆，等.我国地膜覆盖和残留污染特点与防控技术［J］.农业资源与环境学报，2014，31（2）：95-102.

第3章　无处不在的微塑料

微塑料粒径细小，且疏水性较强，不易与环境中的有机物质结合。这导致微塑料在环境中具有很强的迁移能力。微塑料可以随气流、水流等自然力运动，还能够附着或者被生物摄食，从而随生物迁移。目前，微塑料已经扩散到世界各处。

3.1　海洋中的微塑料

3.1.1　海洋中的微塑料污染

海洋作为地球上最大的水体，每年接收数以千万吨计的塑料废弃物。随着塑料制品产量逐年增长，塑料废弃物的产生量也迅速增加。大部分塑料废弃物最终会流入海洋。绿色和平组织 2016年发布的报告显示，全世界每秒有超过 200 kg 的塑料被倒入海洋。这些塑料垃圾在海洋环境中逐渐破碎分解，产生微塑料。世界各地几乎每个海洋栖息地都发现了微塑料[1]。早在 20 世纪 70 年代，海洋微塑料的相关研究已经开展，如对微塑料附着的微生物和硅藻群落种类等进行了研究。此后，人们研究了微塑料颗粒的形成、分布、丰度以及存在形式，探讨了微塑料吸附的持久性有机污染物所引起的生态问题以及解决该问题的方法。

2001—2004 年，大洋塑料垃圾带的发现让海洋塑料污染又重新引发热议。今天，海洋塑料污染已经演变成了一个全球性环境问题[2]。迄今为止，在太平洋[3-5]、印度洋[6]、大西洋[7]、北冰洋[8-9]的表层海水和深层沉积物中[10-11]都发现了塑料垃圾的存在。部分塑料经过物理、化学和生物过程造成分裂和体积减小，形成显微塑料碎片。Browne 等[12]研究发现，世界各地的 18 个地点的海岸线都受到了海洋微塑料的污染，涉及从赤道到极地的6个大陆。人们已经在非洲、亚洲、东南亚、印度、南非、北美和欧洲的近海中发现了大量的微塑料颗粒[13]。2024年，世界自然基金会最新发布的报告显示，地中海深海中测得的微塑料浓度达到每平方米有190万个碎片，地中海成为有史以来在深海测量到的最高浓度的微塑料区域。

我国近海的微塑料污染形势非常严峻。2016年，国家海洋局发布的《中国海洋环境质量公报》指出，我国41个海域的海面漂浮垃圾和海滩垃圾中，塑料垃圾的比例在70%以上，其中约80%来自陆地。目前，微塑料海洋污染调查工作在我国全面且深入地展开，其范围广泛涵盖了我国四大领海（渤海、黄海、东海与南海）[14-19]以及香港特别行政区[20-22]、台湾省[23-24]。调查表明，我国从北到南的邻近海域已普遍受到微塑料污染：北达秦皇岛渤海边和大连黄海边，中到东海海域，南抵南海北部沿海；从海岸滩涂到地表海水，再到海底沉积物均发现了微塑料污染；香港特别行政区是塑料污染的重点地区，其污染程度高于国际平均水平；台湾省的微塑料污染主要集中在台湾北部区域，微塑料颗粒尺寸与数量之间呈负相关。2011—2015年，我国近海海底垃圾中塑料垃圾的研究发现，海底垃圾中塑料垃圾的比例在逐年升高，由2011年的57%上升到2015年的87%[25]。海底塑料垃圾的不断增长，将加剧塑料污染对海洋生态的影响。可见，我国沿海地区普遍受到海洋微塑料的污染，呈现出以下特征：①空间分布广，微塑料空间分布广泛，遍布我国所有海域及沿海区域；垂直分布范围广，从海滩、表层海水到海底沉积物都有涉及，遍布整个海洋栖息地。②污染水平高，我国近海地区的微塑料丰度普遍较高，部分海域超过了国际平均水平。③成分十分复杂，微塑料组成多样，其中聚乙烯与聚丙烯的比重最大。

海洋中微塑料的分布具有显著的空间差异，且受到多种因素的影响。根据已有研究可知，海洋表层海水中微塑料的丰度范围从小于每立方米1个到每立方米数千个不等，而在近海和沉积物中，微塑料的丰度通常高于远海和深海区域。海洋表层微塑料的丰度范围为0.0005～23.5 cm的塑料颗粒含量为0.01～1.23个/m³。在北太平洋、北大西洋和印度洋的亚热带环流区，微塑料的丰度较高，尤其是在五大环流垃圾带附近。例如，北太平洋海域的微塑料平均丰度高达6.8×10^5个/km²。我国近海海域的微塑料浓度较高，例如，长江口附近海域的微塑料丰度为4 137个/m³，南海海域的微塑料丰度为2 569个/m³，长江口沉积物中的微塑料丰度为20～340个/kg。海岸沉积物中的微塑料丰度通常高于深海沉积物，例如，葡萄牙沿岸沉积物中的微塑料丰度范围为1.5～362个/m²。远洋海域的微塑料丰度相对较低，但仍有显著的污染。西北太平洋沿同一纬度从西向东微塑料丰度呈递减趋势，从1.5×10^4个/km²递减到6.6×10^2个/km²。南极和北极地区虽然远离人类活动，但也发现了微塑料污染，例如南极半岛海水样品中的微塑料平均丰度为22个/L，最大丰度高达117个/L。深海沉积物中的微塑料丰度较浅海区域低，但仍存在显著污染。例如，大西洋、印度洋和地中海等海域300～3500 m深处沉积物中微塑料的丰度在28～800个/L之间。随着时间的推移，海洋中微塑料的丰度呈上升趋势。有研究显示，同一海域的微塑料平均丰度在2018年相对2017年增长了$5.2×10^4$个/km²。微塑料的检出率也在增加，20世纪70年代，在东北太平洋约64%的调查地点发现了塑料碎片，而在最近的调查中发现，所有调查地点的微塑料检出率为100%。

3.1.2 海洋中微塑料的来源与形态特征

海洋中微塑料的来源途径广泛，主要包括河流输入、城市污水排放、水产养殖设备磨损以及海洋活动泄漏等。河流如同输送微塑料的"传送带"，将陆地环境中的微塑料源源不断地输送到海洋中；城市污水虽然经过了专业处理，但是其产生量巨大，导致其释放的微塑料总量非常高；水产养殖中使用的塑料设备在长期使用过程中会逐渐磨损，释放出大量微塑料；海洋活动如船舶运输、海上石油开采等，也可能因意外泄漏而导致微塑料进入海洋环境。

（1）陆源输入

塑料垃圾排放：人类在生产和生活中产生了大量的塑料垃圾，如塑料袋、塑料瓶、塑料包装等。沿海地区的垃圾管理不善，导致许多塑料垃圾堆积在海滩或被丢弃在沿海区域。此外，一些内陆地区的塑料垃圾也会通过河流等径流系统被带到海洋中。据相关研究可知，全球每年有480万～1270万吨塑料垃圾进入海洋，这些塑料垃圾在海浪、阳光和海风的作用下，逐渐破碎分解，形成微塑料。

污水处理厂排放：城市污水中含有各种来源的微塑料，包括家庭废水、工业废水和雨水径流等。在污水处理过程中，虽然大部分固体垃圾和污染物会被去除，但一些粒径较小的微塑料颗粒（通常小于5 mm）能够通过污水处理厂的处理工艺，随着处理后的污水排放进入自然水体，最终流入海洋。此外，污水处理厂产生的污泥中也含有一定量的微塑料，当污泥被用于土地改良或其他用途时，其中的微塑料有可能通过地表径流或土壤渗透等方式进入海洋。

合成纤维衣物洗涤：合成纤维衣物在洗涤过程中会释放出大量的微纤维，这些微纤维是微塑料的一种形式。聚酯纤维、尼龙、聚丙烯等合成纤维具有较高的强度和耐磨性，但在洗衣机的搅拌和摩擦作用下，纤维会逐渐断裂并脱落。据研究可知，每次洗涤合成纤维衣物会释放出1 900根左右的微纤维，这些微纤维随着污水进入下水道，经过污水处理系统后，仍有相当一部分会进入海洋。由于全球合成纤维衣物的产量和使用量巨大，因此，这一来源的微塑料对海洋环境的影响不容忽视。

道路径流：道路上存在多种可能产生微塑料的来源。首先，车辆行驶过程中，轮胎与路面摩擦会产生微小的橡胶颗粒和塑料添加剂颗粒，这些颗粒中含有微塑料成分。据估算，全球每年因轮胎磨损产生的微塑料可达数百万吨。其次，道路上的塑料垃圾、工业粉尘以及建筑材料中的塑料颗粒等，会随着雨水冲刷形成的径流进入河流和海洋。此外，刹车系统磨损产生的颗粒中也可能含有微塑料，这些颗粒同样会通过道路径流进入水体，最终汇入海洋。

（2）海洋源输入

渔业活动：水产养殖中使用的渔网和渔线等通常由塑料材料制成，如尼龙、聚酯等，在长期使用过程中，由于海水的侵蚀、摩擦以及阳光的照射，这些渔具会逐渐磨损、老化并破碎，形成微塑料颗粒。此外，渔民在捕鱼过程中可能会丢弃一些损坏的渔具，这些废弃渔具在海洋中会继续分解，释放出微塑料。据统计，全球渔业活动每年产生的废弃渔具数量惊人，这些废弃渔具是海洋微塑料的重要来源之一。除了渔具，渔业养殖设施如塑料浮标、养殖网箱等也会在使用过程中产生微塑料，这些微塑料会直接进入海洋环境。

海运活动：船舶在航行过程中会产生多种类型的微塑料。首先，船舶的压载水和舱底水含有各种杂质和污染物，其中可能包括微塑料颗粒。当船舶在不同港口之间航行时，会排放和更换压载水，这些压载水中的微塑料就会进入海洋。其次，船舶表面的涂料在长期海水浸泡和冲刷下会逐渐脱落，一些船舶涂料中含有塑料成分，如有机硅树脂、丙烯酸树脂等，这些涂料脱落形成的微小颗粒也是微塑料的一种来源。此外，海上运输的塑料货物如果发生泄漏或破损，塑料货物会进入海洋并在海浪和紫外线的作用下破碎分解，形成微塑料。

（3）大气沉降

大气中的微塑料通过干湿沉降进入海洋。大气中的微塑料主要来源于陆地表面的塑料垃圾扬尘、工业排放以及汽车尾气等。这些微塑料颗粒通常非常细小，可以在大气环流的作用下远距离传输。在传输中，微塑料会与大气中的水汽、颗粒物等结合，形成气溶胶。当遇到降雨、降雪等天气时，这些气溶胶会随着降水一起落到地面或海洋表面，这就是湿沉降过程。此外，一些微塑料颗粒也会在重力作用下直接沉降到海洋中，这被称为"干沉降"。研究发现，即使在远离陆地的大洋中心区域，也能检测到大气沉降带来的微塑料。这表明大气沉降是海洋微塑料的一个重要补充来源，其对海洋微塑料的贡献在某些地区可能不容忽视。

3.1.3 海洋中微塑料的迁移规律与转化过程

微塑料在海洋环境中的迁移转化过程极为复杂，受到洋流、潮汐、海浪等多种因素的综合作用。海流作为海洋中的"搬运工"，对微塑料的长距离传输起着关键作用，它可以将微塑料从一个海域输送到另一个海域，使其分布范围不断扩大。潮汐和海浪则会影响微塑料在近岸区域的分布和迁移，使微塑料在海滩和浅海区域积聚或扩散。风力的吹拂不仅能推动微塑料在海面上漂移，还可能使微塑料扬起并进入大气，从而实现海洋与大气之间的微塑料交换。因此，微塑料在海洋中的迁移包括漂流、悬浮、沉降（缓慢沉降和快速沉降）、再悬浮、搁浅、再漂浮和埋藏等过程。这些过程可能循环往复或自发终止。漂浮微塑料表面生物附着或泥沙絮凝等原因，导致悬浮或沉降。海洋中，悬浮的微塑料会随着海浪和潮汐在海面漂移，形成"塑料垃圾带"。在一些沿海地区，由于潮汐和海浪的作用，微塑料会在海滩上堆积。沉入海底的微塑料可能在海流作用下再悬浮或漂浮，也可能被沉积物埋藏。海洋中的微塑料分布呈现明显的垂向特征：底层沉积物中的微塑料数量远大于表层水，中层水中的微塑料含量最少。此外，海岸沉积物中的微塑料含量高于深海沉积物。微塑料可能通过洋流和风力进入大洋，也可能被海浪冲刷上岸搁浅。搁浅的微塑料可能发生再漂浮，重新进入海洋。此外，微塑料还能够通过海洋生物（如浮游生物、游泳动物和海鸟）摄食和排泄而迁移。浮游生物在昼夜垂直迁移过程中与微塑料接触，可能将微塑料带至更深的水层。粪便和生物尸体中的微塑料可能被重新释放到海洋中，从而进一步促进微塑料的迁移。大部分微塑料最终可能汇聚于深海，成为海底沉积物的一部分。深海是微塑料的最终"汇"，其沉积过程受到洋流、海底浊流和生物扰动等因素的影响。沉积在海底的微塑料可能在降解过程中密度降低，或通过生物扰动重新进入水体，形成复杂的循环过程。

海洋中微塑料的转化包括物理转化、化学转化和生物转化（图3-1）。微塑料在海洋中的物理转化主要表现为粒径的减小和形态的改变。微塑料在阳光、风浪和海流等自然力的作用下，可能发生物理破碎，形成更小的微塑料颗粒甚至纳米塑料。此外，微塑料的密度变化也会影响其在海洋中的迁移和分布。例如，密度较小的微塑料漂浮在海面，而密度较大的微塑料则可能沉降至海底。微塑料在海洋中的化学转化主要通过光氧化、热氧化和生物降解等方式实现。在紫外线和氧气的作用下，微塑料表面会发生氧化反应，形成新的化学官能团（如羟基、羧基等），从而改变其化学性质。此外，微塑料表面的疏水性降低后，更容易吸附水中的有机污染物和重金属，形成复合污染物。这些化学变化不仅影响微塑料的物理性质，还可能释放塑料添加剂和有毒物质，对海洋环境和生物造成危害。微塑料在海洋中的生物转化主要通过生物摄取、分解和排泄等方式进行。海洋生物（如浮游生物、鱼类和底栖生物）会误食微塑料，微塑料在生物体内可能通过消化系统进入其他组织或被排出体外。此外，微生物（如细菌和真菌）可以通过分泌的酶类分解微塑料，将其转化为更小的颗粒或单体，最终将其矿化为二氧化碳、水或甲烷。这种生物降解作用是微塑料转化的重要途径之一。

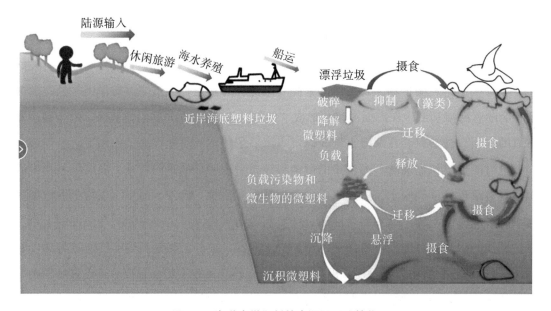

图3-1　海洋中微塑料的来源及迁移转化

3.2　淡水中的微塑料

3.2.1　淡水中的微塑料污染

据研究可知，微塑料污染可以在全球范围内的淡水区域被检测到，包括河流、湖泊、水库和河口等。北美的五大湖地区检测到的微塑料平均丰度为 43 000 个/km² [26]、美国的洛杉矶河为 13.75 n/L [27]、土耳其的埃尔盖内河为（6.90±5.16）n/L [28]、印度尼西亚的茨瓦伦克河为（5.85±3.28）n/L [29]。我国对淡水系统微塑料的研究较多，地理分布主要集中在长江流域、珠江流域和部分城市内河水域。研究显示，在珠江流域（广州段）检测到的微塑料丰度为 19.86 n/L [30]，与黄河流域（郑州段）微塑料丰度（16.86±4.20）n/L [31]、苏州河流域微塑料丰度（14.40±5.10）n/L [32] 基本持平，但是高于汉江微塑料丰度（6.26±1.43）n/L [33]、香溪河微塑料丰度（6.64±1.32）n/L [34]、渭河微塑料丰度（5.80±1.6）n/L [35]、黄河流域湟水河微塑料丰度（3.48±0.80）n/L [36]、长江流域赣江微塑料丰度（1.09±1.08）n/L [37]。甚至连素有"世界第三极"之称的青藏高原，其 7 个湖泊采样点中有 6 个检测到了微塑料 [38]。

微塑料丰度在不同水体中的分布不均匀不仅跟区域人口密度及其经济发展水平有一定的联系，而且与地理地形的变化、流域水体动力学等条件有较大的关系，正是这些不同的因素导致了不同区域水体中微塑料污染存在巨大差异。人类活动对水体微塑料污染的推动作用不容忽视。中国科学院研究团队对武汉湖泊群的微塑料污染研究发现，武汉湖泊中微塑料污染程度存在明显的空间变化，水体中微塑料丰度由城市中心湖泊向外围湖泊递减，这种显著的差异或许与湖泊周边的工业活动、人口密度以及水体的流动性等因素密切相关，这进一步揭示了微塑料污染与人类活动的联系。珠江水产研究所渔业环境保护与修复创新团队以珠江干流——西江及其河口为研究区域，采用抽滤、显微镜镜检、傅里叶变换红外光谱鉴定以及潜在生态风险评价等方法，研究西江及河口微塑料丰度组成、分布特征、理化特性以及潜在风险。研究结果表明，西江干流和珠江河口微塑料空间分布差异显著，虎门、肇庆、虎跳门微塑料丰度显著高于其他站点；其理化表征以透明、碎片和介于 0.01～1 mm 大小为主；其组成以聚烯烃弹性体和聚酯为主；微塑料丰度与西江干流及珠江河口沿岸大部分社会经济指标（人口密度、城镇面积、GDP、初级形态塑料产量、淡水水产品产量等）协同变化，与人口密度显著相关（Pearson 相关性分析，R_2=0.255，$P< 0.05$）[39]。科研人员在广州市珠江沿岸和河口地区发现了高浓度的微塑料微粒，浓度分别达到 $1.99×10^4$ items/m^3 和 $8.90×10^3$ items/m [40]，附近工业园区或物流园区的存在表明人类活动是塑料微粒污染加重的重要原因。此外，季节也是影响微塑料分布的重要因素，例如，长江河口和 Nakdong 河 [41] 在雨季的微塑料丰度明显高于其他季节的丰度。水文特征也会影响微塑料的分布，如湖泊、水库等相对封闭的环境中的微塑料含量一般较高，而在河口等处，由于复杂的水文环境和强烈的水动力条件可能会将微塑料带到表层水体中。

沉积物中也发现了大量微塑料。中国科学院研究团队对三峡库区表层水体和沉积物中微塑料污染的调查结果显示，在水样中，城市地区微塑料污染更为严重，而在沉积物中，污染最严重的则是农村地区，与低密度微塑料相比，高密度微塑料更容易从水体沉淀到沉积物中。安大略湖中的微塑料数量惊人，研究调查了安大略湖近岸、支流和海滩沉积物中的微塑料污染情况。结果表明，微塑料在城市和工业区附近的近岸沉积物中浓度较高，在伊托比科溪中测定的最大丰度约为每千克干沉积物含有 28,000 个颗粒 [42]。休伦湖中的微塑料含量则显得较为稀少，Sara L. Belontz 等 [43] 对休伦湖近岸和离岸沉积物样本中的微塑料进行了分析。研究发现，休伦湖 4 个主要盆地中，北通道的微塑料丰度最高，平均为每千克干重含有 47 398 个颗粒，其次是乔治亚湾（每千克干重含有 21 390 个颗粒）、主盆地（每千克干重含有 15 910 个颗粒）和萨吉诺湾（每千克干重含有 1592 个颗粒）。尽管不同区域有差异，但整体上与其他一些污染严重的水体相比，其含量相对不高，且研究指出，水动力等过程驱动因素对微塑料分布起主要作用。

而在地理位置偏远、人口稀少的地区，如蒙古的 Hovsgol 湖，情况却有些出人意料。Hovsgol 湖作为近乎原始的淡水系统，本应受人类活动干扰较小，但现实却是其微塑料污染相对严重 [44]。这一现象主要与该地区废物管理不力密切相关。蒙古部分地区在垃圾处理方面存在短板，缺乏完善且高效的垃圾收集、分类与处理体系。包括塑料制品在内的大量垃圾未经妥善处置，被肆意丢弃在环境中，在自然外力作用下，这些塑料制品逐渐破碎降解，产生大量微塑料。例如，鄂尔浑省省会额尔登特市，当地虽有两大垃圾场，总面积达 83.3 公顷，但截至 2016 年，废物量已达 500 万立方米，每天有 22 辆汽车运载840 立方米废物，每年共处理家庭和工业废物 12.3 万立方米。如此庞大的垃圾量，处理却并不规范，导致大量塑料垃圾在自然环境中分解，微塑料随之进入水体，最终影响到像 Hovsgol 湖这样看似偏远的水体。此外，在一些乡村和牧区，垃圾处理设施更为匮乏，居民环保意识相对薄弱，随意丢弃塑料垃圾的现象屡见不鲜，这无疑进一步加剧了微塑料向周边水体迁移，对 Hovsgol 湖的微塑料污染起到了推波助澜的作用，这也说明微塑料污染防治的首要措施是要加强塑料管控。

3.2.2　淡水中微塑料的来源与形态特征

淡水中微塑料的来源广泛，主要包括城市污水排放、工业废水排放、农业活动、海洋垃圾以及大气沉降等。城市污水排放是水体中微塑料的重要来源之一，家庭护理产品、化妆品、洗衣粉等中含有的微塑料颗粒，通过生活污水进入污水处理厂，若污水处理厂对微塑料的去除效果不佳，这些微塑料便会随着处理后的污水进入自然水体。研究表明，在一些城市的污水处理厂出水中，微塑料的浓度可达到每升数百个甚至上千个。工业废水排放也是水体中微塑料的重要来源，纺织、造纸等工业过程中使用的合成纤维和塑料粒子，会通过工业废水排放进入污水处理系统，最终进入自然水体。在纺织印染行业，生产过程中产生的废水含有大量的微塑料纤维，这些纤维随着废水排放进入河流、湖泊等水体，对水生生态系统造成污染。农业活动中，地膜、覆盖物等农业塑料的使用，在风力、降雨等作用下破碎成微塑料碎片，随地表径流进入水体，最终流入污水处理厂或直接进入自然水体。据统计，我国每年农业生产中使用的塑料薄膜量巨大，这些塑料薄膜在使用后若不及时回收，大部分会在环境中破碎分解，成为水体中微塑料的重要来源。大气沉降也是水体中微塑料的一个来源，塑料袋、包装材料和工业排放物在大气中的沉降，会使微塑料通过降雨等方式进入水体。在一些城市和工业区，大气中的微塑料含量较高，通过大气沉降进入水体的微塑料数量也不容忽视。

淡水中微塑料形状有纤维、碎片、薄膜、颗粒和泡沫等。纤维状微塑料是淡水中常见的形态之一，尤其在河道和表层水中占比最高。例如，在陆浑水库及上游河道中，纤维状微塑料占比达 65.70%，而在主库区表层水中占比为 59.80%。纤维状微塑料的粒径差异较大，形状平直或卷曲，主要来源于洗涤和渔业活动，如渔网和钓鱼线的破碎与断裂。碎片状微塑料在淡水中的占比次于纤维状，总体占比为 18.90%。例如，在主库区表层水中碎片状微塑料占比为 18.20%，而在底层水中占比上升至 30.10%，这表明碎片状微塑料更易于产生垂向沉降。碎片状微塑料的表面通常较尖锐，形状不规则，这可能与微塑料在水体中长时间累积和摩擦剪切有关。薄膜状微塑料在淡水中占比相对较小，总体占比约为 15.00%。薄膜状微塑料通常表现为轻薄的片状，主要来源于一次性塑料袋或农用薄膜等。颗粒状微塑料在淡水中占比约为 11.94%，通常呈现出球形或较为规则的块状，边缘较光滑平整。泡沫状微塑料在淡水中占比最少，总体占比仅为 1.20%。

淡水中微塑料的粒径分布通常以中小粒径为主，具体分布情况因水体类型、地理位置和环境条件而有所不同。在汉江（丹江口坝下–兴隆段）的表层水体中，微塑料粒径主要分布在 200～500 μm，占比最高，平均为 42.50%；其次为 500～1 000 μm，占比 29.40%；而 1 000～5 000 μm 及 75～200 μm 的微塑料占比约为 14.00%[45]。在独流减河入海口的水体和沉积物样品中，微塑料粒径分布表现为随着粒径减小，数量急剧增加。水体中，小于 50 μm 的小粒径微塑料占比为 76.78%，50～200 μm 的中粒径占比为 14.80%，大于 200 μm 的大粒径占比 8.42%；沉积物中，小于 50 μm 的小粒径占比为 70.89%，50～200 μm 的中粒径占比 16.81%，大于 200 μm 的大粒径占比为 12.30%[46]。在汤逊湖湖滨土壤中，粒径小于 1 mm 的微塑料占比为 6.59%，而 1～2 mm 的微塑料占比最大，为 44.51%[47]。在其他研究中，粒径小于 1 mm 的微塑料通常占比较高，例如在某研究区域，粒径小于 1 mm 的微塑料占总数的 62.40%，而随着粒径增大，数量逐渐减少[48]。微塑料的粒径分布受到降解过程、水动力条件、人类活动和环境条件的影响。较大尺寸的废弃塑料在环境中降解破碎，产生大量较小尺寸的碎片，导致中小粒径微塑料丰度较高。水体的水动力条件也会影响微塑料的粒径分布。例如，在水动力较强的区域，微塑料可能被带到表层水体；而在水动力较弱的区域，微塑料可能逐渐沉积。

淡水中微塑料的材质组成主要包括聚乙烯、聚丙烯、聚苯乙烯、聚氯乙烯、聚对苯二甲酸乙二醇酯、聚酰胺等。这些材质的微塑料在淡水中广泛存在，主要来源于塑料制品的使用和不当处置，如塑料包装、容器、纺织品、渔业活动等。此外，微塑料的形态多样，包括纤维、碎片、薄膜等，其中纤维状的聚酯纤维和片状的聚丙烯、聚乙烯是淡水中常见的形式。淡水中的微塑料颜色多样，主要包括白色、透明、黑色、灰色、红色、蓝色、黄色、绿色等。在一些研究中，白色和透明的微塑料占比最大，例如，北运河河水中的白色和透明微塑料占比为 50.75%～83.92%[49]。而在其他研究中，灰色和黑色微塑料占比更高，例如，在浙江省近岸海域表层水体中，灰色微塑料占比约为 25.00%，黑色微塑料占比约为 13.90%[50]。

3.2.3 淡水中微塑料的迁移规律

微塑料在水体中的迁移方式主要包括对流、扩散、沉降、浮升等，这些迁移方式受到多种因素的影响，在不同水体中表现出不同的迁移规律。

对流是微塑料在水体中随水流整体移动的过程，主要受水流速度和方向的影响。在河流中，由于水流速度较快，微塑料会随着水流迅速向下游迁移；在长江流域，由于水流湍急,微塑料能够在短时间内被输送至较远的地方。研究表明,在水流的作用下,长江中的微塑料每天可以向下游迁移数公里甚至数十公里。

扩散是微塑料在水体中由于分子热运动和浓度梯度而发生的随机运动,主要受微塑料的粒径、形状、密度,以及水体的温度、盐度、流速等因素的影响。粒径较小的微塑料在水体中更容易扩散,因为其受到布朗运动影响较大。形状不规则的微塑料在水体中的扩散速度也可能与球形微塑料不同。

沉降是密度大于水的微塑料在重力作用下向水底移动的过程,主要受微塑料的密度、粒径、形状,以及水体的流速、沉积物吸附等因素的影响。密度较大的微塑料,如聚氯乙烯、聚对苯二甲酸乙二醇酯等,更容易沉降。在水体流速较低的区域,微塑料的沉降速度会加快。在湖泊中,由于水体相对静止,微塑料更容易沉降到湖底沉积物中。研究发现,在一些湖泊的沉积物中,微塑料的含量较高,这表明大量微塑料通过沉降作用进入了沉积物。

浮升是密度小于水的微塑料在浮力作用下向水面移动的过程,主要受微塑料的密度、粒径、形状,以及水体的流速、有机物吸附等因素的影响。密度较小的微塑料,如聚乙烯、聚丙烯等,容易浮升到水面。在海洋中,这些浮升的微塑料会随着海浪和潮汐在海面漂移,形成"塑料垃圾带"。

在河流中,微塑料的迁移主要受水流速度和流量的影响。河流的流速越大,微塑料的迁移速度越快,能够被输送到更远的距离。河流的流量变化也会影响微塑料的迁移:洪水期流量大,微塑料的迁移能力增强;枯水期流量小,微塑料可能会在局部区域积聚。河流中的微塑料还可能受到河岸地形、河底地貌等因素的影响,在河道弯曲处、浅滩等区域,微塑料的迁移速度和方向可能会发生改变。

在湖泊中,微塑料的迁移受到风力、湖流、水温分层等因素的影响。风力可以推动湖面的微塑料移动,形成水平方向的迁移。湖流会影响微塑料在水体中的垂直分布和水平迁移。在一些大型湖泊中,由于水温分层现象,微塑料在不同水层的迁移情况也不同。在夏季,湖泊表层水温较高,微塑料可能会集中在表层水体;而在冬季,水温分层不明显,微塑料在水体中的分布可能更加均匀。

3.2.4　淡水中微塑料的转化过程

微塑料在水体中会发生多种转化过程,包括物理老化、生物老化、光老化、化学氧化老化等,这些转化过程会改变微塑料的物理化学性质,产生不同的转化产物,对水体环境和生态系统产生重要影响。

在淡水中，微塑料的物理老化是指微塑料受到周围环境中的物理作用（如机械磨损、湍流、波浪等）的影响，导致其表面形态和理化性质发生变化的过程。物理老化主要表现为微塑料表面的磨损、破碎和侵蚀，最终形成更小尺寸的微塑料颗粒。微塑料在淡水中受到水流、风浪、沙砾等的摩擦作用，导致其表面出现划痕或凹坑，棱角逐渐钝化，这种磨损过程会增加微塑料的比表面积，并促进其他老化过程的发生。物理老化会导致微塑料表面产生裂纹和孔隙，这些裂纹和孔隙在水流的机械力作用下会逐渐加深并从表面向微塑料内部迁移，最终导致微塑料颗粒破碎成更小的尺寸。物理老化过程中，微塑料的粒径逐渐减小，表面粗糙度增加，比表面积增大，这种变化会影响微塑料在水环境中的迁移和扩散能力。物理老化受水流速度和机械力强度的影响较大，强水流、高流速会加速微塑料的物理破碎和磨损过程。

生物老化是微塑料在水体中的另一个重要的转化过程。虽然微塑料在自然环境中难以被生物老化，但一些微生物可以通过分泌酶等方式，对微塑料进行缓慢的降解。在水体中，一些细菌和真菌能够附着在微塑料表面，形成生物膜。这些微生物可以利用微塑料作为碳源和能源，进行生长和代谢。研究发现，一些细菌能够分泌聚酯水解酶，对聚对苯二甲酸乙二醇酯微塑料进行老化。生物老化的速率和程度受到多种因素的影响，如微生物的种类和数量、微塑料的材质和结构、水体的温度、溶解氧等。在温度较高、溶解氧充足的水体中，微生物的活性较高，微塑料的生物降解速度可能会加快。

光老化是微塑料在水体中受到光照作用而发生的降解过程。在阳光照射下，微塑料表面的化学键会发生断裂，从而导致微塑料的降解。研究表明，在紫外线的照射下，聚乙烯、聚丙烯等微塑料会发生光氧化反应，表面产生羰基、羧基等官能团，使微塑料的结构和性质发生改变。光降解的速率和程度受到光照强度、波长、微塑料的材质和厚度、水体中的溶解氧和溶解性有机物等因素的影响。在光照强度较强、波长较短的条件下，微塑料的光降解速率会加快。

化学氧化老化是微塑料在水体中与氧化剂发生化学反应而导致的降解过程。水体中的溶解氧、过氧化氢、羟基自由基等氧化剂都可以与微塑料发生化学反应，使微塑料的结构和性质发生改变。在一些富氧的水体中，微塑料会与溶解氧发生反应，表面的化学键被氧化断裂，从而导致微塑料降解。化学氧化的速率和程度受到氧化剂的浓度、微塑料的材质和结构、水体的 pH 值和温度等因素的影响。在氧化剂浓度较高、pH 值适宜的条件下，微塑料的化学氧化速率会加快。

微塑料在水体中的转化过程会产生一系列的转化产物，这些产物的性质和环境影响与微塑料本身有所不同。生物降解可能会产生一些小分子的有机化合物，如脂肪酸、醇类、醛类等。这些小分子化合物可能会被水体中的微生物进一步代谢利用，也可能会对水体中的生物产生一定的毒性作用。光降解和化学氧化可能会使微塑料表面产生更多的极性官能团，增加微塑料的亲水性和表面电荷，从而影响微塑料在水体中的迁移和吸附行为。一些转化产物可能会比微塑料本身更容易被生物体摄取和吸收，对生物的健康造成更大的危害。

3.2.5 影响淡水中微塑料迁移转化的因素

微塑料在水体中的迁移转化受到多种因素的综合影响，包括微塑料自身特性、水化学条件以及水生生物活动等。

微塑料自身的性质对其在水体中的迁移转化起着关键作用，粒径是重要的影响因素之一。一般而言，粒径越小的微塑料，其比表面积越大，在水体中受布朗运动影响越显著，更容易在水体中悬浮和扩散，迁移能力较强。例如，纳米级微塑料可在水体中长时间稳定存在，并随水流实现长距离传输。而较大粒径的微塑料（如大于1 mm），受重力作用影响更大，沉降速度相对较快，迁移距离受限，更易在近源区域沉积。微塑料的密度与水体密度的相对大小决定了其在水体中的垂直分布和迁移情况。密度小于水的微塑料，如聚乙烯、聚丙烯等，会漂浮在水体表面，随着表层水流移动，在风、浪等作用下可进行长距离迁移。而密度大于水的微塑料，如聚对苯二甲酸乙二醇酯、聚氯乙烯等，更容易沉降到水底，在沉积物中积累。不过，微塑料在水环境中可能因吸附其他物质改变自身密度，从而影响其迁移路径。例如，当微塑料吸附大量有机颗粒物后，密度增加，可能从漂浮状态转为下沉。微塑料的形状对其迁移转化也有影响。纤维状微塑料因其细长形状，在水体中更容易缠绕其他物质，且在水流中易改变方向，其迁移过程更为复杂。相比之下，球形或片状微塑料在水体中的运动较为规则，片状微塑料受水流冲击面积大，可能在水流速度较大时迁移更快，而球形微塑料滚动摩擦较小，在底泥表面移动时相对容易。

水体环境特征对微塑料在水体中的迁移转化也有着显著影响。微塑料在淡水环境中的迁移转化受到水流速度、水体深度、沉积物吸附等因素的影响。在河流中，水流速度较快，微塑料能够随着水流迅速向下游移动，其迁移距离和速度取决于水流的强度和河道的地形；而在湖泊和水库中，水体相对静止，微塑料更容易沉降到水底沉积物中，被沉积物吸附固定。此外，水流的紊流特性也会影响微塑料的分布，紊流可使微塑料在水体中混合更均匀，促进其在不同水层间的交换。温度和盐度通过影响水体密度和微塑料的物理化学性质，进而影响微塑料的迁移转化。温度升高会使水体密度降低，从而影响微塑料的浮力和沉降速度。水体的酸碱度会影响微塑料表面的电荷性质和化学反应活性。在酸性条件下，微塑料表面可能带正电荷，与带负电荷的物质相互作用增强；在碱性条件下则相反。这种电荷变化会影响微塑料与水体中其他物质（如矿物质颗粒、有机胶体）的吸附和聚集行为。例如，在弱碱性的湖泊水体中，微塑料更容易与带正电荷的金属氢氧化物胶体结合，从而改变其迁移路径并加速沉降。

溶解有机物（dissolved organic matter，DOM）在水体中普遍存在，它可以与微塑料发生相互作用，从而影响微塑料的迁移转化。溶解有机物中的腐殖质等物质可以吸附在微塑料表面，改变微塑料的表面性质和电荷分布，从而影响微塑料与其他物质的吸附和解吸过程。研究发现，腐殖酸可以提高微塑料对重金属离子的吸附能力，因为腐殖酸中的官能团能够与重金属离子发生络合反应，使微塑料表面的重金属离子浓度增加。溶解有机物还可以影响微塑料的聚集和分散行为，当溶解有机物浓度较高时，可能会抑制微塑料的聚集，使其在水体中更加分散，增加其迁移性。无机离子在水体中也会对微塑料的迁移转化产生影响。阳离子，如钙离子、镁离子等，能够通过静电作用与微塑料表面的电荷相互作用，影响微塑料的稳定性和聚集行为。在水体中，高浓度的钙离子和镁离子可以压缩微塑料表面的双电层，使微塑料更容易聚集沉降。阴离子，如氯离子、硫酸根离子等，也可能与微塑料表面的物质发生化学反应，改变微塑料的表面性质和迁移转化行为。

同时，微生物与水生生物活动的作用也不容忽视，微生物可以附着在微塑料表面，形成生物膜，改变微塑料的表面性质和沉降特性，进而影响其在水体中的迁移转化过程。水生生物活动对微塑料在水体中的迁移转化有着重要影响，水生生物对微塑料的吸附和摄食是影响其迁移转化的重要因素。浮游生物、贝类、鱼类等水生生物可通过体表吸附或摄食将微塑料摄入体内。当浮游生物吸附微塑料后，随着浮游生物的运动，微塑料可在水体中实现新的迁移路径。例如，一些浮游生物在垂直洄游过程中，会携带吸附的微塑料在不同水层间移动。而水生生物摄食微塑料后，微塑料在生物体内可能随食物链传递，部分微塑料还可能在生物排泄后重新进入水体，但其形态和分布可能发生改变。水生生物的代谢活动也会影响微塑料在水体中的迁移转化。一些微生物能够附着在微塑料表面，形成生物膜，这些微生物可以利用微塑料作为碳源和能源，进行生长和代谢。微生物的代谢活动会改变微塑料表面的化学性质和物理结构，影响微塑料的迁移和降解。研究发现，一些细菌能够分泌酶，对微塑料进行降解，虽然降解速率较慢，但长期作用下会对微塑料的环境行为产生影响。水生生物的运动也会带动微塑料在水体中的迁移，一些大型水生动物，如鱼类、海龟等，在游动过程中会携带微塑料移动，改变微塑料在水体中的分布。

3.3　土壤中的微塑料

3.3.1　土壤中的微塑料污染

微塑料已在全球各地的土壤中被检测到，无论是农田、草地、森林，还是城市土壤、垃圾填埋场周边土壤等都存在微塑料污染。在我国上海郊区菜园土中，浅层土（0～3 cm）和深层土（3～6 cm）中微塑料丰度分别为（78±12.9）items·kg^{-1}和（62.5±12.97）items·kg^{-1}，这说明微塑料的分布具有一定的空间特性[51]。在杭州湾，采用地膜覆盖耕作的土壤中，微塑料含量远高于未使用地膜的农田（571 pieces·kg^{-1} vs 263 pieces·kg^{-1}）；根据地膜覆盖土壤中的聚合物组成和形状，其微塑料来源除了地膜外，还可能与灌溉用水、塑料垃圾或堆肥有关[52]。在毛乌素沙地，沙土、草地和林地土中的微塑料丰度存在显著差异；不同林地中微塑料浓度依次为柳树林>杨树林>油松林>樟子松>枣树林；随着植被恢复程度越高，微塑料粒径逐步减小，说明植被可能会干扰微塑料的分布[53]。与农田土不同，在广东贵屿镇的电子拆解园土壤中，微塑料主要以工程塑料和改性塑料为主，88.61%的微塑料尺寸< 1 mm，表面老化迹象明显，且不同程度地吸附了 Pb、Cd、Cr、Ba、Cu 和 Co 等金属污染物[54]。

在国外，土壤被微塑料污染的情况也同样严峻。法国环境与能源管理署2024年12月26日发布的一份研究报告显示，从法国国家农业食品与环境研究院土壤质量监测网络中获取的33个土壤样本，涵盖森林、草地、果园以及大面积农田等多种农业用地类型，其中25个样本中检测到微塑料的存在。调查发现，4个草场土壤样本（共采集4个）中均含有微塑料；17个大规模农田样本（共采集21个）中检出微塑料，检出率高达80.00%；3个果园样本（共采集4个）中检出微塑料，仅有1个森林土壤样本（共采集4个）检测到微塑料。尽管目前尚无法准确追踪微塑料的具体来源，但据推测，农业生产过程可能是土壤中部分微塑料的来源。瑞士洪泛区90%的土壤中存在微塑料污染[55]。孟加拉国科克斯巴扎尔港口的海滩土内微塑料平均丰度为（8.1±2.9）particles·kg^{-1}，尺寸为

$300 \sim 4\,500\ \mu m$[56]。在智利，施用污泥的农业土壤中微塑料浓度较低，为$0.6 \sim 10.4$ items·g[-1]，其土壤微塑料浓度主要取决于污泥的施用量[57]；类似地，在西班牙农田中施用污水污泥会造成土壤中微塑料的连续积累[58]。在智利中部山谷，耕地和牧场的微塑料浓度分别为（306±360）particles·kg[-1]和（184±266）particles·kg[-1]，而在天然草地中未发现微塑料污染的证据，且对微塑料的来源问题没有定论[59]。考虑到人类在土地上的频繁农业活动（耕作、施肥和灌溉等），量化土壤中微塑料的传输和再移动，仍是一项困难的任务。

显然，根据环境、时空和人类活动等因素的不同，不同土壤中的微塑料分布特征差异很大。土壤微塑料的丰度与土壤团聚体、土地利用方式和灌溉方式有关。农业活动是农业土壤微塑料污染的主要来源，这是因为农业活动中废弃物的管理不善会影响微塑料的分配，而农地的特征又促进了微塑料的积累和分布。工业类土壤中的微塑料种类较多，潜在危险也更大。但是，微塑料的丰度单位尚未标准化，且不同的调查采用的方法有区别，相关标准化工作亟待开展。

3.3.2 土壤中微塑料的来源与形态特征

（1）土壤中微塑料的来源

农用地膜破碎、有机肥施用、污水灌溉、污泥农用、大气沉降以及地表径流等是土壤中塑料污染的主要来源。

在我国，农用地膜的广泛使用导致了棉田中微塑料的大量积累。2015年，我国农用塑料薄膜使用量达到260.36万吨，其中地膜使用量为145.5万吨，约占世界地膜使用总量的90%；地膜覆盖面积达到1 833万公顷以上，但农田地膜回收率不到60%。不仅是中国，中东、欧洲和北美的其他国家也在使用薄膜覆盖，这些塑料薄膜在使用过程中，由于机械损伤、紫外线老化等原因，会逐渐老化、破碎，最终形成微塑料残留于土壤中。在不使用塑料覆盖的地区，有些农民会使用微塑料污泥作为肥料，处理过的污水也是农田灌溉的重要水源，所以污泥和市政污水也是农田白色污染的重要来源。国际上对污水处理厂中微塑料的调查发现，80%～90%的微塑料在污水处理后积累到污泥中。在对北美和欧洲污泥农用情况进行估算后发现，大约50%的污泥用于农业生产，北美地区每年通过污泥农用进入土壤中的微塑料量为6.3万～43万吨，欧洲为4.4万～30万吨，中国每年的污泥产生量在300万～400万吨，农业利用率虽然不到10%，但仍在逐年增加。

垃圾填埋场中的塑料垃圾在自然环境中分解，产生的微塑料会随着雨水冲刷进入土壤。大气沉降是土壤中微塑料的另一个重要来源，大气中的微塑料通过雨水冲刷或风力作用沉降到土壤表面。水体输移也是土壤中微塑料的来源之一，水体中的微塑料可以通过地表径流、地下渗流、河流输送等方式进入土壤。

（2）土壤中微塑料的形态特征

土壤中的微塑料形态特征具有多样性，其形状、尺寸、颜色和来源因地区、土壤类型和人类活动的不同而有所差异。这些特征为研究微塑料在土壤中的迁移、吸附和生态风险提供了重要依据。土壤中的微塑料主要以碎片、纤维、薄膜、颗粒、泡沫等形态存在。这些形态的微塑料具有比表面积大和疏水的特性，容易吸附有机污染物和重金属等其他污染物。土壤中的微塑料尺寸大部分以微米级别为主，粒径通常小于5 mm。部分研究指出，土壤中的微塑料尺寸分布与土壤类型密切相关，例如防尘网覆盖的建设用地土壤中粒径大于1 000 μm 的微塑料比例较高，而电子废物拆卸区的土壤中粒径小于1 000 μm 的微塑料比例较高。土壤中的微塑料颜色以黑色、白色和透明色为主，其他颜色如黄色、蓝色、绿色、红色等也有所检出。不同地区的土壤中微塑料颜色分布具有一定的区域特征，例如透明微塑料分布最广泛，而黑色和白色微塑料在某些地区也占据重要比例。一般来说，微塑料在土壤中的含量随着深度的增加而减少。研究人员在对某地区农田土壤的研究中发现，0～20 cm 土层中微塑料的含量较高，随着土层深度的增加，微塑料的含量逐渐降低。这是因为土壤表层受到人类活动和大气沉降等因素的影响较大，微塑料更容易在表层积累；而随着深度的增加，微塑料的迁移能力逐渐减弱，且受到土壤颗粒的吸附和过滤作用，进入深层土壤的微塑料数量减少。

3.3.3 土壤中微塑料的迁移规律

微塑料在土壤中的迁移方式主要包括垂直运输、水平运输和跳跃运输。

垂直运输是指微塑料沿着土壤剖面的垂直方向发生的运输过程，主要包括重力沉降、毛细管作用、生物活动等。重力沉降是密度大于土壤颗粒的微塑料在重力作用下向土壤深层移动的过程。当微塑料的密度较大时，如聚氯乙烯、聚对苯二甲酸乙二醇酯等材质的微塑料，在土壤中容易受到重力影响，逐渐沉降到土壤深层；在一些质地较疏松的土壤中，重力沉降的作用更为明显，微塑料能够较快地向下迁移。毛细管作用是指土壤孔隙中的水分在表面张力的作用下形成毛细管，微塑料可以随着毛细管水的运动而迁移。

在土壤湿度较高的情况下，毛细管作用更为显著，当土壤中存在大量的细小孔隙时，水分在这些孔隙中形成毛细管，微塑料会随着毛细管水的上升或下降而在土壤中垂直移动。在干旱地区的土壤中，当进行灌溉后，水分进入土壤孔隙，微塑料可能会随着毛细管水的上升而向土壤表层移动，而在降雨后，毛细管水向下渗透，微塑料则可能随之进入土壤深层。生物活动对微塑料的垂直运输也起着重要作用，土壤中的动物，如蚯蚓、蚂蚁等，在挖掘洞穴、觅食等活动中，会改变土壤的结构和孔隙度，从而影响微塑料的迁移。蚯蚓在土壤中穿行，会形成通道，微塑料可以通过这些通道进入土壤深层，一些微生物能够附着在微塑料表面，改变微塑料的表面性质和电荷分布，从而影响其在土壤中的迁移。

水平运输是指微塑料沿着土壤表面的水平方向发生的运输，主要包括地表径流、风力作用、生物活动等。地表径流是微塑料在土壤中水平运输的重要驱动力之一，在降雨或灌溉过程中，当土壤表面的水流速度较大时，微塑料会随着地表径流从一个地点向另一个地点扩散。在坡度较大的农田中，降雨后地表径流较强，微塑料会随着水流迅速向下坡方向移动，进入不同区域的土壤中，地表径流还可能将微塑料带入河流、湖泊等水体，进一步扩大微塑料的传播范围。风力作用也会导致微塑料在土壤中水平运输，在风力较大的地区，土壤表面的微塑料会被风吹起，随着风力在土壤表面移动。微塑料的迁移距离和方向受到风速、风向以及微塑料的粒径、形状等因素的影响。粒径较小、形状不规则的微塑料更容易被风吹起，迁移距离也更远。生物活动同样会影响微塑料的水平运输，一些动物，如昆虫、鸟类等，在土壤表面活动时，可能会携带微塑料移动。蚂蚁在搬运食物或筑巢过程中，可能会将微塑料颗粒搬运到不同的地点；鸟类在觅食时，可能会将土壤中的微塑料误食，然后在其他地方排泄，从而使微塑料在不同区域的土壤中传播。

跳跃运输是指微塑料通过非连续性或间断性的方式发生的运输，主要包括人为干扰（如耕作、施肥等）、极端事件（如洪水、暴雨等）、生物携带（如昆虫、鸟类等）等。人为干扰是微塑料跳跃运输的重要因素之一，在农业生产中，耕作活动会翻动土壤，使微塑料在土壤中的位置发生改变，在进行深耕作业时，原本位于土壤表层的微塑料可能会被翻入深层土壤，或者从一个区域转移到另一个区域，施肥过程中，含有微塑料的肥料施用到土壤中，也会导致微塑料在土壤中的分布发生变化。极端事件，如洪水、暴雨等，会对微塑料的迁移产生显著影响。在洪水期间，大量的水流会迅速冲刷土壤表面，微塑料会随着洪水的流动在短时间内从一个区域转移到另一个区域，甚至从一个环境介质（如土壤）转移到另一个环境介质（如水体）中。暴雨可能会引发山体滑坡等地质灾害，使土壤中的微塑料随着滑坡体的移动而发生跳跃式迁移。生物携带也是微塑料跳跃运输的一种方式，除了前面提到的昆虫、鸟类等，一些小型哺乳动物（如田鼠等），在活动过程中也可能携带微塑料。田鼠在挖掘洞穴、储存食物时，可能会将微塑料带到不同的地点，从而使微塑料在土壤中发生跳跃运输。

3.3.4　土壤中微塑料的转化过程

微塑料在土壤中会经历多种转化过程，主要包括生物降解、光降解、化学氧化等（图3-2）。

生物降解是微塑料在土壤中较为重要的转化过程。土壤中存在着丰富的微生物群落，如细菌、真菌等，它们能够参与微塑料的降解。一些细菌，如芽孢杆菌属、假单胞菌属等，能够分泌特定的酶，这些酶可以作用于微塑料的化学键，使其断裂，从而实现微塑料的降解。研究发现，芽孢杆菌能够分泌聚酯水解酶，对聚对苯二甲酸乙二醇酯微塑料具有一定的降解能力。真菌也在微塑料的生物降解中发挥作用，某些真菌，如白腐真菌，能够产生胞外酶，如漆酶、锰过氧化物酶等，这些酶可以氧化微塑料表面的化学键，促进微塑料的降解。土壤动物也能间接影响微塑料的生物降解。蚯蚓在土壤中活动，它们的肠道微生物能够与微塑料相互作用，改变微塑料的表面性质，从而影响微生物对微塑料的附着和降解。蚯蚓在吞食微塑料后，其肠道内的微生物会对微塑料进行分解，虽然这种分解作用相对较弱，但长期累积下来，也会对微塑料的降解产生一定的影响。生物降解的速率受到多种因素的影响，微塑料的材质是关键因素之一。不同材质的微塑料，其化学结构和稳定性不同，生物降解的难易程度也不同。聚乳酸等生物可降解塑料相对更容易被微生物降解，而聚乙烯、聚丙烯等传统塑料降解难度较大。土壤的理化性质，如温度、湿度、pH值、有机质含量等，也会影响微塑料生物降解的速率。在温度适宜、湿度适中、pH值接近中性且有机质含量丰富的土壤中，微生物的活性较高，微塑料的生物降解速率可能会加快。微生物的种类和数量同样重要，不同种类的微生物对微塑料的降解能力存在差异，土壤中微生物数量的多少也会影响降解的效率。在微生物群落丰富的土壤中，微塑料可能会受到多种微生物的共同作用，降解速率相对较快。

光降解是微塑料在土壤中另一个重要的转化过程。当土壤中的微塑料暴露在阳光下时，紫外线能够引发微塑料的光化学反应。在紫外线的作用下，微塑料表面的化学键会发生断裂，产生自由基。聚乙烯微塑料在紫外线的照射下，分子链上的碳-碳键会断裂，形成烷基自由基。这些自由基非常活泼，能够与空气中的氧气发生反应，生成过氧自由基，过氧自由基进一步与微塑料分子反应，导致微塑料的结构发生改变，分子量降低，从而实现微塑料的降解。光降解的速率受到多种因素的影响，光照强度和波长是重要因素。光照强度越强，波长越短，微塑料吸收的光能越多，光降解的速率就越快。在阳光充足的地区，土壤中的微塑料光降解速率相对较高。微塑料的厚度和颜色也会影响光降解，较薄的微塑料更容易被紫外线穿透，从而促进光降解；颜色较深的微塑料能够吸收更多的光能，光降解速率也会更快。土壤中的其他物质，如腐殖质、金属离子等，也会对光降解产生影响。腐殖质能够吸收紫外线，减少微塑料对紫外线的吸收，从而抑制光降解；而一些金属离子，如铁离子、铜离子等，能够催化微塑料的光化学反应，加速光降解。

化学氧化也是微塑料在土壤中发生的转化过程之一。土壤中存在着多种氧化剂，如过氧化氢、羟基自由基、超氧阴离子等，它们能够与微塑料发生化学反应，导致微塑料的降解。过氧化氢在土壤中可以分解产生羟基自由基，羟基自由基具有很强的氧化性，能够攻击微塑料表面的化学键，使微塑料发生氧化降解。化学氧化的速率受到多种因素的影响。氧化剂的浓度是关键因素，氧化剂浓度越高，化学氧化的速率就越快。在土壤中，当过氧化氢等氧化剂的浓度增加时，微塑料的化学氧化速率会明显加快。土壤的pH值和温度也会影响化学氧化，只有在适宜的pH值和温度条件下，氧化剂的活性较高，化学氧化的速率才会相应提高。微塑料的材质和表面性质同样重要，不同材质的微塑料对化学氧化的敏感性不同，表面带有官能团的微塑料可能更容易与氧化剂发生反应，从而促进化学氧化。

微塑料在土壤中的转化过程会产生一系列转化产物。生物降解可能会产生一些小分子的有机化合物，如脂肪酸、醇类、醛类等。这些小分子化合物可能会被土壤中的微生物进一步代谢利用，也可能会对土壤中的生物产生一定的毒性作用。在微塑料生物降解过程中产生的脂肪酸可能会改变土壤的酸碱度，影响土壤中微生物的生长和活动。

光降解和化学氧化可能会使微塑料表面产生更多的极性官能团，如羰基、羧基等，从而增加微塑料的亲水性和表面电荷。这些极性官能团的产生会影响微塑料在土壤中的迁移和吸附行为。带有羰基的微塑料可能更容易吸附土壤中的重金属离子，从而改变土壤中重金属的分布和迁移。一些转化产物可能会比微塑料本身更容易被生物体摄取和吸收，对生物的健康产生更大的危害。微塑料光降解产生的小分子碎片，可能更容易被植物根系吸收，进入植物体内，对植物的生长和发育造成潜在威胁。

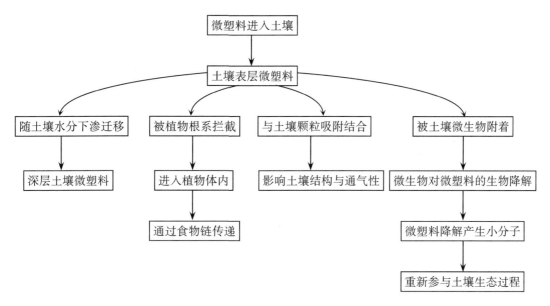

图 3-2 土壤中微塑料的迁移转化

3.3.5 影响土壤中微塑料迁移转化的因素

微塑料在土壤中的迁移转化受到多种因素的综合影响，包括微塑料自身的性质、土壤性质以及土壤生物活动等。

微塑料自身的性质对其在土壤中的迁移转化起着关键作用。粒径是重要的影响因素之一，粒径较小的微塑料在土壤中具有更强的迁移性。研究表明，粒径小于 $100\ \mu m$ 的微塑料更容易在土壤孔隙中移动，因为其受到的土壤颗粒的阻挡作用相对较小，能够在土壤孔隙中更自由地扩散。在一项模拟实验中，研究人员将不同粒径的聚乙烯微塑料添加到土壤中，经过一段时间后，发现粒径较小的微塑料在土壤中的迁移深度明显大于粒径较大的微塑料。

形状也会影响微塑料的迁移转化，纤维状微塑料由于其细长的形状，在土壤中的迁移方式与颗粒状微塑料不同。纤维状微塑料更容易在土壤孔隙中缠绕，从而影响其迁移速度和路径。研究发现，在土壤中，纤维状微塑料的迁移速度相对较慢，且更容易在土壤表层积累。

密度同样是关键因素。密度小于土壤颗粒的微塑料，如聚乙烯、聚丙烯等，在土壤中更容易受到浮力和水流的影响，从而发生迁移。而密度大于土壤颗粒的微塑料，如聚氯乙烯、聚对苯二甲酸乙二醇酯等，则更容易在重力作用下沉降到土壤深层。

　　土壤性质对微塑料在土壤中的迁移转化也有显著影响。土壤结构和孔隙度是重要因素之一，疏松的土壤结构和较大的孔隙度有利于微塑料的迁移，因为这样的土壤环境能够为微塑料的迁移提供更多的移动空间。在砂土中，孔隙度较大，微塑料能够更容易地在土壤孔隙中移动，迁移能力较强；而在黏土中，由于孔隙度较小，微塑料的迁移受到限制，更容易在土壤表层积累。

　　有机质含量也会影响微塑料的迁移转化，土壤中的有机质能够吸附微塑料，从而影响微塑料的迁移速度和路径。研究表明，有机质含量较高的土壤对微塑料的吸附能力较强，能够降低微塑料的迁移性。在富含有机质的土壤中，微塑料更容易被有机质吸附，从而减少其在土壤中的迁移量。

　　湿度和温度同样对微塑料的迁移转化有影响。土壤湿度的变化会影响微塑料的迁移，在湿润的土壤中，微塑料可以随着水分的运动而迁移；而在干燥的土壤中，微塑料的迁移能力则相对较弱。温度的变化会影响土壤微生物的活性和土壤的物理性质，从而间接影响微塑料的迁移转化。在适宜的温度条件下，土壤微生物的活性较高，能够促进微塑料的生物降解，降低其在土壤中的迁移能力。

　　土壤生物活动对微塑料在土壤中的迁移转化有着重要影响。土壤动物，如蚯蚓、蚂蚁等，在土壤中活动时，会改变土壤的结构和孔隙度，从而影响微塑料的迁移。蚯蚓在土壤中挖掘洞穴，能够增加土壤的孔隙度，促进微塑料的迁移。研究发现，在有蚯蚓活动的土壤中，微塑料的迁移深度和速度都明显增加。

　　土壤微生物能够附着在微塑料表面，形成生物膜，这些微生物可以利用微塑料作为碳源和能源，进行生长和代谢。微生物的代谢活动会改变微塑料表面的化学性质和物理结构，从而影响微塑料的迁移和降解。一些细菌能够分泌酶，对微塑料进行降解，虽然降解速率较慢，但长期作用会对微塑料的环境行为产生影响。

3.4　大气中的微塑料

3.4.1　大气中的微塑料污染

　　大气中的微塑料研究虽然起步较晚，但近年来受到了越来越多的关注。目前，空气中微塑料的研究大多集中于通过检测所研究区域室内外空气降尘（被动采样）、大气悬浮物或其他动力采样空气样品（主动采样）中的微塑料，分析所研究区域内空气中微塑料的分布特征，包括微塑料的丰度、粒径分布、塑料类型、形状及颜色等。空气中微塑料的研究结果显示，不同国家或地区的空气中微塑料的丰度差异较大。在 Zhang 等[60] 的一项关于中国、巴基斯坦、希腊、韩国、日本和美国等12个国家室内灰尘微塑料的研究中发现，聚对苯二甲酸乙二醇酯（polyethylene terephthalate，PET）在所有样本中均大量被检出（$29 \sim 12\,000\ \mu g \cdot g^{-1}$），其中 PET 检出量高的是韩国（均值为 $25\,000\ \mu g \cdot g^{-1}$）和日本（均值为 $23\,000\ \mu g \cdot g^{-1}$），其后是沙特阿拉伯（均值为 $13\,000\ \mu g \cdot g^{-1}$），其余国家的样本中 PET 检出量均值为 $10\,000\ \mu g \cdot g^{-1}$。近期一项关于中国5座特大城市空气微塑料的研究显示，中国北方城市空气中微塑料的丰度（$226 \sim 490$ 个·m^{-3}）高于中国东南部城市（$136 \sim 324$ 个·m^{-3}），空气样品中94.7%的微塑料粒径<100 μm，且88.2%的微塑料为碎片状，其中聚乙烯（polyethene，PE）、聚酯纤维（polyester，PET纤维/涤纶）以及聚苯乙烯（polystyrene，PS）为主要检出的塑料类型[61]。此外，道路扬尘作为室外空气中微塑料的来源之一，道路灰尘中微塑料的污染特征影响着空气中微塑料的分布特征。研究显示，日本草津道路灰尘中微塑料（100 $\mu m \sim 5$ mm）的丰度最低，为 $0.4 \sim 3.6$ 个·m^{-2}，而越南岘港和尼泊尔加德满都远高于日本，分别为 $6.0 \sim 33.4$ 个·m^{-2}（14种聚合物类型）、$2.4 \sim 22.6$ 个·m^{-2}（15种聚合物类型）。研究者认为，道路灰尘中微塑料的污染特征可能与各地区所采取的垃圾处理措施有关[62]。Liu 等[63] 以兰州市主城区为研究区域，通过普通克里金插值研究微塑料沉降的时空分布，并使用混合单粒子拉格朗日积分轨迹模型确定微塑料沉降的潜在来源。结果表明，微塑料总沉降通量范围为 $79.5 \sim 810.0$ p/($m^2 \cdot d$)。微塑料形状分为纤维、碎片、薄膜和颗粒4种，共鉴定出7种聚合物类型，包括 PA、PE、PET 等。大多数微塑料尺寸微小（$\leqslant 500\ \mu m$）且无色。微塑料沉降通量夏季最高，冬季最低；6月份最高，1月份最低。大多数纤维（PET、PA、PP）和碎片（PP）分布在商业中心和居民区等人流密集区域，大量碎片（PET、PS、PE）和薄膜（PE、PVC）分布在回收站周围，几乎所有的颗粒（PE、PMMA）都在工厂中被发现。研究结果表明，微塑料沉降的时间分布受降水和空气平均温度的影响，而空间分布受来源和人口密度的影响。

　　城市地区与乡村地区在交通负荷、工业化程度以及人口密度等方面存在明显差异，而各地区工业化水平、城市交通以及道路扬尘影响着空气中微塑料的分布特征。城市是人口最为密集和人类活动最为频繁的区域，被称为微塑料污染的重灾区[64]。在一些像巴黎这样的大城市中，市区大气中微塑料的含量明显高于郊区[65]。O'Brien 等[66] 对澳大利亚道路降尘微塑料的研究显示，在丰度方面，城市地区道路降尘中微塑料的丰度（$2.8 \sim$

9.0 mg·g^{-1}）明显高于乡村地区（0.37～0.69 mg·g^{-1}）；在粒径分布方面，交通负荷大的道路降尘中小粒径微塑料较乡村地区多，而乡村地区道路降尘中大粒径微塑料较多。一项关于中国东部沿海城市和乡村地区空气中微塑料的研究表明，城市空气中微塑料的丰度（154～294个·m^{-3}）明显高于农村地区空气中微塑料的丰度（54～148个·m^{-3}）；但在粒径分布方面，小粒径微塑料（5～30 μm）在乡村地区空气中更高，较大粒径微塑料（300～3 000 μm）在城市地区空气中较乡村地区高[67]。乡村地区人口密度低，交通量负荷小，人为活动造成的道路扬尘较少，空气中大粒径微塑料自然沉降之后导致地面灰尘中大颗粒的微塑料较多，而小粒径微塑料可在空气中停留更久，因此，小粒径微塑料在乡村地区空气中的丰度更高。此外，研究人员认为，城市地区的街道清扫可能影响着空气中微塑料的粒径分布[66]。与农村地区相比，城市交通负荷大、人口密度大以及道路清扫频繁，因此，城市地区人类活动造成的道路扬尘使较大粒径微塑料更有机会再次飘浮在空气中。

除了城乡差异外，空气中微塑料的分布特征也存在室内外差异。在丰度方面，室内环境中微塑料含量要高于室外环境[68]。研究显示，同一地区室内和室外空气中微塑料的粒径分布没有明显差异[67]。由于现阶段微塑料检查分析方法和仪器分析能力的限制，目前大多数研究所报道的微塑料粒径在1～5 000 μm之间，其中空气中小粒径微塑料占比高于大粒径微塑料，且随着粒径增大而减少[69]。Jenner等[70]的研究表明，小粒径微塑料（5～250 μm）占比达59%，而在Liao等的研究中，空气中<30 μm的微塑料>60%，30～100 μm的微塑料在30%左右，而300～1 000 μm的微塑料和1 000～5 000 μm的微塑料仅占2.2%和0.5%。在形状方面，纤维状、碎片状以及颗粒状微塑料普遍被检出。在英国伦敦地区，空气中纤维状微塑料占比高达92%[69]；在英国赫尔市和亨伯地区，室内空气中纤维状微塑料占比达90%，碎片状微塑料占比为8%，其余为薄膜状和球形，分别占1%[70]。Liu等[71]的研究表明，室内和室外灰尘中均显示纤维状微塑料检出量占比最大，其次为颗粒状微塑料，且室内纤维状微塑料的占比（88.0%）高于室外（73.7%）。同样，在中国上海地区大气悬浮微塑料中，纤维状微塑料达67%，其次是碎片状微塑料（30%）和颗粒状微塑料（3%）[72]。空气中微塑料的形状分布特征可能与微塑料的粒径大小有关，研究者认为，与小粒径碎片状微塑料相比，大的纤维状微塑料可能更容易被观察和被检测，因此，也被报道得更多。在组分特征方面，室内空气微塑料中PET纤维/涤纶、PA以及PP普遍被检出。Liao等[67]的研究表明，室内空气微塑料中PET纤维占比为28.4%，PA占比为20.54%，PP占比为16.3%。同样，Jenner等[70]的研究表明，PET是所有室内样品中检出量最多的微塑料类型（63%），其次是PA、PP等。Zhang等[60]的研究显示，PET在所研究的12个国家室内灰尘中均大量被检出。其中，作为PET最大生产国，中国室内灰尘样品中PET检出量最高。研究者认为，经济发展水平和人类活动均影响着室内微塑料的分布特征，PET作为纺织品和包装行业的主要材料，在全球范围内被大量生产和使用，导致空气污染物中PET普遍存在。相较于室内，室外空气中微塑料的组分更加复杂多样。在中国上海的大气悬浮微塑料中，PET、PE以及PET纤维/涤纶共占比49%。此外，PAN、PAA和RY等均有被检出[72]。意大利垃圾填埋场周围地衣上积累的微塑料中检出最多的也是聚酯和PET[73]。中国东莞的大气沉降物中除了PE外，还发现大量PP和PS[74]。此外，在英国伦敦中心城区，研究者发现PAN是空气微塑料中含量最多的塑料类型（67%），且PET纤维/涤纶、聚酰胺（尼龙）、PU/PUR、PE、PP、PVC和PS等均被检出。研究者认为，室外大气中微塑料的分布特征与其来源有关，工业排放、废弃塑料垃圾的碎裂和服饰衣物等纺织物品的户外晾晒，轮胎磨损以及汽车尾气排放等均影响着室外空气中微塑料的分布[69]。目前为止，用于表征空气中微塑料含量的丰度单位尚没有统一的方式或标准，现有文献资料中用于表征空气中微塑料含量的丰度单位主要有5种：个·m^{-2}·d^{-1}、个·m^{-3}、个·m^{-2}、个·g^{-1}和mg·kg^{-1}，其中采用个·m^{-2}·d^{-1}和体积单位表征空气中微塑料丰度的较多[75]。

3.4.2 大气中微塑料的来源与形态特征

大气微塑料的形成主要与人类活动紧密相关，大气中的微塑料主要来源于道路交通活动、工业生产、生活中塑料物品的自然降解以及海洋飞沫等。在道路交通活动中，车辆轮胎与路面的摩擦、刹车片的磨损以及塑料零部件的老化等，都会产生微塑料颗粒。据研究可知，车辆行驶过程中，轮胎磨损产生的微塑料颗粒数量可观，平均每行驶1公里，轮胎磨损产生的微塑料质量可达数毫克。中国科学院广州地球化学研究所研究员张干团队的研究证实了轮胎磨损颗粒污染物对珠江三角洲主要城市大气细颗粒污染（$PM_{2.5}$）的贡献。该研究在珠江三角洲9个城市采集了72种气态和$PM_{2.5}$颗粒态样品，对其中54种轮胎磨损相关化学品进行了定量分析，结合特征有机分子标志物进行来源解析，发现轮胎磨损颗粒对城市大气$PM_{2.5}$的贡献率达13%[76]。另外，欧洲地球科学联合会会议曾公布研究成果称，轮胎磨损颗粒是重要的环境和健康隐患，进入江河湖海的微塑料和80%进入大气的微塑料都源于轮胎磨损。在工业生产过程中，塑料制造、塑料加工、纺织印染等行业，都会向大气中排放微塑料；塑料制造过程中，塑料颗粒的生产、运输和储存环节，可能会有微塑料泄露到空气中；纺织印染行业中，合成纤维的生产和加工过程，会产生大量的微塑料纤维；日常生活中，塑料垃圾堆放和燃烧释放的微塑料，塑料物品的自然降解、衣物洗涤或穿着过程中脱落的微塑料纤维，以及建筑材料中使用的塑料制品破碎产生的微塑料，也会通过各种途径进入大气。值得关注的是，新型冠状病毒期间口罩的大量使用可能加重了大气中的微塑料污染，废弃口罩在自然环境中分解后，会产生微塑料颗粒，随着风力扩散到大气中；海洋飞沫也是大气中微塑料的一个重要来源，海浪的冲击会使海水中的微塑料被卷入空气中，形成气溶胶，进而通过大气传输扩散到其他地区。有研究表明，被丢弃到海洋和陆地中并被分解成小块的数十亿吨塑料，正被交通工具、海上和农田的风吹向空中。空气中发现的约85%的微塑料与道路交通有关，可能包括车辆轮胎和刹车片上的塑料颗粒，以及被碾碎的垃圾中的塑料，其余约10%来自海洋，约5%来自土壤。该项研究从美国西部11个地点获得300多个空气中的微塑料样本，发现空气中微塑料并非直接来自城市废弃塑料，而是环境中已存在的塑料颗粒被道路交通和穿过海洋、农田的风吹起的结果。全球范围的建模研究显示，在欧洲、南美和澳大利亚，道路交通是空气中微塑料的主要驱动因素；在非洲和亚洲，田间的风是主要原因。较小的微塑料可在大气中停留一周，被风吹遍整个大陆，甚至影响到南极洲。大气中微塑料的最大浓度估计是在海洋上空。

大气中的微塑料粒径范围跨度较大，从数微米到数毫米不等。其中，亚微米级别的微塑料（粒径小于 1 μm）由于颗粒极小，可长时间悬浮于空气中，借助大气环流实现长距离传输。例如，在一些城市的大气细颗粒物（$PM_{2.5}$）监测中，就检测到了这类微小粒径的微塑料。而粒径在 1～5 000 μm 的微塑料也较为常见，它们在大气中的停留时间相对较短，更容易受到重力、降水等因素影响而沉降。大气中微塑料的存在形式多样，主要有纤维状、碎片状、薄膜状等。纤维状是大气中常见的微塑料形态之一，来源广泛，如合成纤维制成的衣物在洗涤、穿着过程中会脱落纤维，工业生产中的纺织品加工、汽车轮胎磨损等也会释放大量纤维状微塑料，这些纤维细长且柔韧性强，在空气中飘动时容易相互缠绕，形成复杂的聚合体；碎片状塑料制品是在环境中经过物理磨损、紫外线老化等作用后破碎形成的，碎片的形状不规则，边缘通常较为锋利，其表面还可能因老化出现裂纹、孔洞等特征；薄膜状部分来源于农业生产中使用的塑料薄膜，在风吹日晒下破碎成小块后进入大气，也可能是一些食品包装、塑料容器等的薄膜部分。薄膜状微塑料质地轻薄，容易在气流作用下远距离迁移。

3.4.3　大气中微塑料的迁移规律

微塑料在大气中的传输途径主要包括风力传输、大气环流传输等，在其作用下进行水平或垂直迁移。大气微塑料的水平迁移主要借助风力，在低风速条件下，微塑料主要在局部范围内扩散。例如，在城市区域内，微塑料会随着城市热岛效应产生的局地环流在城区内移动，从人口密集、塑料制品使用频繁的区域向周边扩散；而在高风速环境中，尤其是在盛行风带的作用下，微塑料能够实现长距离迁移。像欧洲地区产生的大气微塑料，可在西风带的推动下，跨越大西洋到达北美洲。此外，大气中的垂直气流也会影响微塑料的水平迁移路径，上升气流可将微塑料带到高空，使其进入不同高度的气团，从而改变水平迁移方向。粒径较大的微塑料更容易发生垂直迁移，亚微米级别的微塑料由于质量轻，能够长时间悬浮在高空，甚至可进入平流层，在平流层稳定的气流环境下实现长距离迁移；粒径在 $1\sim5000\ \mu m$ 的微塑料，易受到重力作用影响而沉降；在大气边界层内，白天太阳辐射导致地面升温，形成对流上升气流，可将部分微塑料向上输送；夜晚地面降温，气流转为下沉，又加速其沉降；降水过程对微塑料垂直迁移影响显著，雨滴在降落过程中能够捕获微塑料，形成湿沉降，促使微塑料快速沉降进入土壤和水体环境。目前，多采用混合单质点拉格朗日集成轨迹模型（hybrid single-particle lagrangian integrated trajectory model，HYSPLIT）进行后向轨迹模拟，以研究微塑料在大气中的扩散路径，主要通过统计沉降量并结合空气动力学模型估算其传输量。

3.4.4　大气中微塑料的转化过程

微塑料在紫外线照射下会发生光氧化反应改变化学结构，通过化学吸附与反应受氮氧化物等影响并在重金属离子催化下氧化降解，同时附着的微生物借助分泌的酶对其进行生物降解，但降解速度受多种环境因素制约。

光氧化反应：大气中的微塑料在紫外线照射下会发生光氧化反应。以聚乙烯微塑料为例，在紫外线作用下，其分子链上的碳-碳键会断裂，形成自由基。这些自由基进一步与空气中的氧气反应，生成羰基、羧基等含氧官能团，导致微塑料的化学结构发生改变，使其机械性能下降，更易破碎成更小的颗粒。随着光氧化时间的延长，微塑料表面会变得粗糙，出现更多裂纹和孔洞。

化学吸附与反应：大气中存在多种化学物质，如氮氧化物、硫氧化物等。微塑料表面的官能团可与这些化学物质发生吸附和化学反应。例如，聚氯乙烯微塑料表面的氯原子可与大气中的氢氧自由基发生取代反应，生成氯化氢等物质，不仅会改变微塑料的化学组成，还可能释放出有害气体。同时，微塑料表面吸附的重金属离子，如铁离子，也可作为催化剂加速微塑料的氧化降解反应。

微生物作用：附着在微塑料表面的微生物可对其进行生物降解。一些细菌和真菌能够分泌特定的酶，如聚酯酶、脂肪酶等，这些酶能够作用于微塑料的聚合物分子链，使其断裂。例如，某些真菌可在聚对苯二甲酸乙二醇酯（polyethylene glycol terephthalate，PET）微塑料表面生长，并分泌酯酶，逐步分解 PET 的酯键，将其转化为小分子物质。不过，微生物对微塑料的降解速度相对较慢，且受环境温度、湿度、氧气含量等因素影响较大。

3.4.5　影响大气中微塑料迁移转化的因素

微塑料在大气中的迁移转化受到多种因素的综合影响，包括微塑料自身性质以及气象条件等。微塑料自身性质对其在大气中的迁移转化有着重要影响，粒径是关键因素之一，粒径较小的微塑料在大气中更容易悬浮和迁移，因为其受到的重力作用相对较小，而风力、气流等对其的驱动力相对较大，研究表明，粒径小于 10 μm 的微塑料颗粒能够在大气中长时间悬浮，随着气流进行长距离传输；形状也起着重要作用，在大气中，微塑料纤维能够随着气流更稳定地传输，而球形微塑料颗粒则更容易沉降，细长的微塑料纤维在大气中留存的时间可能会比球形微塑料颗粒长 4.5 倍，移动的距离也更远，这是因为微塑料纤维的空气动力学粒径小，沉降率也低得多；密度同样影响微塑料的迁移，密度较小的微塑料在大气中更容易被气流携带，迁移距离更远，一些密度小于空气的微塑料，如聚乙烯微塑料，能够在大气中长时间悬浮，随着大气环流进行长距离传输。

气象条件对微塑料在大气中的迁移转化有着显著影响。风向和风速是决定微塑料传输方向和距离的重要因素：风速越大，微塑料的迁移距离越远，在强风条件下，微塑料能够被传输到数百公里甚至上千公里之外的地区，风向则决定了微塑料的传输方向；温度和湿度也会影响微塑料的迁移转化，温度的变化会影响大气的对流和湍流运动，进而影响微塑料在大气中的垂直和水平传输，湿度的增加可能导致微塑料表面吸附水分使其粒径增大，质量增加，从而更容易沉降；大气环流也对微塑料的传输起着重要作用，大气环流是全球性的大气运动，包括低纬度环流、中纬度环流和高纬度环流等，微塑料可以随着大气环流在不同纬度和地区之间传输，从污染源地区扩散到全球各地。在北极地区，通过对大气样品的分析发现，尽管当地人类活动较少，但仍检测到一定浓度的微塑料，这些微塑料主要是通过大气环流从其他地区输入的。此外，上升或下降气流、对流、湍流等气象因素，也会影响微塑料在大气中的垂直和水平传输，上升气流可以将微塑料带到更高的大气层，使其能够进行更远距离的传输，而下降气流则会使微塑料沉降到地面，对流和湍流会使微塑料在大气中发生混合和扩散，改变其浓度分布和迁移路径，使微塑料在大气中的分布更加复杂。

3.5　饮食中的微塑料

3.5.1　饮食中的微塑料污染

世界范围内的瓶装水、自来水、地表水和地下水中都含有微塑料。研究显示，尽管各国的塑料污染情况有所差异，但几乎没有任何地区能置身事外。其中，美国的自来水取样中94.4%含有塑料纤维，平均每升水中含有9.6根纤维；欧洲地区72.2%的取样水含有塑料纤维，平均每升水中含有3.8根塑料纤维。2018年的一项调查显示，美国人每年摄入7.4万至12.1万个塑料微粒；而那些只喝瓶装水不喝自来水的人，每年摄入的塑料微粒总量甚至可达9万个。

同时，研究人员在鱼类、贝类、食盐、蔬菜、水果、生肉、糖、乳制品等多种食品中都发现了微塑料污染。鱼类成为海洋微塑料的载体，研究发现，每300 g鱼肉中可能含有数百个微塑料颗粒。作为海洋底层生物，虾类所含的微塑料数量惊人，研究发现，每份裹粉虾中约含300个微塑料颗粒。一项最新研究发现，全球销售的食盐品牌中，超过90%都被塑料污染，其中海盐中塑料含量最高。这项研究结果发表在《环境科学与技术》杂志上。研究人员从亚洲、非洲、南美洲、北美洲和欧洲的21个国家收集了39种品牌的食用盐，其中只有3种不含微塑料颗粒，分别是中国台湾的精制海盐、中国大陆的精制岩盐，以及法国太阳能蒸发生产的非精制海盐；印尼出售的盐中发现了最高数量的微塑料。研究表明，平均每个成年人每年因为吃盐，可能吃到2 000个微塑料颗粒。研究发现，每100 g大米中含有3～4 mg的微塑料，而全球超过一半的人口以大米为主食，米饭的微塑料含量更是高达13 mg。植物基鸡块中的微塑料含量仅次于裹粉虾，每份含有近100个微塑料颗粒。2022年的研究显示，被检的所有糖样本中都检出了微塑料。水果、蔬菜也未能幸免，植物会通过根系吸收微塑料，并转移到果实中，每克苹果中含有超过10万个微塑料颗粒，苹果是微塑料污染最严重的水果。胡萝卜作为根茎类蔬菜，成为土壤中微塑料的"集中营"，每克胡萝卜中含有超过10万个微塑料颗粒，是所有研究蔬菜中微塑料含量最高的。

3.5.2　饮食中微塑料的来源与形态特征

食品中的微塑料来源广泛，包括但不限于以下几个方面。

食品包装：塑料包装在使用、储存过程中会逐渐磨损、分解，产生微塑料颗粒并迁移到食品中。现代加工食品普遍使用塑料包装，Hernandez等发现，当饮用塑料材质的袋泡茶时，潜在摄入的微塑料水平远远高于其他食品，一个茶包在冲泡过程中会释放116亿个微塑料颗粒和31亿个纳米塑料颗粒。Koelmans等推测，在饮用水的取样、净化、运输过程中所使用的塑料设备的磨损可能是水样中检测到微塑料颗粒的原因，这些研究均提示包装材料对食品微塑料暴露风险的影响。一些塑料包装在与食品接触过程中，特别是在高温、酸性或油脂等环境下，更容易释放微塑料。纽卡斯尔大学的另一项研究表明，当人们撕开巧克力包装袋、划破密封胶带、打开塑料袋和塑料瓶等日常活动时，可能是少量微塑料的额外来源。研究团队发现，撕开或划破的动作会产生不同形状和大小的微塑料，其中包括纤维、碎片或三角片，大小从几纳米到几毫米不等。产生最多的便是碎片和纤维。

食品加工：食品加工过程中使用的塑料管道、容器和设备可能释放微塑料，加工助剂或添加剂中也可能含有微塑料成分。例如，研究发现模拟烹饪过程中，不粘锅可能会释放数千至数百万个特氟龙微塑料和纳米塑料。

食品原料：研究人员在鱼类、贝类、农作物、食盐和水等天然原料中已经发现微塑料污染。例如，在贻贝和牡蛎的软组织中检测到微塑料，每克贻贝平均含微塑料（0.36±0.07）个，牡蛎为（0.47±0.1）个，研究人员预测，欧洲的贝类消费人群每年的膳食摄入量中可达11 000个微塑料[77]。此外，海盐中微塑料的含量显著高于湖盐和岩/井盐，表明海产品受到微塑料的污染更严重。农作物在生长过程中会吸收土壤和水中的微塑料。环境中的微塑料可通过食物链传递进入食品。例如，海洋中的浮游生物会摄取微塑料，而这些浮游生物是许多海洋生物的食物来源，进而导致微塑料在海洋生物体内积累。

3.6 生物体内的微塑料

3.6.1 植物体内的微塑料

（1）积累途径

根系吸收为主：植物主要通过根系与土壤中的微塑料发生交互作用。土壤中的微塑料颗粒大小不一，从纳米级到毫米级均有分布。当植物根系在土壤中生长时，微塑料可以通过以下几种方式进入根部。首先，微塑料可能会沿着根表皮细胞的孔隙进入植物体内。植物根表皮细胞间存在一些微小的孔隙，粒径较小的微塑料（尤其是纳米级微塑料）有机会通过这些孔隙跨越根表皮细胞进入根的内部。例如，研究发现，粒径小于100 nm的聚苯乙烯微塑料能够进入拟南芥根表皮细胞的细胞壁间隙。其次，质外体途径也是微塑料进入根部的重要方式之一。质外体是指植物细胞原生质体外由细胞壁、细胞间隙和木质部导管等组成的连续体系。微塑料可以在质外体空间中随土壤溶液一起移动，通过细胞壁之间的空隙逐渐向根内渗透。在水培实验中，用荧光标记的微塑料处理水稻幼苗，观察到微塑料沿着水稻根部的质外体途径向根内运输。

随蒸腾流向上迁移：一旦微塑料进入根部，就有可能随着植物体内的水分和养分运输系统，即蒸腾流，向上迁移至茎、叶等地上部分。植物通过蒸腾作用，从根部吸收水分，水分在植物体内形成连续的水柱向上运输。在这个过程中，溶解在水中或附着在水分子表面的微塑料颗粒也可能随之一起被运输到植物的各个部位。例如，研究人员在对菠菜进行的实验中发现，将菠菜根部暴露在含有微塑料的溶液中，一段时间后，在菠菜的茎和叶片中均检测到了微塑料的存在，这证实了微塑料可以通过蒸腾流从根部运输到地上部分。

（2）影响因素

微塑料粒径：粒径大小是影响植物对微塑料积累的关键因素之一。一般来说，粒径越小的微塑料越容易被植物吸收和积累。纳米级微塑料由于尺寸极小，可以更容易地穿过植物根表的孔隙以及细胞膜等结构，进入植物细胞内部。研究表明，粒径为

50 nm 的聚苯乙烯微塑料比粒径为 1 000 nm 的更容易被小麦根系吸收，并且在小麦体内的积累量也更高。而较大粒径的微塑料，如大于 1 000 μm，往往难以通过植物根表的孔隙和质外体途径进入根部，即使进入也可能在运输过程中受到阻碍，难以大量积累在植物体内。

植物种类：不同的植物对微塑料的吸收和积累能力存在显著差异，这与植物的根系结构、根系分泌物以及生理特性等有关。根系发达、根表面积大的植物，如玉米，其根系与土壤的接触面积大，有更多机会接触到土壤中的微塑料，因此，可能积累更多的微塑料。此外，一些植物的根系会分泌特定的物质，这些物质可能会影响微塑料在土壤中的分散性和可利用性，进而影响植物对微塑料的吸收。例如，某些植物根系分泌的多糖类物质可以改变土壤中微塑料的表面电荷，使其更容易或更难被植物根系吸附。

土壤性质：土壤中有机质含量对植物积累微塑料有重要影响。有机质含量高的土壤，其颗粒表面通常带有更多的负电荷，能够与微塑料表面的电荷发生相互作用。如果微塑料表面带正电荷，那么在有机质含量高的土壤中，微塑料与土壤颗粒的结合可能会增强，从而减少其被植物根系吸收的机会。相反，如果微塑料表面带负电荷，有机质可能会促进微塑料在土壤溶液中的分散，增加其与植物根系接触的可能性，进而提高植物对微塑料的积累。土壤孔隙度也会影响微塑料向植物根部的迁移。孔隙度大的土壤，微塑料在土壤中的移动性相对较好，更容易接近植物根系，从而增加植物对微塑料的积累。例如，砂质土壤孔隙度较大，微塑料在其中更容易迁移，种植在砂质土壤中的植物相对更容易积累微塑料；而黏土类土壤孔隙度较小，微塑料在其中的迁移受到限制，植物对微塑料的积累量相对较低。

（3）积累特点

根部积累量高：植物对微塑料的积累具有明显的组织特异性，通常在根部积累量较高。这是因为根部是直接与土壤中微塑料接触的部位，植物根系在生长过程中不断探索土壤空间，持续与微塑料发生交互作用。大量的研究都证实了这一点，例如在对胡萝卜的研究中，将胡萝卜种植在含有微塑料的土壤中，发现根部的微塑料积累量远远高于地上部分的茎和叶。这不仅是因为根部与微塑料的接触时间长、接触面积大，还因为植物自身具有一定的防御机制，会限制微塑料向地上部分运输，以减少微塑料对地上部分光合作用等重要生理功能的影响。

地上部分积累相对较少：尽管微塑料可以通过蒸腾流等途径从根部运输到地上部分，但与根部相比，地上部分的微塑料积累量相对较少。一方面，植物体内存在一些屏障结构，如凯氏带。凯氏带位于根内皮层细胞的径向壁和横向壁上，它的存在可以阻止一些物质通过质外体途径进入中柱，从而限制了微塑料向地上部分的运输。另一方面，植物地上部分的细胞结构和生理功能与根部不同，对于进入的微塑料可能具有更强的降解或排出机制。例如，叶片中的一些细胞器可能会对进入的微塑料进行包裹和降解，从而减少微塑料在叶片中的积累量。

（4）代谢

微塑料进入植物体内后，虽然不会像在动物体内那样有明显的消化代谢过程，但会对植物的生理代谢产生影响。一方面，微塑料可能会堵塞植物的导管和筛管等输导组织，影响水分和养分的运输，进而影响植物的光合作用、呼吸作用等生理过程；另一方面，微塑料表面的化学物质可能会被释放出来，对植物细胞产生毒性作用，干扰植物的代谢调控，例如影响植物激素的平衡、酶的活性等。植物一般没有特定的排出微塑料的机制，因此，微塑料在植物体内可能会长期残留。随着植物的生长和衰老，部分微塑料可能会随着落叶、落花等脱落到环境中，但仍有相当一部分会保留在植物的根系、茎干等部位，甚至在植物死亡后，微塑料可能会重新进入土壤，继续在环境中循环。

3.6.2　动物体内的微塑料

（1）积累途径

摄食摄入：对于水生动物而言，摄食是其摄入微塑料的重要途径之一。在海洋环境中，浮游动物如桡足类、磷虾等，它们以悬浮在水中的微小颗粒为食，而微塑料的大小和外观与它们的食物颗粒相似，因此，极易被误摄。研究发现，在一些微塑料污染严重的海域，桡足类动物肠道内微塑料的检出率在80%以上。滤食性贝类，如贻贝、牡蛎等，通过鳃过滤大量海水获取食物，在这个过程中，海水中的微塑料也会被一同过滤并进入体内。据统计，一只贻贝每天可以过滤数升海水，这大大增加了其摄入微塑料的概率。在陆地生态系统中，动物也会通过摄食含有微塑料的食物而将微塑料摄入体内。例如，昆虫取食含有微塑料的植物叶片后，微塑料会在其体内积累。有研究对以生菜为食的菜青虫进行检测，发现菜青虫体内有明显的微塑料积累。此外，一些杂食性和肉食性动物，虽然它们不直接以微塑料为食，但当它们捕食了体内含有微塑料的猎物后，微塑料也会通过食物链传递，在它们体内积累。

呼吸摄入：水生动物通过呼吸过程也可能摄入微塑料。鱼类在呼吸时，会通过鳃丝不断地从水中摄取氧气，同时也会将水中的颗粒物质过滤进来。微塑料颗粒可以随着水流进入鳃腔，然后通过鳃丝表面的黏液吸附或穿过鳃上皮细胞进入鱼体内部。研究表明，当水中微塑料浓度较高时，鱼鳃表面会附着大量微塑料，并且这些微塑料能够通过鱼的血液循环系统运输到其他组织和器官。例如，在对斑马鱼的研究中发现，将斑马鱼暴露在含有微塑料的水体中，一段时间后，研究人员在斑马鱼的鳃、肝脏和肌肉等组织中均检测到了微塑料。

皮肤吸收：一些动物的皮肤具有一定的渗透性，微塑料有可能通过皮肤吸收进入体内。在水生环境中，贝类的外套膜等软组织与水体直接接触，微塑料可以通过外套膜的渗透作用进入贝类体内。有研究将贝类暴露在含有微塑料的水体中，发现微塑料能够通过外套膜进入贝类的消化腺、鳃等组织。此外，一些两栖动物的皮肤也比较薄且具有良好的渗透性，在含有微塑料的水环境中，微塑料也可能通过皮肤被吸收进入它们体内，对其健康产生潜在影响。

（2）影响因素

摄食习性：动物的食性对其体内微塑料的积累有显著影响。滤食性动物由于其特殊的摄食方式，在过滤大量水或食物颗粒的过程中，不可避免地会摄入大量微塑料。例如，贻贝等滤食性贝类，在摄食过程中对食物的选择性相对较低，只要颗粒大小合适，就会被过滤摄入，因此，体内微塑料的积累量通常较高。食腐动物也容易积累微塑料，因为它们以腐烂的有机物为食，而这些腐烂的有机物中可能混杂着微塑料。相比之下，一些选择性摄食的动物，如某些只以特定植物种子为食的鸟类，由于其食物来源相对单一，接触微塑料的机会相对较少，其体内微塑料的积累量可能较低。

生理结构：不同的水生生物因其具有不同的生理结构，对微塑料的吸收和积累能力也有所不同。例如，鱼类具有较发达的消化系统，能够从食物链中摄取微塑料并积累，Feng等对中国海州湾的研究发现，6种主要的野生鱼类的消化组织和非消化组织中都检出了微塑料，其中栖息于河口地区的赤鼻棱鳀的积累量最高。

栖息环境：动物生活环境中微塑料的污染程度是影响其体内微塑料积累的关键因素。在微塑料污染严重的区域，如一些港口、河口、城市附近的海域，以及垃圾填埋场周边的土壤环境等，动物接触和摄入微塑料的概率大大增加，其体内的微塑料积累量也会相应增加。例如，有研究发现，生活在城市附近海域的鱼类，其体内微塑料的含量明显高于生活在偏远海域的同类鱼类。这是因为城市附近海域受到人类活动的影响较大，大量的塑料垃圾进入海洋，经过物理、化学和生物作用分解成微塑料，增加了海洋环境中的微塑料浓度。

微塑料粒径：微塑料的粒径大小对动物积累微塑料有重要影响。一般来说，粒径越小的微塑料越容易被动物摄入和积累。小粒径的微塑料可以更容易地通过动物的消化道黏膜、鳃丝等屏障结构进入体内，并且在体内的运输过程中也更容易穿过组织间隙，分布到各个组织和器官。例如，纳米级的微塑料能够穿过鱼类的鳃上皮细胞进入血液循环系统，进而在肝脏、肾脏等重要器官中积累。而较大粒径的微塑料可能会被动物的消化系统截留，难以进入血液循环和组织器官，或者在肠道内经过一段时间后被排出体外。

微塑料形状：不同形状的微塑料在动物体内的积累情况也有所不同。纤维状的微塑料由于其细长的形状，更容易在动物的消化道内缠绕和聚集，增加了被生物体保留的可能性。例如，在对虾的肠道研究中观察到纤维状微塑料的缠绕现象，这不仅影响了虾的消化功能，还使得微塑料在其体内的停留时间延长，增加了其积累量。相比之下，球形微塑料更容易通过消化系统排出体外，在动物体内的积累量相对较低。

微塑料的化学组成：微塑料的化学组成会影响其在动物体内的积累程度。一些含有特殊化学物质或添加剂的微塑料，可能会与动物体内的生物分子发生相互作用，从而更容易被吸附和积累。例如，含有亲脂性基团的微塑料可能会优先积累在动物的脂肪组织中。脂肪组织具有亲脂性，与这类微塑料具有较强的亲和力。此外，一些微塑料表面可能吸附有环境中的污染物，如重金属、有机污染物等，这些污染物与微塑料结合后，可能会改变微塑料在动物体内的行为，增加其在动物体内的积累和毒性效应。

（3）积累特点

分布广泛：微塑料在动物体内的分布极为广泛，可在消化道、肝脏、肾脏、鳃、肌肉等多种组织和器官中检测到。在消化道中，微塑料的积累较为常见，这是因为消化道是动物摄入食物和微塑料的第一站，许多未被消化的微塑料会暂时停留在肠道内。例如，在对多种海洋鱼类的研究中发现，鱼类肠道内微塑料的含量往往较高。南海北部大陆斜坡深海鱼类的研究表明，鱼的胃中微塑料的平均丰度为(1.96 ± 1.12)n/个体，而在肠道的含量为(1.77 ± 0.73)n/个体，反映出微塑料的积累主要集中在消化系统中。肝脏作为动物体内重要的解毒和代谢器官，也容易积累微塑料。这是因为进入动物体内的微塑料会随着血液循环运输到肝脏，肝脏中的巨噬细胞等免疫细胞会试图吞噬和处理这些微塑料，导致微塑料在肝脏中积累。在水生动物中，鳃是呼吸器官，与水体直接接触，微塑料容易在鳃表面附着和积累，影响鳃的气体交换功能。此外，在一些动物的肌肉组织中也能检测到微塑料，虽然肌肉组织中的微塑料含量相对较低，但长期积累可能会对动物的肌肉功能和肉质安全产生潜在影响。

组织亲和力差异：不同组织对微塑料的亲和力不同。一些具有吞噬作用的细胞，如巨噬细胞，广泛分布于动物的肝脏、脾脏、淋巴结等组织中，它们具有较强的吞噬能力，能够识别进入体内的微塑料颗粒并将其摄取。因此，这些组织往往更容易积累微塑料。例如，在哺乳动物的淋巴结中，巨噬细胞会聚集在淋巴窦内，当微塑料随着淋巴液进入淋巴结时，很容易被巨噬细胞吞噬并积累。富含脂肪的组织也可能更容易积累微塑料，如前面提到的含有亲脂性基团的微塑料会优先积累在脂肪组织中。这是因为脂肪组织的化学性质与亲脂性微塑料相似，两者之间存在较强的相互作用。相比之下，一些代谢活跃但缺乏吞噬细胞和对微塑料具有特殊亲和力的组织，如动物的心脏组织，微塑料的积累量则相对较低。

（4）代谢

动物体内的微塑料通常难以被彻底降解，但可能会发生一些物理和化学变化。研究表明，在动物的消化系统中，微塑料可能会由于胃肠道的蠕动、消化液的作用等，发生破碎、磨损，从而形成更小的颗粒。此外，微塑料表面可能会吸附动物体内的一些生物分子，如蛋白质、脂质等，形成生物膜，这可能会改变微塑料的表面性质和生物活性。不过，动物自身的酶系统通常难以直接分解微塑料的高分子聚合物结构。

动物可以通过粪便、尿液、蜕皮等方式排出微塑料，肠道中的微塑料可以随粪便排出体外；一些水生动物可能会通过尿液排出少量溶解态或极微小的微塑料颗粒。另外，昆虫等节肢动物在蜕皮过程中，也可能将体表吸附的微塑料一同去除。不过，微塑料在动物体内的排出效率因动物种类、微塑料的粒径和性质等因素而异。一般来说，较小粒径的微塑料相对更容易排出。

3.6.3 微生物体内的微塑料

（1）积累途径

吸附作用：微生物可通过吸附作用与微塑料相互作用并积累微塑料。许多细菌表面带有电荷，而微塑料表面也带有一定的电荷。当细菌与微塑料在环境中相遇时，它们之间会发生静电吸引。例如，一些革兰氏阴性菌表面带负电荷，若微塑料表面带正电荷，两者就会通过静电引力相互靠近并结合。此外，微生物还可以分泌一些胞外聚合物（extracellular polymeric substances，EPS），这些 EPS 具有黏性，可以将微生物与微塑料黏附在一起。例如，假单胞菌属的细菌能够分泌多糖类 EPS，这些 EPS 可以包裹微塑料颗粒，促进细菌对微塑料的吸附。在土壤环境中，真菌菌丝也能通过物理缠绕和分泌黏性物质的方式吸附微塑料。研究发现，一些土壤真菌的菌丝能够紧密缠绕在微塑料颗粒表面，形成复杂的菌丝-微塑料网络结构。

　　吞噬作用：某些具有吞噬能力的微生物可以将微小的微塑料颗粒摄入细胞内。例如，一些原生动物如变形虫，它们具有伪足，可以通过伪足的包裹和吞噬作用将粒径合适的微塑料颗粒摄入细胞内。在水体环境中，当微塑料颗粒与变形虫接触时，变形虫会伸出伪足将微塑料颗粒包裹起来，然后形成吞噬泡，将微塑料颗粒运输到细胞内部。一些细菌也具有类似的摄取机制，虽然它们没有明显的吞噬结构，但可以通过细胞膜的内陷和包裹作用，将极小粒径的微塑料（如纳米级微塑料）摄入细胞内。这种吞噬作用使得微生物能够在细胞内积累微塑料，并且在一定程度上改变了微塑料在环境中的分布和归宿。

　　（2）影响因素

　　微生物种类：不同种类的微生物对微塑料的吸附和积累能力存在显著差异，这与微生物的细胞结构、表面性质以及代谢特性等有关。例如，一些具有鞭毛或菌毛的细菌，它们的细胞表面相对粗糙，比表面积较大，这增加了与微塑料接触的机会，可能对微塑料有更强的吸附能力。此外，某些微生物能够分泌特殊的物质，这些物质可以与微塑料发生特异性结合，从而促进微塑料的积累。例如，一些产表面活性剂的微生物，其分泌的表面活性剂可以改变微塑料表面的物理化学性质，使其更容易被微生物吸附。在真菌中，不同种类的真菌菌丝形态和生长特性不同，对微塑料的吸附和积累能力也不同。一些生长迅速、菌丝分支多的真菌可能更容易缠绕和吸附微塑料。

　　微塑料表面性质：微塑料表面的粗糙度对微生物的积累有重要影响。表面粗糙的微塑料提供了更多的附着位点，使微生物更容易在其表面定植和积累。例如，经过物理磨损或化学处理后表面变得粗糙的聚乙烯微塑料，比表面光滑的聚乙烯微塑料更容易被细菌吸附。微塑料的亲水性也会影响微生物的积累。亲水性强的微塑料更容易与水环境中的微生物接触，因为微生物通常生活在水相中，亲水性微塑料在水中的分散性更好，这增加了与微生物碰撞和结合的概率。相反，疏水性微塑料可能需要更长的时间才能与微生物相互作用，并且在微生物表面的吸附稳定性可能相对较差。

　　环境条件：环境中的温度对微生物积累微塑料有着重要影响。温度会影响微生物的代谢活性和细胞膜的流动性。在适宜的温度范围内，微生物代谢活跃，细胞膜流动性较好，有利于微生物与微塑料的相互作用和微生物对微塑料的摄取。例如，在一定范围内，随着温度的升高，一些细菌对微塑料的吸附量会增加。但当温度过高或过低时，微生物的代谢活动受到抑制，其对微塑料的积累能力也会下降。pH 值也是影响微生物积累微塑料的重要因素之一。不同微生物有其适宜的生长 pH 值范围，在这个范围内，微生物的细胞表面电荷、酶活性等生理特性处于最佳状态，这有利于微塑料的吸附和积累。例如，一些细菌在中性或微碱性环境中对微塑料的吸附能力较强，而在酸性环境中吸附能力可能会下降。这是因为 pH 值的变化会改变微生物细胞表面的电荷性质，进而影响微生物与微塑料之间的静电相互作用。

（3）积累特点

粒径选择性：微生物对微塑料的积累具有粒径偏好性。一般来说，较小粒径的微塑料更容易被微生物摄取和积累。例如，纳米级别的微塑料（粒径小于 1 μm）能够更容易地通过微生物的细胞膜或细胞壁进入细胞内部，这是因为微生物的细胞尺寸较小，微小的孔隙或转运机制使得它们更倾向于摄取与自身细胞大小相近或更小的颗粒。而较大粒径的微塑料可能会受到微生物细胞表面结构和摄取机制的限制，难以被有效摄取。

物种特异性：不同种类的微生物对微塑料的积累能力存在差异。这是由于不同微生物具有不同的细胞结构、生理特性和代谢机制。例如，一些细菌具有特殊的细胞壁结构或表面蛋白，可能更容易与微塑料结合；而某些真菌可能通过菌丝体的生长和缠绕来捕获微塑料。此外，不同微生物的摄取和转运机制不同，这使得它们对微塑料的积累能力和方式也有所不同。

（4）代谢

虽然微生物难以像降解天然有机物质那样完全降解微塑料，但某些微生物可以在一定程度上对微塑料进行生物转化。一些微生物能够分泌胞外酶，这些酶可能会对微塑料表面的化学基团进行修饰，引发微塑料的氧化、水解等反应，使微塑料的结构发生改变。此外，微生物在代谢过程中产生的一些小分子物质也可能与微塑料发生相互作用，影响微塑料的性质。微生物体内的微塑料积累到一定程度后，微生物可能会通过细胞破裂、胞吐等方式排出部分微塑料。排出的微塑料又可以重新进入环境，被其他微生物或生物摄取。同时，微塑料的代谢产物以及微塑料表面吸附的营养物质等，可能会被微生物自身或其他生物利用，参与生态系统的物质循环和能量流动。

3.7 微塑料的复合污染

微塑料的影响不仅限于其分布的广泛性，还包括对生态系统的潜在风险。例如，对于水生生物，特别是滤食性生物（如鱼类、贝类等），微塑料的摄入可能会影响它们的生长发育、繁殖乃至生存。同时，微塑料还会吸附环境中的有害化学物质，形成所谓的"微塑料复合污染"，这可能会通过食物链影响更多的生物种群和人类健康。微塑料的复合污染是指微塑料与环境中其他污染物（如重金属、持久性有机污染物、抗生素等）相互作用，共同对环境和生态系统造成污染的现象。

3.7.1 微塑料复合污染的现状

（1）微塑料与重金属的复合污染

微塑料和重金属的相互作用是一个复杂的环境问题，涉及的范围广泛，包括环境传递、生物体内迁移转化以及可能的协同效应。这些相互作用的复杂性源于微塑料的不同特性，如种类、形态、粒径和老化程度等，这些因素决定了它们的理化性质和环境行为，进而影响它们与重金属的相互作用。

在微塑料和重金属共同传递过程中，一个重要的方面是它们在土壤中的共迁移。这一过程中，微塑料和重金属的相互作用机制需要进一步的研究，以理解不同土壤理化性质及环境因素如何影响两者的结合，这对于掌握它们在土壤生态系统中的行为至关重要。

此外，微塑料和重金属的复合污染对土壤生态系统的综合影响也是一个需要关注的重点。评估复合污染的毒性效应时，必须将土壤性质和土壤生态系统中的各种要素纳入考量。这些研究有助于我们更好地评估复合污染的影响，并为制定相关的环保政策提供科学依据。

同时，微塑料和重金属复合污染的环境暴露途径及其对人体健康的潜在风险也是不容忽视的。复合污染的整个过程的揭示，包括其通过食物链的传递过程，对于评估其对人体健康的风险具有重要意义。这需要跨学科合作研究，以确保能够全面评估并最终降低这种复合污染可能带来的风险。

最后，微塑料与重金属的相互作用还体现在生物体内的迁移转化上。已有研究表明，微塑料可以作为载体，影响重金属的生物可利用性和毒性。在一些研究中，微塑料被用来降低某些水生生物中重金属的生物富集程度，但同时可能增强重金属的毒性。这种协同或相加的效应可能会加剧对生物体的毒性，影响生态系统安全和食品安全。

综上所述，微塑料与重金属的相互作用规律是一个多方面、多层次的问题，涉及环境科学、生态学、毒理学等多个领域。未来的研究需要跨学科、多角度地深入探索，以揭示这一复杂的环境问题，并为其带来的挑战提供解决方案。

（2）微塑料与有机污染物的复合污染

微塑料与有机污染物的相互作用规律受到多因素的影响，包括环境条件、微塑料的物理化学属性以及有机污染物的特性等。在水环境中，微塑料对有机物的吸附作用受到pH、温度、离子强度等水化学条件的影响，其中，pH的降低以及离子强度的增加往往有助于增强微塑料对有机污染物的吸附能力。此外，微塑料的物理化学特性，如种类、粒径、表面特性及官能团结构等，也是影响吸附作用的关键因素。例如，聚氯乙烯因其固有的极性较强，能够通过氢键等作用力与特定的有机污染物形成较强的结合。同时，有机污染物本身的种类、极性、疏水性等也决定了其与微塑料的吸附亲和力的强弱。

微塑料与有机污染物的相互作用机制复杂多样，包括疏水相互作用、静电作用、氢键、π-π作用和范德瓦耳斯力等。这些相互作用力的强弱与作用物质的本质属性、相对浓度、环境条件等因素紧密相关。例如，微塑料对疏水性有机污染物的吸附能力通常较强，这是因为疏水性作用力能够强化微塑料与污染物之间的吸附作用，而且微塑料的比表面积越大，其吸附作用也越强。

值得注意的是，微塑料吸附有机污染物后，不仅改变了污染物在水环境中的行为与命运，而且还可能通过食物链的方式对高级生物产生影响，进而影响整个生态系统的稳定性。例如，微塑料可以作为有机污染物的载体，在食物链中进行长距离转移，并可能通过吸附作用降低某些有机污染物的生物有效性，从而影响生物的生存环境。

最后，目前针对微塑料与有机污染物相互作用的研究主要集中在水环境中，而对土壤环境中的研究相对较少。随着陆地生态系统中污染物的积累，土壤环境中的微塑料与有机污染物的相互作用及影响值得进一步探索。这不仅对理解它们在真实环境条件下的行为至关重要，而且对预测和评估它们的环境风险具有重要意义。

（3）微塑料与微生物的复合污染

微塑料作为一种新的环境污染物，其在水环境中的广泛存在及其与有机污染物的复合污染特性，对生态系统构成了严重威胁。微塑料的疏水性、大比表面积以及其上可吸附的有机物，不仅可能促进了这些污染物的长期存在和食物链传递，还可能加剧其对水生生物的毒性影响。特别是当微塑料与有机物结合后，会通过生物体内的消化系统发生解吸，释放出更易被生物吸收和积累的污染物，从而增加其对生物体的潜在危害。

在生物体内，微塑料与有机污染物的联合作用不仅增强了有机物的生物可利用性，而且可能产生协同或叠加的毒性效应。例如，微塑料上吸附的多环芳烃（polycyclic aromatic hydrocarbons，PAHs）可以通过生物膜路径造成神经毒性，影响生物的生长和繁殖。此外，微塑料和有机污染物的联合暴露会对生物体的基因表达产生影响，这种遗传水平的变化可能会进一步影响生物的长期生存和繁殖能力。

在土壤环境中，微塑料同样会对微生物群落造成影响。研究发现，微塑料的存在可能加速土壤细菌群落的多样性演替，同时也可能抑制土壤微生物的活性，影响微生物的生长和繁殖。这些微生物的变化可能会改变土壤的营养循环、有机物分解等生态过程，进而影响整个生态系统的健康。

值得注意的是，微塑料与有机污染物的相互作用还可能改变微塑料本身的性质，例如，改变其表面特性，使其更容易被生物体吸收和积累。这种改变可能会延长微塑料的生物浓缩半衰期，从而增加其在食物链中的传递和积累的风险。

总体而言，微塑料与有机污染物的相互作用规律表明，这种复合污染物的环境行为和生物效应复杂而深远，需要进一步的研究来深入理解其对生态系统的影响机制，以便更有效地制定相应的管理策略和应对措施。

3.7.2　微塑料复合污染的形成机制

（1）微塑料与重金属的复合污染机制

微塑料与重金属的相互作用机制是当前环境科学领域的热点问题，因为这两种污染物在环境中普遍存在，并且它们对生态系统和人体健康具有潜在风险。微塑料广泛分布于海洋、土壤和陆地水体中，而重金属（如铅、汞、铬和砷等）则因自然风化、工业活动和农业运作等途径而在环境中积累。这些污染物的交互作用不仅延长了它们在环境中的存留时间，而且改变了它们在食物链中的分布和迁移模式。

微塑料因其独特的理化性质和在环境中的行为，为重金属提供了新的载体，从而增加了重金属的生物有效性。例如，微塑料可以通过吸附作用固定重金属，使得这些金属元素在环境中的迁移和转化过程变得更加复杂。这种吸附作用不仅延长了重金属在环境中的停留时间，而且可能通过改变重金属的形态，来降低其对生物体的毒性。

此外，微塑料与重金属的复合污染还可能通过生物累积的方式对生态系统造成更大的威胁。例如，微塑料可以作为重金属的"运输工具"，通过食物链的传递将重金属带入各种生物体内，并在这些生物体内积累，从而增加这些重金属的生物毒性。这种复合污染的危害性随着生物的富集作用而增强，对生态系统的稳定性、生物多样性和食品安全构成威胁。

然而，微塑料与重金属相互作用的影响并非总是一致的。研究显示，微塑料可能通过吸附作用减缓重金属的毒性，如通过固定土壤中的重金属，阻止它们进入植物体。此外，微塑料上定植的微生物也可能通过生物还原等过程，将一部分重金属转化为生物可利用度较低的形态，从而降低重金属的毒性。

总之，微塑料与重金属的相互作用机制复杂多变，涉及物理的吸附、化学的交互作用，以及生物的转化等多个层面。未来的研究需要更加深入地探索这些相互作用的具体机制，以及它们对环境和人体健康的具体影响，以期为污染物的管理和控制提供科学依据。

（2）微塑料与有机污染物的复合污染机制

塑料由树脂和添加剂制成。由塑料生成的微塑料，在老化过程中，会将自身的添加剂，如增塑剂、阻燃剂、抗氧化剂、颜料等，释放到环境中，引起复合污染。微塑料与有机污染物的复合污染更重要的是微塑料与环境中已有的有机污染物的相互作用。微塑料与有机污染物的相互作用机制是一个复杂的过程，涉及物理、化学与生物过程。首先，微塑料通过其表面的特定化学基团，如疏水基团或极性基团，与有机污染物形成较强的物理吸附作用。这种作用力通常表现为线性吸附，且微塑料粒径越小，比表面积越大，对有机污染物的吸附效果越好。例如，聚氯乙烯微塑料对四溴双酚的亲和力较强，就是因为其极性较强，能通过极性相互作用对四溴双酚产生较强的亲和力。

其次，微塑料与有机污染物的相互作用还可能受到环境条件，如pH、温度等因素的影响。环境条件的变化会改变微塑料的物理化学性质，进而影响其与有机污染物的吸附性能。例如，杨杰等人的研究发现，常温下，聚乙烯属于橡胶态聚合物，而聚苯乙烯、聚酰胺则属于玻璃态聚合物，这影响了有机污染物在这些不同聚合物上的吸附行为。

再次，微塑料的老化过程也会改变其表面特性，使其具有更疏松的结构和更高的表面粗糙度。老化产生的裂纹或碎片同时也提供了更多的吸附位点，从而可能增强对有机污染物的吸附能力。Wu等人研究了老化聚丙烯微塑料对三氯生吸附的影响，也得到了类似的结论。

此外，有机污染物本身的种类、官能团、极性、疏水性等都会影响其与微塑料的相互作用。有机污染物的浓度越高，越易被吸附；但多种有机污染物同时存在时，可能会产生竞争吸附，甚至抑制某些污染物的吸附作用。

最后，微塑料与有机污染物在环境中的相互作用还会影响它们的生物可利用性和毒性。例如，在土壤环境中，由于微塑料具有疏水性，它们可以作为疏水性有机物的强吸附剂，降低这些有机物在土壤中的生物有效性。在生物体内，微塑料与有机污染物的相互作用可能增强微塑料的吸附能力，导致有机污染物在生物体内积累，提高其在生物体内的浓度，从而增强有机污染物的毒性。

综上所述，微塑料与有机污染物的相互作用机制是一个由多个因素共同决定的复杂过程，包括微塑料的物理化学性质、环境条件、微塑料的老化过程，以及有机污染物的性质等。这些相互作用的结果可能会改变有机污染物在环境中的行为，进而影响生态系统的健康状况。因此，研究这些相互作用的机制对于理解和应对微塑料污染具有重要意义。

(3) 微塑料与微生物的复合污染机制

微塑料作为一种新兴的环境污染物，其在海洋中的广泛分布及其对水生生态系统的潜在影响已经引起了全球科学家的广泛关注。在最近的研究中，微塑料与微生物的相互作用成为一个富有挑战性的研究课题。微生物不仅在自然界物质循环中发挥着关键作用，而且在微塑料环境行为和生态风险评估中也扮演着不容忽视的角色。微塑料在环境中不易降解，这为微生物提供了新的栖息地，形成了"塑料际"。这是一种独特的生态系统。这一生态系统对土壤环境造成了持久的生态威胁，可能影响微生物群落的选择效应、微塑料的迁移转化以及环境结构和物质循环等过程。

微塑料的垂直分布特性，以及其携带的微生物，对水生生态系统的影响尤为复杂。例如，微塑料可以作为微生物的"载体"，通过物理和化学作用，改变微生物的生存环境，从而影响它们的分布、丰度以及活性。在微塑料上生存的微生物群落可能会通过各种代谢作用改变微塑料的化学性质，例如改变其疏水性，使其与周围环境的相容性发生变化。此外，微塑料上的微生物还可能参与有机污染物的生物地球化学循环，通过分解或者固定污染物，改变这些污染物的生物可利用性和生态风险。这种相互作用的结果可能导致原本的污染物在生态系统中的行为产生变化，进而影响生物体内污染物的累积及其对生态系统的健康。

　　然而，目前关于微塑料与微生物相互作用的机制，尤其是在实际环境中的作用机制，尚不明晰。因此，未来的研究需要进一步探索这些相互作用的具体机制，包括微生物对微塑料的影响，以及这些微生物介导的污染物的生物地球化学循环机制。此外，研究应当关注不同类型的微塑料、不同的微生物种类，以及它们在不同环境条件下的相互作用机制，以期建立更完善的风险评估模型，为管理和控制微塑料污染提供科学依据。

　　综上所述，微塑料与微生物的相互作用是一个复杂且富有挑战的研究领域，需要跨学科、多角度的合作与研究，以便揭示这一领域的科学本质，并为应对微塑料污染提供可行的解决方案。

参考文献

　　[1] LUSHER A. Microplastics in the Marine Environment: Distribution, Interactions and Effects[J].Springer International Publishing,2015,245-307.

　　[2] GALLOWAY T S, LEWIS C N. Marine microplastics spell big problems for future generations[J].Proceedings of the National Academy of Sciences of the United States of America,2016,113 (9):2331-2334.

　　[3] MOORE C J, MOORE S L, LEECASTER M K, et al. A comparison of plastic and plankton in the north Pacific central gyre[J].Marine Pollution Bulletin,2001,42 (12):1297-1300.

　　[4]ERIKSEN M,MASON S,WILSON S,et al. Microplastic pollution in the surface waters of the Laurentian Great Lakes[J].Marine Pollution Bulletin,2013,77 (1-2):177-182.

　　[5]LAW K L, MORET - FERGUSON S E, GOODWIN D S, et al. Distribution of surface plastic debris in the eastern Pacific Ocean from an 11 - year data set [J]. Environmental Science&Technology,2014,48 (9):4732-4738.

　　[6]BARNES D K A.Natural and plastic flotsam stranding in the Indian ocean[J].Journal of Royal Irish Academy,2004,3 (1):193-205.

　　[7]LAW K L,MORETFERGUSON S,MAXIMENKO N A,et al.Plastic accumulation in the North Atlantic subtropical gyre[J].Science,2010,329 (5996):1185-1188.

　　[8] BERGMANN M, SANDHOP N, SCHEWE I, et al. Observations of floating anthropogenic litter in the Barents Sea and Fram Strait, Arctic[J].Polar Biology, 2016, 39 (3):

553-560.

[9]CINCINELLI A, SCOPETANI C, CHELAZZI D, et al. Microplastic in the surface waters of the Ross Sea (Antarctica): Occurrence, distribution and characterization by FTIR [J]. Chemosphere, 2017, 175(may):391-400.

[10]CAUWENBERGHE L V, VANREUSEL A, MEES J, et al. Microplastic pollution in deep-sea sediments[J]. Environmental Pollution, 2013, 182 (6):495-499.

[11]WOODALL L C, SANCHEZVIDAL A, CANALS M, et al. The deep sea is a major sink for microplastic debris[J]. Royal Society Open Science, 2014, 1 (4):1-8.

[12]BROWNE M A, CRUMP P, NIVEN S J, et al. Accumulations of microplastic on shorelines worldwide: sources and sinks[J]. Computer Aided Optimum Design of Structures Ⅷ, 2011, 45 (1989):9175-9179.

[13]AUTA H S, EMENIKE C U, FAUZIAH S H. Distribution and importance of microplastics in the marine environment: A review of the sources, fate, effects, and potential solutions[J]. Environment International, 2017, 102:165-176.

[14]ZHOU P, HUANG C, FANG H, et al. The abundance, composition and sources of marine debris in coastal seawaters or beaches around the northern South China Sea (China)[J]. Marine Pollution Bulletin, 2011, 62 (1-2):1998-2007.

[15]ZHAO S, ZHU L, LI D. Characterization of small plastic debris on tourism beaches around the South China Sea[J]. Regional Studies in Marine Science, 2015, 1:55-62.

[16]ZHANG W, MA X, ZHANG Z, et al. Persistent organic pollutants carried on plastic resin pellets from two beaches in China[J]. Marine Pollution Bulletin, 2015, 99 (1-2):28-34.

[17]QIU Q, PENG J, YU X, et al. Occurrence of microplastics in the coastal marine environment: First observation on sediment of China[J]. Marine Pollution Bulletin, 2015, 98 (2):274-280.

[18]周倩,章海波,周阳,等.滨海潮滩土壤中微塑料的分离及其表面微观特征[J].科学通报,2016,61 (14):1604-1611.

[19]ZHAO S. Suspended Microplastics in the Surface Water of the Yangtze Estuary System, China: First Observations on Occurrence, Distribution[J]. Marine Pollution Bulletin, 2014, 86 (1-2):562-568.

[20]ZURCHER N A. Small plastic debris on beaches in Hong Kong: An initial investigation [D]. Hong Kong: University of Hong Kong, 2009.

[21]FOK L,CHEUNG P K.Hong Kong at the Pearl River Estuary:A hotspot of microplastic pollution[J].Marine Pollution Bulletin,2015,99 (1-2):112-118.

[22]TSANG Y Y,MAK C W,LIEBICH C,et al.Microplastic pollution in the marine waters and sediments of Hong Kong[J].Marine Pollution Bulletin,2017,115 (1-2):20-28.

[23]KUO F J,HUANG H W.Strategy for mitigation of marine debris:Analysis of sources and composition of marine debris in northern Taiwan[J].Marine Pollution Bulletin,2014,83 (1): 70-78.

[24] KUNZ A, WALTHER B A, LOWEMARK L, et al. Distribution and quantity of microplastic on sandy beaches along the northern coast of Taiwan[J].Marine Pollution Bulletin, 2016,111 (1-2):126-135.

[25]孙承君,蒋凤华,李景喜,等.海洋中微塑料的来源、分布及生态环境影响研究进展 [J].海洋科学进展,2016,34 (4):449-461.

[26] ERIKSEN M,MASON S,WILSON S,et al.Microplastic pollution in the surface waters of the Laurentian Great Lakes[J].Marine Pollution Bulletin,2013,77(s 1-2):177-182.

[27] MOORE C J,LATTIN G L,ZELLERS A F. Quantity and type of plastic debris flowing from two urban rivers to coastal waters and beaches of Southern California [J]. Journal of Integrated Coastal Zone Management,2011,11(1):65-73.

[28] AKDOGAN Z,GUVEN B,KIDEYS A E. Microplastic distribution in the surface water and sediment of the Ergene River[J]. Environmental Research,2023,234:116500.

[29] ALAM F C, SEMBIRING E, MUNTALIF B S, et al. Microplastic distribution in surface water and sediment river around slum and industrial area(case study:Ciwalengke River, Majalaya district,Indonesia)[J].Chemosphere,2019,224:637-645.

[30] YAN M,NIE H,XU K,et al. Microplastic abundance,distribution and composition in the Pearl River along Guangzhou city and Pearl River estuary,China[J]. Chemosphere, 2019, 217:879-886.

[31] 李和通,马振芳,郭宇,等.黄河(郑州段)水体中微塑料污染特征及来源分析[J]. 中国环境科学,2024,44(07):4136-4144.

[32] CHEN H,JIA Q,ZHAO X,et al. The occurrence of microplastics in water bodies in urban agglomerations:impacts of drainage system overflow in wet weather,catchment land‐uses, and environmental management practices[J]. Water Research,2020,183:116073.

[33]张胜,林莉,潘雄,等.汉江(丹江口坝下-兴隆段)水体中微塑料的赋存特征[J].环

境科学研究,2022,35(5):3-10.

[34]陈圣盛,李卫明,张坤,等.香溪河流域微塑料的分布特征及其迁移规律分析[J].环境科学,2022,43(6):77-87.

[35]张成前,时鹏,张妍,等.渭河流域关中段河水和沉积物中微塑料的污染特征对比研究[J].环境科学学报,2023,43(2):241-253.

[36]范梦苑,黄懿梅,张海鑫,等.湟水河流域地表水体微塑料分布、风险及影响因素[J].环境科学,2022,43(10):4430-4439.

[37]吕雅宁.赣江水和沉积物体系中微塑料的污染研究[D].曲阜:曲阜师范大学,2020.

[38]ZHANG K,SU J,XIONG X,et al.Microplastic pollution of lakeshore sediments from remote lakes in Tibet plateau,China[J].Environmental Pollution,2016,219,450-455.

[39]MAI Y Z,PENG S Y,LAI Z N,et al. Measurement,quantification,and potential risk of microplastics in the mainstream of the Pearl River(Xijiang River)and its estuary,Southern China[J]. Environmental Science and Pollution Research,2021,28(38):53127-53140.

[40]LIN L,ZUO L Z,PENG J P,et al. Occurrence and distribution of microplastics in an urban river: A case study in the Pearl River along Guangzhou City,China[J].The Science of the Total Environment,2018,644(10):375-381.

[41] BSE A,BSH H A,BYK S A,et al.Spatiotemporal distribution and annual load of microplastics in the Nakdong River,South Korea[J].Water Research,2019,160:228-37.

[42] BALLENT A,CORCORAN P L,MADDEN O,et al.Sources and sinks of microplastics in Canadian Lake Ontario nearshore,tributary and beach sediments[J].Marine Pollution Bulletin,2016,110(1):383-395.

[43] BELONTZ S L,CORCORAN P L,HAAN-WARD J D,et al.Factors driving the spatial distribution of microplastics in nearshore and offshore sediment of Lake Huron,North America[J].Marine pollution bulletin,2022,179:113709.

[44] FREE C M,JENSEN O P,MASON S A,et al.High-levels of microplastic pollution in a large,remote,mountain lake[J].Marine Pollution Bulletin,2014,85(1):156-163.

[45]张胜,林莉,潘雄,等.汉江(丹江口坝下-兴隆段)水体中微塑料的赋存特征[J].环境科学研究,2022,35(5):8.

[46]钱红,戴媛媛,张鑫,等.独流减河入海口微塑料空间分布特征[J].海洋湖沼通报,2023,45(1):82-89.

[47]杨思原,代猛猛,袁树雨,等.汤逊湖湖滨土壤中微塑料的污染分布特征[J].塑料

科技,2022.

[48]周隆胤,简敏菲,余厚平,等.乐安河-鄱阳湖段底泥微塑料的分布特征及其来源 [J].土壤学报,2018,55(5):11.

[49]胡嘉敏,左剑恶,李頔,等.北京城市河流河水和沉积物中微塑料的组成与分布 [J].环境科学,2021,11:5275-5283.

[50]周筱田,赵雯璐,李铁军,等.浙江省近岸海域表层水体中微塑料分布与组成特征 [J].浙江大学学报:农业与生命科学版,2021,47(3):9.

[51] LIU M T,LU S B,SONG Y, et al. Microplastic and mesoplastic pollution in farmland soils in suburbs of Shanghai,China[J]. Environmental Pollution,2018,242(Pt A): 855-862.

[52] ZHOU B Y,WANG J Q,ZHANG H B, et al. Microplastics in agricultural soils on the coastal plain of Hangzhou Bay,East China: Multiple sources other than plastic mulching film[J]. Journal of Hazardous Materials,2020,388: 121814.

[53] DING L,WANG X L,YANG Z Z, et al. The occurrence of microplastic in Mu Us Sand Land soils in northwest China: Different soil types, vegetation cover and restoration years[J]. Journal of Hazardous Materials,2021,403: 123982.

[54] CHAI B W, WEI Q, SHE Y Z, et al. Soil microplastic pollution in an e‐waste dismantling zone of China[J]. Waste Management,2020,118: 291-301.

[55] SCHEURER M, BIGALKE M. Microplastics in Swiss floodplain soils [J]. Environmental Science & Technology,2018,52(6): 3591-3598.

[56] RAHMAN S M A, ROBIN G S, MOMOTAJ M, et al. Occurrence and spatial distribution of microplastics in beach sediments of Cox's Bazar,Bangladesh[J]. Marine Pollution Bulletin,2020,160: 111587.

[57] CORRADINI F,MEZA P,EGUILUZ R, et al. Evidence of microplastic accumulation in agricultural soils from sewage sludge disposal[J]. The Science of the Total Environment, 2019,671: 411-420.

[58] VAN DEN BERG P, HUERTA‐WANGA E, CORRADINI F, et al. Sewage sludge application as a vehicle for microplastics in eastern Spanish agricultural soils[J]. Environmental Pollution,2020,261: 114198.

[59] CORRADINI F,CASADO F,LEIVA V, et al. Microplastics occurrence and frequency in soils under different land uses on a regional scale[J]. The Science of the Total Environment, 2021,752: 141917.

［60］ZHANG J J, WANG L, KANNAN K. Microplastics in house dust from 12 countries and associated human exposure［J］. Environment International, 2020, 134: 105314.

［61］ZHU X, HUANG W, FANG M Z, et al. Airborne microplastic concentrations in five megacities of northern and southeast China［J］. Environmental Science & Technology, 2021, 55 (19): 12871-12881.

［62］YUKIOKA S, TANAKA S, NABETANI Y, et al. Occurrence and characteristics of microplastics in surface road dust in Kusatsu (Japan), Da Nang (Vietnam), and Kathmandu (Nepal)［J］.

［63］LIU Z, LIU X Y, BAI Y, et al. Spatiotemporal distribution and po10tial sources of atmospheric microp1astic deposition in a semiarid urban environment of northwest china［J］. Environmental Science and Pollution Research, 2023, 30(29): 74372-74385.

［64］ZENG Y. An Introduction to Environmental Microplastics［M］. Beijing: Science Press, 2020.

［65］DRIS R, GASPERI J, SAAD M, et al. Synthetic fibers in atmospheric fallout: Asource of microplastics in the environment?［J］. Mar Pollut Bull, 2016, 104(1-2): 209-3.

［66］O'BRIEN S, OKOFFO E D, RAUERT C, et al. Quantification of selected microplastics in Australian urban road dust［J］. Journal of Hazardous Materials, 2021, 416: 125811.

［67］LIAO Z L, JI X L, MA Y, et al. Airborne microplastics in indoor and outdoor environments of a coastal city in Eastern China［J］. Journal of Hazardous Materials, 2021, 417: 126007.

［68］MBACHU O, JENKINS G, PRATT C, et al. A New Contaminant Superhighway? A Review of Sources, Measurement Techniques and Fate of Atmospheric Microplastics［J］. Water Air Soil Pollut, 2020, 231(2): 85-112.

［69］WRIGHT S L, ULKE J, FONT A, et al. Atmospheric microplastic deposition in an urban environment and an evaluation of transport［J］. Environment International, 2020, 136: 105411.

［70］JENNER L C, SADOFSKY L R, DANOPOULOS E, et al. Household indoor microplastics within the Humber region (United Kingdom): Quantification and chemical characterisation of particles present［J］. Atmospheric Environment, 2021, 259: 118512 .

［71］LIU C G, LI J, ZHANG Y, et al. Widespread distribution of PET and PC microplastics in dust in urban China and their estimated human exposure［J］. Environment International, 2019, 128: 116-124 .

［72］LIU K,WANG X H,FANG T,et al. Source and potential risk assessment of suspended atmospheric microplastics in Shanghai［J］. The Science of the Total Environment,2019,675: 462-471.

［73］LOPPI S, ROBLIN B, PAOLI L, et al. Accumulation of airborne microplastics in lichens from a landfill dumping site（Italy）［J］. Scientific Reports,2021,11(1): 4564.

［74］CAI L Q, WANG J D, PENG J P, et al. Characteristic of microplastics in the atmospheric fallout from Dongguan City,China: Preliminary research and first evidence［J］. Environmental Science and Pollution Research International,2017,24(32): 24928-24935.

［75］周帅,李伟轩,唐振平,等.气载微塑料的赋存特征、迁移规律与毒性效应研究进展［J］.中国环境科学,2020,40(11): 5027-5037.

［76］TIAN L, ZHANG G, ZHAO S, CHEN D, et al. City atmospheric tire－wear chemicals: significant contribution of tire－wear particles to $PM_{2.5}$［J］. Environmental Science & Technology,2024,38:58.

［77］潘燕彬,颜建龙,董少红,等.微塑料对人体健康潜在影响研究进展［J］.中国公共,2023,39(04):526-530.

第4章 微塑料对生态系统的影响

4.1 对水生态系统的影响

4.1.1 对水体环境的影响

改变水体物理性质：微塑料在水体中的存在形式多样，可以通过物理、化学和生物过程进行迁移。密度较小的微塑料，如聚乙烯和聚丙烯，会在水中悬浮或漂浮于水面，而密度较大的微塑料，如聚甲基丙烯酸甲酯，则会沉入水底。这一过程中，微塑料不仅直接影响水体的物理性质，如光照条件，还可能通过物理干扰影响水生植物的光合作用，进而影响整个食物链的稳定性；大量微塑料存在于水体中，会改变水的物理性质，如密度、黏度等，这可能影响水体的流动和混合，进而影响水生生物的生存环境。例如，在一些河口和沿海地区，微塑料的聚集可能会影响水流速度和方向，改变沉积物的分布和沉积速率，从而对底栖生物的生存环境产生影响。

影响水体化学过程：微塑料表面化学性质会影响水体中的化学过程。它可以吸附和释放营养物质、污染物等，从而改变水体中这些物质的分布和循环。例如，微塑料能够吸附和释放水体中的氮、磷等营养元素，从而影响这些元素在水体中的循环和分布，可能会将表层水中的营养元素带到深层水体或沉积物中，影响水体的富营养化程度，进而影响浮游生物的生长和分布，对整个水生态系统的物质循环和能量流动产生影响。

4.1.2　对水生生物的影响

物理损伤：微塑料的大小不一，小到微米级，大到几毫米。小型微塑料可被浮游生物、小型无脊椎动物等摄食，进入其消化系统，可能造成肠道堵塞、磨损消化道等物理伤害，影响它们的摄食、消化和生长。例如，一些浮游动物摄入微塑料后，会减少对正常食物的摄取，导致生长缓慢，甚至死亡。而大型微塑料可能会缠绕在鱼类、海龟等大型水生生物的身体上，造成身体损伤，影响其游动和捕食能力。

化学毒性：微塑料具有较大的比表面积，能吸附环境中的持久性有机污染物多氯联苯（polychlorinated biphenyls，PCBs）、多环芳烃（polycyclic aromatic hydrocarbons，PAHs）等和重金属汞、铅、镉等。此外，一些微塑料本身在生产过程中添加了有毒的化学物质，如增塑剂、抗氧化剂等，当水生生物摄食微塑料后，这些有害物质会在生物体内释放并积累，产生毒性效应，可能影响生物的生殖、免疫和神经系统，降低其繁殖成功率、免疫力和生存能力。长期暴露在微塑料污染环境中的水生生物，还可能出现基因表达改变、发育异常等现象。

食物链传递：微塑料可以通过食物链进行传递和富集。浮游生物等初级消费者摄食微塑料后，被更高营养级的生物捕食，微塑料就会在食物链中逐渐传递。一些研究表明，处于食物链顶端的大型捕食者，如鲨鱼、海豚等，体内也检测到了微塑料，这可能会对整个生态系统的结构和功能产生影响。

4.1.3　对水生态系统结构和功能的影响

生物多样性降低：微塑料对水生生物个体的负面影响，如生长发育受阻、繁殖能力下降和死亡率增加等，会导致一些物种的种群数量减少，甚至濒临灭绝。一些对环境变化较为敏感的物种，如某些珍稀的海洋生物、淡水生物，更容易受到微塑料的影响。随着物种数量的减少，生态系统的物种丰富度降低，生物多样性遭到破坏。微塑料还会改变生态系统的栖息地质量，破坏生物的生存环境，进一步加剧生物多样性的丧失。在海洋中，微塑料会聚集在珊瑚礁等重要的海洋生态栖息地，影响珊瑚的生长和繁殖，导致珊瑚礁生态系统的退化，许多依赖珊瑚礁生存的生物也会因此失去栖息地，数量减少。

生态系统功能改变：生物多样性的降低会使生态系统的稳定性和功能受到影响，降低生态系统对环境变化的适应能力和自我修复能力。水生态系统中的各种生物在物质循环、能量流动和信息传递等过程中发挥着重要作用。微塑料的存在影响了水生生物的正常生理活动和生态行为，例如，一些鱼类可能会因为微塑料的干扰而改变其游泳行为、觅食行为和繁殖行为等。长期暴露在微塑料环境中的水生生物，其生态位也可能发生改变，进而影响整个水生生态系统的结构和功能。一些对环境变化较为敏感的物种可能会因为微塑料的影响而减少或消失，从而改变生物群落的组成和多样性，进而可能改变生态系统的功能。例如，浮游生物是海洋生态系统中重要的初级生产者，它们对碳循环具有重要作用。微塑料影响浮游生物的生长和分布，可能会改变海洋生态系统的碳固定和碳循环过程。

4.2 对土壤生态系统的影响

4.2.1 对土壤物理性质的影响

（1）改变土壤孔隙结构

不同粒径的微塑料进入土壤后，会填充在土壤颗粒之间。大粒径微塑料可能堵塞土壤中的大孔隙，而小粒径微塑料则会进入小孔隙，使土壤孔隙分布发生改变。例如，在一些模拟实验中发现，添加微塑料后的土壤，其大于 100 μm 的大孔隙数量明显减少，而小于 50 μm 的小孔隙数量却有所增加。这会导致土壤通气性变差，植物根系难以获得足够的氧气，从而影响根系的呼吸作用和正常生长。

土壤团聚体是土壤结构的重要组成部分，微塑料的存在会影响团聚体的稳定性。微塑料可能会包裹在土壤颗粒表面，阻止土壤颗粒之间通过化学键、范德瓦耳斯力等作用力形成稳定的团聚体。长期下来，土壤团聚体容易破碎，进而破坏土壤的整体结构，使土壤变得更加松散或紧实，增加土壤的侵蚀风险，而且不利于植物根系的伸展和对水分、养分的吸收。

（2）影响土壤水分特征

微塑料本身的疏水性使其不能像土壤颗粒那样有效地吸附和保持水分。当微塑料在土壤中含量较高时，会占据土壤孔隙空间，减少土壤颗粒表面的吸附位点，从而降低土壤的最大持水量。例如，有研究发现，在添加了一定量微塑料的土壤中，其饱和持水量相比对照土壤降低了10%～20%。这意味着土壤在降雨或灌溉后能够储存的水分减少，植物可利用的水分也相应减少，容易导致植物缺水。

　　微塑料还会改变土壤中水分的运移特性。由于微塑料的分布改变了土壤孔隙的大小和连通性，水分在土壤中的渗透和传导路径发生变化。水分可能会更容易沿着微塑料颗粒之间的缝隙流动，而不是均匀地在土壤孔隙中渗透，这会导致土壤水分分布不均匀，局部地区可能过湿或过干，影响植物根系对水分的吸收和利用。

4.2.2　对土壤化学性质的影响

　　微塑料属于高碳聚合物，其内部的碳元素可伪装成土壤有机碳池的成分之一[1]。Hegan等[2]报道，高浓度的膜残留物显著影响了土壤pH值、有机质、碱解氮、速效磷和钾的含量，使土壤质量恶化。塑料残留和微塑料可使土壤湿润锋垂直运动和水平运动，可溶性有机碳和土壤总氮含量分别降低14%、10%、9%和7%。塑料残留和微塑料对土壤碳、氮、磷的影响因元素的形态，以及塑料的组分和形状的不同而有所差异。微塑料具有丰富的表面官能团和较大的比表面积，能够吸附土壤中的多种物质。对于养分而言，它对铵态氮、硝态氮、磷酸盐等具有较强的吸附能力。例如，在某些实验条件下，微塑料可以吸附土壤中20%～30%的铵态氮，塑料残留和微塑料降低了土壤有机碳（soil organic carbon，SOC）、全氮（total nitrogen，TN）和全磷（total phosphorus，TP）的含量，使得这些养分被固定在微塑料表面，难以被植物根系直接吸收，从而降低了养分的有效性。

　　同时，微塑料对土壤中的重金属和有机污染物也有吸附作用。它可以吸附铅、镉、汞等重金属离子，以及多环芳烃、农药等有机污染物。当土壤环境条件发生变化时，如酸碱度、氧化还原电位改变，微塑料吸附的这些物质可能会被解吸出来，重新释放到土壤中，造成二次污染。例如，在酸性条件下，微塑料吸附的重金属可能会更容易被解吸，从而增加土壤中重金属的活性和植物对重金属的吸收风险。微塑料吸附土壤中的农药、重金属、多氯联苯和多环芳烃等污染物，会使土壤中有机碳和有机磷含量下降，间接影响土壤的化学环境[3]。微塑料内通常还含有抗氧化剂、阻燃剂和增塑剂等添加剂，这些物质会在微塑料降解过程中被释放出来，从而改变土壤化学环境。研究表明，土壤中的高密度聚乙烯塑料显著降低了土壤的pH值[4]；而以碳酸钙做填充剂的聚氯乙烯在老化过程中，碳酸根离子的释放导致了羟基离子的形成，进而导致土壤pH值的升高[5]。由此可见，微塑料残留物、毒素的释放和土壤pH值的改变对土壤化学环境的威胁不容忽视。

4.2.3 对土壤生物的影响

（1）对土壤微生物的影响

微塑料会改变土壤微生物的群落结构。研究发现，在微塑料存在的情况下，土壤中一些细菌的相对丰度会发生变化，如变形菌门、放线菌门等。微塑料表面会形成生物膜，一些具有特定功能的微生物会在生物膜上富集，而这些微生物在土壤颗粒表面的分布则相对减少。例如，一些与氮循环相关的微生物，如氨氧化细菌和反硝化细菌，其在微塑料生物膜上的数量和活性与在土壤颗粒上有所不同，这会影响土壤中氮的转化和循环过程。

微塑料释放的化学物质可能对土壤微生物具有毒性作用。例如，一些塑料添加剂如邻苯二甲酸酯类物质，会抑制某些土壤微生物的生长和繁殖。同时，微塑料表面的物理性质和化学组成也会影响微生物的附着和定植，进而改变微生物的代谢活动。一些微生物在微塑料表面可能会产生更多的胞外聚合物，以适应微塑料的特殊环境，这会影响微生物与土壤颗粒之间的相互作用，以及土壤团聚体的稳定性。土壤中的微塑料还可能通过吸附其他有毒有害物质，如重金属、有机污染物等，进一步影响土壤微生物的生长和活性。

塑料残留和微塑料使拟杆菌门（bacteroidetes）、蓝藻门（cyanobacteria）、厚壁菌门（firmicutes）和浮霉菌门（planctomycetes）的丰度分别减少了9%、41%、15%和9%，而硝化螺旋菌门（nitrospirae）的丰度则增加了33%（$P < 0.05$）。然而，大多数的塑料残留和微塑料对细菌门丰度没有显著影响。此外，塑料残留和微塑料使观察到的细菌物种数量减少了18%（$P < 0.05$），但对细菌群落的其他局域多样性指数没有显著影响（$P > 0.05$）。

（2）对土壤动物的影响

土壤中的蚯蚓是重要的土壤动物之一，它们在吞食的过程中可能会误食微塑料。微塑料进入蚯蚓肠道后，会造成肠道堵塞和物理损伤。有研究观察到，蚯蚓摄入微塑料后，其肠道上皮细胞会出现破裂、变形等现象，影响肠道的正常消化和吸收功能。此外，微塑料还可能影响蚯蚓的运动行为和繁殖能力。长期暴露在微塑料环境中的蚯蚓，其生长速度会减缓,产卵数量减少,孵化率降低。

线虫也是土壤中常见的小型动物,微塑料对其也有负面影响。微塑料可能会吸附在线虫的体表,影响其运动和取食。而且,当线虫摄入微塑料后,会对其生殖系统产生损害,导致后代数量减少。此外,微塑料还可能通过食物链传递,对以蚯蚓、线虫等为食物的土壤中大型动物产生间接影响,进而影响整个土壤食物网的结构和功能。

塑料残留和微塑料会抑制动物的生长。其中动物的体长（body length）、体重（body weight）、生长速率（growth rate）、肝脏器官重量（liver weight）和相对肝脏重量（relative liver weight）分别减少了7%、5%、19%、8%和6%（$P < 0.05$）,动物寿命（life span）也缩短了8%（$P < 0.05$）。总之,所有类型的塑料都不同程度地抑制了动物的生长。此外,土壤动物的行为也受到塑料残留和微塑料的影响,表现为身体弯曲（body bend）和头部抖动频率（head thrash）分别降低了9%和19%（$P < 0.0001$）。此外,塑料残留和微塑料略微降低了动物的进食率（feeding rate）（$P > 0.05$）。

4.2.4　对植物生长的影响

（1）阻碍植物根系生长

植物根系在土壤中生长时,会遇到微塑料的阻碍。微塑料的存在会使根系的生长方向发生改变,根系可能会沿着微塑料颗粒的表面生长,而不是向土壤深处延伸。例如,在一些盆栽实验中发现,添加微塑料后,植物根系的垂直分布范围明显减小,更多的根系集中在土壤表层。这会导致植物根系对水分和养分的吸收范围变窄,影响植物的生长和发育。

微塑料还会对根系细胞造成损伤。根系在生长过程中与微塑料接触时,微塑料的尖锐边缘或表面的化学物质可能会破坏根系细胞的细胞膜,导致细胞内容物泄漏,影响细胞的正常生理功能。例如,研究发现,植物根系接触微塑料后,根尖细胞的活性氧水平升高,细胞凋亡增加,这会抑制根系的生长。

（2）影响植物养分吸收

微塑料改变了土壤的物理性质,如孔隙结构和水分分布,使得植物根系在土壤中的生长环境变得复杂。根系难以像在正常土壤中那样均匀地分布和吸收养分,导致养分吸收效率降低。例如,土壤通气性变差会影响根系的呼吸作用,进而影响根系对养分的主动吸收过程。

微塑料对养分的吸附作用也会使植物可利用的养分减少。土壤中的养分被微塑料吸附后，形成了一种相对稳定的结合态，植物根系难以通过离子交换等方式获取这些养分。同时，微塑料改变了土壤微生物群落结构，影响了土壤中养分的转化和循环过程。例如，与氮素转化相关的微生物活性发生变化，会导致土壤中铵态氮和硝态氮的含量及比例改变，从而影响植物对氮素的吸收和利用。

（3）抑制植物生长

有研究显示，塑料残留和微塑料显著影响了植物株高（height）、总生物量（total biomass）、地上部生物量（shoot biomass）和地下部生物量（root biomass）等，其与空白处理相比分别下降了 13%、12%、12% 和 14%（$P < 0.0001$）。所有类型的塑料残留和微塑料均会抑制植物生长，其中颗粒状微塑料对地上部生物量的影响最大。

4.3　对大气环境的影响

4.3.1　对空气质量的影响

微塑料可以通过风力作用、扬尘等方式进入大气环境，并在大气中进行长距离传输。在传输过程中，微塑料可能会与大气中的颗粒物、气体等相互作用，对空气质量产生一定的影响。在大气环境中，微塑料的存在可以通过吸收或散射光线，对大气能见度产生影响，但具体的影响程度和机制尚需进一步的研究。此外，微塑料纤维的吸湿性使其能够吸附水分子，这一性质可能会提高其对光线的散射能力，进一步影响大气的光学性质。

4.3.2　促进大气中的化学反应

微塑料表面具有一定的活性位点，能够吸附大气中的气态污染物，如氮氧化物、挥发性有机物等。这些被吸附的物质在微塑料表面可能会发生化学反应，生成新的化合物。例如，微塑料吸附的氮氧化物和挥发性有机物在光照条件下可能发生光化学反应，生成臭氧等二次污染物，从而改变大气的化学组成和性质，对大气环境质量产生负面影响。

微塑料颗粒还可能会作为催化剂，加速大气中某些化学反应的进行。一些研究发现，微塑料表面的某些官能团或杂质可以促进大气中二氧化硫等污染物的氧化反应，使其转化为硫酸等酸性物质，进而增加酸雨发生的可能性。

4.3.3　影响大气微生物群落

大气中存在着大量的微生物，如细菌、真菌等，微塑料颗粒可以为这些微生物提供附着和生存的场所。微塑料的存在可能会改变大气中微生物的群落结构和分布。一方面，微塑料表面的物理和化学性质可能有利于某些特定微生物的生长和繁殖，而抑制其他微生物的生存，从而导致微生物群落的组成发生变化。另一方面，微塑料在大气中的传播和扩散也可能携带微生物，促进微生物在不同地区之间的传播和交流，这可能会对当地的生态系统和人体健康产生潜在影响。例如，一些携带病原体的微生物可能随着微塑料的传播而扩散，从而增加疾病传播的风险。

微生物在微塑料表面的生长和代谢活动还可能影响微塑料的降解和转化过程。一些微生物能够分泌特定的酶，这些酶可能会对微塑料的化学键进行分解，加速微塑料的降解。然而，微生物降解微塑料的过程也可能会产生一些中间产物和副产物，这些物质被释放到大气中，对大气环境产生新的影响。

4.3.4　干扰大气监测数据

微塑料颗粒在大气中广泛存在，可能会对一些大气监测仪器产生干扰，影响监测数据的准确性。例如，在使用光学仪器监测大气污染物浓度时，微塑料颗粒可能会散射或吸收光线，导致仪器测量的光信号发生变化，从而使监测到的污染物浓度出现偏差。同样，在使用颗粒物采样器采集大气中的颗粒物时，微塑料颗粒可能会与其他颗粒物一起被采集下来，从而影响对颗粒物成分和浓度的分析。这不仅会影响对大气环境质量的准确评估，还可能会误导环境政策的制定和环境管理措施的实施。

由于微塑料的粒径较小且形状不规则，因此，其在大气中的分布和运动具有一定的随机性和复杂性。这使得在大气监测中准确识别和量化微塑料变得困难，增加了大气环境监测的难度和不确定性。因此，在进行大气环境监测和研究时，需要考虑微塑料的影响，改进监测方法和技术，以获得更准确、更可靠的监测数据。

4.4　对气候变化的影响

微塑料在环境中的积累可能会对全球气候变化产生潜在的影响。

4.4.1　改变地球能量平衡

直接吸收和反射太阳辐射：微塑料的颜色和材质多样，不同类型的微塑料对太阳辐射的吸收和反射能力不同。黑色或深色的微塑料倾向于吸收更多的太阳辐射，这部分被吸收的能量会转化为热能，进而使大气温度升高。而浅色的微塑料则会反射较多的太阳辐射，减少地球表面吸收的太阳能量，在一定程度上起到降温作用。大量微塑料在大气中分布，其总体的吸收和反射效果会对地球的能量平衡产生影响，具体的净效应取决于不同颜色和不同特性的微塑料的相对含量和分布情况。某杂志发表的一篇环境学模型研究认为，大气微塑料或能通过反射阳光辐射对气候有微小的冷却效果，但是由于塑料持续在地球环境中累积，未来可能会出现更强的气候效应。这些发现是首次对大气微塑料的直接全球气候影响进行计算的结果。总的来说，研究发现这些微塑料主要在大气底层散射太阳辐射，表明这些微塑料可能会对地表气候产生微小的冷却效果。研究团队指出，因为目前数据依然不足，这一效应的确切程度尚存在不确定性。他们还发现，根据不同假设可知，微塑料的变暖效应会抵消一些冷却效应。

影响地表反照率：微塑料可通过大气沉降作用到达地面，进而改变地表的反照率。如果微塑料沉降在雪地、冰面等反射率较高的表面，可能会降低这些区域的反照率，使地表吸收更多的太阳辐射，加速冰雪融化。例如，在极地地区，微塑料的沉降可能会对冰川和积雪的融化产生促进作用，进而影响海平面上升和全球气候。

4.4.2　影响温室气体循环

吸附温室气体：微塑料具有较大的比表面积，能够吸附大气中的温室气体，如二氧化碳、甲烷等。这会在一定程度上改变这些温室气体在大气中的浓度和分布。被微塑料吸附的温室气体可能会随着微塑料的沉降或传输而发生转移，从而影响温室气体在不同圈层之间的循环和平衡。虽然微塑料吸附的温室气体量相对整个大气中的温室气体总量而言可能较小，但在长期的积累过程中，其对温室气体循环的影响不容忽视。

影响土壤碳循环：大气中的微塑料通过沉降进入土壤后，可能会影响土壤中的微生物活性和土壤有机碳的分解转化过程。一些研究表明，微塑料可能会改变土壤微生物群落结构，抑制某些分解有机碳的微生物活动，从而减缓土壤有机碳的分解，使更多的碳被固定在土壤中。然而，也有研究发现，微塑料可能会促进土壤中某些有机物质的矿化，从而释放出二氧化碳。因此，微塑料对土壤碳循环的影响较为复杂，其最终效应还需要更多的研究来确定，但无论哪种情况，都可能对全球碳循环和气候变化产生间接影响。

影响温室气体排放：微塑料在土壤环境中广泛存在，其通过改变土壤理化性质、微生物酶活性和基因功能等方式，影响微生物多样性和群落组成，进而影响土壤中温室气体排放。研究表明，微塑料的添加显著改变了土壤中 CO_2、N_2O 和 CH_4 的排放量。例如，可降解型微塑料聚乳酸和传统型微塑料聚丙烯均会促进土壤中 CH_4 的排放，而对 CO_2 排放则表现出抑制作用[6-7]。此外，微塑料的浓度和类型也会影响温室气体排放的具体效果。

4.4.3　参与云的形成

作为云凝结核：微塑料颗粒可以作为云凝结核，参与云的形成过程。与自然的云凝结核相比，微塑料的物理性质和化学性质可能会有所不同，这会影响云的微观结构和光学性质。例如，微塑料作为云凝结核可能会使云滴的大小和分布发生改变，导致云的反射率和辐射特性发生变化。如果云的反射率增加，会将更多的太阳辐射反射回太空，起到冷却地球的作用；反之，如果云的反射率降低，可能会使地球吸收更多的太阳辐射，导致气温升高。

影响云的寿命和降水效率：微塑料对云的影响还可能涉及云的寿命和降水效率。改变云滴的大小和分布可能会影响云的稳定性和降水形成过程。一些研究表明，微塑料参与形成的云可能具有不同的降水率，这会影响水分在地球表面的分布和循环，进而对气候产生间接影响。例如，如果降水率降低，可能会导致某些地区干旱加剧，而另一些地区则可能出现洪涝等极端天气事件，这些都与气候变化密切相关。

参考文献

[1] RILLIG M C. Microplastic disguising As soil carbon storage[J]. Environmental Science & Technology, 2018, 52(11): 6079-6080.

［2］HEGAN D, TONG L, HAN Z Q, et al. Determining time limits of continuous film mulching and examining residualeffects on cotton yield and soil properties［J］. Journal of Environmental Biology, 2015, 36(3): e677-e684.

［3］LIU H F, YANG X M, LIANG C T, et al. Interactive effects of microplastics and glyphosate on the dynamics of soil dissolved organic matter in a Chinese loess soil［J］. Catena, 2019, 182: 104177.

［4］BANDOW N, WILL V, WACHTENDORF V, et al. Contaminant release from aged microplastic［J］. Environmental Chemistry, 2017, 14(6): 394.

［5］BOOTS B, RUSSELL C W, GREEN D S. Effects of microplastics in soil ecosystems: Above and below ground［J］. Environmental Science & Technology, 2019, 53(19): 11496-11506.

[6]陈冠霖,王兰,唐景春.土壤微塑料对微生物及温室气体排放影响研究进展[J].生态与农村环境学报,2023,39(5):653-660.

[7]张之钰,武海涛,刘吉平,等.微塑料对稻田土壤温室气体排放和微生物群落的影响[J].生态学报,2024,44(10):4308-4318.

第5章 微塑料对人体的隐性威胁

澳大利亚纽卡斯尔大学的一项最新研究显示，塑料污染已侵入人类体内。微塑料对人体的隐性威胁不容小觑，其可通过呼吸、饮食等多种途径进入人体。在呼吸系统中，其可沉积于呼吸道和肺部，引发炎症甚至肺部疾病；在消化系统中，会干扰肠道代谢和菌群平衡；在内分泌系统中，会模拟或阻断激素作用，影响生殖和内分泌功能。更值得警惕的是，微塑料会吸附致癌物质及引发慢性炎症，还存在潜在的致癌风险。尽管相关研究尚在深入，但微塑料对人体健康的潜在危害已引发广泛关注，亟须重视与防控。

5.1 微塑料进入人体的途径

5.1.1 呼吸摄入

大气中存在一定量的微塑料颗粒，呼吸是微塑料进入人体的重要途径。这些微塑料主要来源于塑料的破碎、磨损，以及工业生产过程中产生的塑料微粒的排放。它们可以随着空气流动在大气中广泛传播。当人们呼吸时，这些微塑料颗粒会随着空气一同进入呼吸道，部分较小的颗粒能够深入肺部，甚至有可能穿过肺泡进入血液循环，进而分布到人体的各个器官。

5.1.2 饮食摄入

微塑料在各种食物中广泛存在，饮食是微塑料进入人体的主要途径之一。无论是自来水、瓶装水还是桶装水，都有可能含有微塑料。自来水在处理过程中可能无法完全去除微塑料，而瓶装水和桶装水在生产、包装和运输过程中也可能会引入微塑料，人们日常饮用这些水时，就会将微塑料摄入体内。微塑料在各类食物中都有被检测到，海鲜类食物是微塑料的主要来源之一。此外，肉类、蔬菜、水果等也可能含有微塑料。研究发现，每食用 100 g 牡蛎，人体将摄入 70 颗微塑料颗粒。全球人均每周摄入约 2 000 颗塑料颗粒，总重量约为 5 g，等同于一张信用卡所用的塑料。研究还显示，全球人均每周仅通过饮用水就会摄入 1 796 颗塑料颗粒，每年的总摄入量在 250 g 以上。不同地区和人群的微塑料摄入量有所差异，例如，马来西亚人均微塑料摄入量较多，平均每人每天要摄入 502.3 mg 微塑料，其中超过 50% 的摄入量来自鱼类。

5.1.3　皮肤接触

化妆品和个人护理产品。许多化妆品和个人护理产品中都含有微塑料颗粒，如一些磨砂膏、洗面奶、防晒霜等。在使用这些产品时，微塑料会直接接触皮肤。虽然皮肤具有一定的屏障功能，但一些细小的微塑料颗粒仍有可能通过皮肤的毛孔、汗腺等通道进入人体。长期使用含有微塑料的化妆品和个人护理产品，可能会导致微塑料在人体内积累。

塑料包装和塑料制品。人们在日常生活中经常会接触各种塑料包装和塑料制品，如塑料袋、塑料容器、塑料玩具等。当这些塑料制品与皮肤长时间接触时，尤其是在高温或摩擦的情况下，塑料中的微塑料可能会脱落并附着在皮肤上，进而通过皮肤被吸收进入人体。此外，人们穿着的合成纤维衣物在摩擦过程中会释放出微塑料纤维，这些纤维也可能通过皮肤接触进入人体。在运动或出汗时，衣物中的微塑料可能会更容易被皮肤吸收。

5.2　微塑料在人体各器官和组织中的分布和积累情况

随着研究的深入，科学家们发现微塑料已广泛分布于人体的各个器官和组织中。

5.2.1　胃肠道

胃肠道是微塑料进入人体后最先接触和停留的部位。2018 年，欧洲肠胃病学会首次报告，在人体粪便中检测到多达9种微塑料，这些微塑料直径在50 μm左右，这充分证明了微塑料会通过饮食到达人体的肠胃。胃肠道内的微塑料可能会影响消化系统的正常功能，例如，会改变肠道微生物群落结构。研究发现，小鼠经口摄入微塑料后，其肠道微生物的种群结构发生显著改变，潜在致病菌丰度增加，有益菌丰度降低。部分微塑料颗粒还可能会损伤肠道黏膜，影响肠道对营养物质的吸收。

5.2.2　肝脏和肾脏

肝脏作为人体重要的代谢器官，也未能幸免于微塑料的"入侵"。美国国立卫生研究院的研究分析了2016年和2024年美国新墨西哥州医学调查办公室提供的来自51名人体的尸检样本，这些样本包含肝脏、肾脏和大脑组织，结果发现，肝脏和肾脏中的微塑料浓度随着时间的推移而上升。肝脏中的微塑料可能会干扰肝脏的正常代谢功能，影响肝脏对毒素的解毒能力，进而对人体健康产生不利影响。

5.2.3　肺部

肺部直接与外界空气相通，是微塑料进入人体的重要靶器官之一。通过呼吸进入人体的微塑料颗粒，部分会沉积在肺部。1998年，*Cancer Epidemiol Biomarkers Prevention*上的一份研究报告通过对肺肿瘤患者的肺部和非肿瘤性肺组织的研究对比发现，人体肺部存在异质性纤维，深入研究后发现这些纤维是吸入的塑料纤维、纤维素，这表明微塑料会对肺部产生器质性损伤，成为肺部病变的诱发因素。中国医科大学公共卫生学院的研究指出，在肺癌患者的癌组织和邻近的肺组织标本中，病理检查可见纤维素和塑料微纤维。微塑料在肺部的积累可能会引发炎症反应，长期积累可能会导致肺部疾病，如哮喘、慢性阻塞性肺疾病等。此外，微塑料还可能会通过肺部的血液循环进入其他器官，进一步扩大其对人体的危害范围。

5.2.4　血液

2022年3月25日，环境科学顶级期刊*Environment International*上刊登的一项研究发现，通过对22名健康状况良好的参与者的身上静脉穿刺取得的全血样本进行研究、分析，发现有17名参与者的血液样本中出现了可量化的微塑料，检出率为77%，检测出的微塑料种类包括聚乙烯、聚苯乙烯、聚对苯二甲酸乙二醇酯等。这表明微塑料能够进入血液循环系统，并可能随着血液流动被输送到身体的各个部位。血液中的微塑料可能会对心血管系统产生影响。美国《新英格兰医学杂志》发表的研究表明，在接受颈动脉斑块切除手术的患者中，近 60% 的人主要动脉中有微米和纳米级的微塑料颗粒，且动脉中含有微塑料的人比没有微塑料的人出现心脏病、卒中或死亡的可能性高 4.5 倍。

5.2.5　大脑

美国国立卫生研究院的研究分析了 2016 年和 2024 年美国新墨西哥州医学调查办公室提供的来自 51 名个体的尸检样本，包含肝脏、肾脏和大脑组织，研究成果被发表在医学期刊《自然·医学》。研究表明，大脑可以累积比肝脏、肾脏更多的微塑料或纳米塑料。大脑中的微塑料/纳米塑料主要由聚乙烯组成，且从 2016 年至 2024 年，大脑中的微塑料/纳米塑料含量显著增加，2016 年样本的含量达到 3 345 μg/g，2024 年的样本含量已达到 4 917 μg/g。此外，痴呆症患者大脑组织中的微塑料含量比正常人高出 10 倍，尽管目前尚无法确定微塑料是否是导致痴呆的直接原因，但两者之间的关联不容忽视。大脑中的微塑料可能会增加炎症、神经紊乱，甚至是阿尔茨海默病或帕金森病等神经退行性疾病的风险。在心脏及其周围组织、循环系统中心等人体大多数解剖结构中也发现了微塑料，研究人员在接受心脏手术患者的组织中鉴定出 9 种微塑料，其中最常见的是聚对苯二甲酸乙二醇酯和聚氨酯。

5.2.6　胎盘

2020 年发表在《国际环境》期刊上的研究显示，在 6 位健康孕妇的胎盘中，有 4 个检测出 5～10 μm 大小的"微塑料颗粒"，这表明微塑料可以通过胎盘屏障，对胎儿的发育产生潜在影响。胎儿在母体内处于一个相对脆弱的发育阶段，微塑料的存在可能会干扰胎儿的正常生长和发育过程，增加胎儿发育异常的风险。

5.2.7　睾丸

研究人员在人体睾丸组织中也检测到微塑料，这可能会对男性生殖功能产生不良影响。微塑料可能会干扰睾丸的内分泌功能，影响精子的生成和质量，进而对生育能力造成损害。

5.2.8　骨骼

中国环境科学研究院环境基准与风险评估国家重点实验室联合国家骨科医学中心——首都医科大学附属北京积水潭医院的研究，首次在人体骨骼中检测到了微塑料。骨骼中主要存在聚丙烯纤维、聚乙烯、聚对苯二甲酸乙二醇酯等6种类型的微塑料。动物毒理学研究表明，微塑料暴露可能会干扰信号通路转导，影响骨形成和成骨细胞的分化。人体骨骼中微塑料的长期积累，可能会对骨骼健康产生潜在威胁，如影响骨骼的强度和韧性，增加骨折等疾病的发生风险。

5.2.9　骨骼肌

有研究在人体骨骼肌中也发现了微塑料。骨骼肌中主要的微塑料类型为聚环氧苯乙烯、聚乙烯和聚氨酯。由于骨骼肌中存在丰富的血管，血液中的微塑料可能会经血液循环到达肌肉。微塑料在骨骼肌中的积累，可能会干扰肌肉的正常生理功能，影响肌肉的收缩和舒张，导致肌肉疲劳、力量下降等问题。

5.3　微塑料对人体健康的潜在风险

微塑料对人体健康的潜在风险是多方面的，这可能会引起消化系统、内分泌系统等问题，导致炎症反应和细胞损伤等。

5.3.1　影响消化系统

微塑料进入人体消化系统后，会对胃肠道造成多方面的不良影响。由于微塑料颗粒的物理特性，它们可能会在胃肠道内滞留，难以被正常消化和排出。这种滞留会导致胃肠道蠕动受到阻碍，影响食物的正常传输和消化。研究表明，长期摄入微塑料可能会引发胃肠道炎症，炎症反应会破坏胃肠道黏膜的完整性，使其抵御病原体的能力下降，进而增加感染的风险。微塑料还可能会导致溃疡的形成，溃疡会引起疼痛、出血等症状，严重影响胃肠道的健康。

　　微塑料对肠道微生物群落的影响也不容忽视。肠道微生物群落在人体的消化、免疫和代谢等生理过程中发挥着关键作用。然而，微塑料的存在会破坏肠道微生物群落的平衡，改变其组成和功能。有研究发现，当小鼠摄入微塑料后，肠道内有益菌的数量明显减少，而有害菌的数量则有所增加。这种菌群失衡会影响人体对营养物质的吸收和代谢，导致消化不良、营养不良等问题。微塑料还可能会干扰肠道微生物群落对有害物质的代谢和解毒功能，使有害物质在体内积累，进一步损害人体健康。

　　除了直接会对胃肠道造成物理和生物影响外，微塑料还可能会通过吸附环境中的有害物质，如重金属、持久性有机污染物等，间接危害人体健康。这些有害物质在微塑料表面富集后，随着微塑料进入人体消化系统，会对胃肠道细胞产生毒性作用，损伤细胞的结构和功能。微塑料吸附的重金属可能会干扰细胞的正常代谢过程，导致细胞凋亡和坏死；持久性有机污染物则可能会干扰人体内分泌系统，影响激素的正常分泌和调节，进而引发一系列健康问题。

5.3.2　干扰内分泌

　　微塑料中含有的多种化学物质，如双酚 A（bisphenol A，BPA）、邻苯二甲酸酯（phthalates，PAEs）等，具有干扰内分泌的作用，这些物质能够模拟或干扰人体内分泌系统中激素的正常功能，对人体健康产生不良影响。

　　双酚 A 是一种广泛应用于塑料生产的化学物质，常见于聚碳酸酯塑料和环氧树脂中。研究表明，双酚 A 具有类似雌激素的作用，能够与雌激素受体结合，干扰人体内分泌系统的正常功能。人体长期暴露于双酚 A 环境中，可能会导致激素水平失衡，影响生殖系统的发育和功能。在动物实验中发现，双酚 A 会导致雄性动物生殖器官发育异常、精子数量减少、活力降低；对雌性动物来说，则可能会影响其卵巢功能，导致月经周期紊乱、生育能力下降。双酚 A 还与一些疾病的发生发展相关，如乳腺癌、前列腺癌、心血管疾病等。

　　邻苯二甲酸酯是一类常见的内分泌干扰物，常作为塑料的增塑剂，以增加塑料的柔韧性和可塑性。邻苯二甲酸酯会干扰人体内分泌系统中的多种信号通路，影响激素的合成、分泌和代谢。研究发现，邻苯二甲酸酯可能会导致甲状腺激素水平异常，影响人体的新陈代谢和生长发育。邻苯二甲酸酯还可能对生殖系统产生不良影响，导致男性精子质量下降、女性生殖器官发育异常等。一些研究还指出，人体长期暴露于邻苯二甲酸酯环境中，可能会增加儿童肥胖、性早熟等疾病的发生风险。

除了双酚 A 和邻苯二甲酸酯，微塑料中还可能含有其他内分泌干扰物，如多溴联苯醚（polybrominated diphenyl ethers，PBDEs）、壬基酚（nonylphenol，NP）等，这些物质同样会对人体内分泌系统产生干扰作用，从而危害人体健康。

5.3.3 其他健康风险

炎症反应是微塑料对人体健康的常见影响之一。微塑料进入人体后，可能会引发免疫反应，对免疫系统造成损害。当微塑料颗粒被免疫系统识别为外来异物时，免疫系统会启动免疫防御机制，释放炎症因子来对抗微塑料，从而引起局部或全身性的炎症反应。这种炎症反应如果持续存在，可能会对人体的组织和器官造成损害，增加患病风险。在动物实验中发现，暴露于微塑料的小鼠出现了肠道炎症和肝脏炎症等症状。

微塑料还可能对神经系统产生不良影响。微塑料颗粒极其微小，部分纳米级微塑料有可能会穿透血脑屏障，进入中枢神经系统。一旦进入大脑，微塑料可能会干扰神经细胞的正常功能，影响神经递质的合成、释放和传递，进而导致神经系统疾病。有研究通过动物实验发现，暴露于微塑料环境中的小鼠，出现了认知障碍、记忆力下降、行为异常等症状。这表明微塑料可能会对大脑的学习和记忆功能造成损害，影响人类的智力发育和神经系统健康。虽然目前关于微塑料对人类神经系统影响的研究还相对较少，但已有的研究结果足以引起人们对微塑料的高度重视。

细胞损伤是微塑料对人体健康的另一个潜在危害。微塑料的物理特性和化学组成可能会对细胞造成直接损伤。微塑料颗粒可以进入细胞内部，影响细胞的正常代谢和功能。它们还可能会破坏细胞膜的结构和完整性，导致细胞内物质泄漏，影响细胞的功能。微塑料在细胞内积累还可能会引发氧化应激反应，产生大量的活性氧，进一步损伤细胞的 DNA、蛋白质和脂质等生物大分子，导致细胞损伤和死亡。

第6章　微塑料的检测方法

6.1　环境中微塑料的采样方法

微塑料广泛存在于环境中，依其存在的环境介质类型主要可分为水体环境、土壤环境、大气环境等。不同介质提供的环境条件有很大差异，比如水体环境的水质条件、水文特征、水动力因素，土壤环境的土质类型、有机质含量，大气环境的风力因素与悬浮颗粒物含量等。微塑料的自身特性（材质、形状、粒径、颜色）在不同环境介质中会造成微塑料具有不同的存在形态。这就使得不同环境介质中微塑料样品的采法方法有很大不同。

6.1.1　水体环境中微塑料的采样方法

现有微塑料研究中，水体环境主要指的是河流、湖泊、沼泽、水库、海洋的表层水及其沉积物。水体环境中微塑料的采样点设置首先需要对水体周围环境进行详尽地分析，了解研究区域所处的自然环境和社会环境状况。一般可以参考《地表水环境质量监测技术规范》（HJ 91.2—2022）、《水质采样技术指导》（HJ 494—2009）、《海洋监测规范第3部分：样品采集、贮存与运输》（GB 17378.3—2007）等国家标准中推荐的布点原则。也可以根据研究目的，选择有代表性的地点进行采样。采样工作应广泛进行，以减少局部微塑料浓度对污染量评估产生的误差。对于杂质较少的表层水样，可以直接通过过滤来收集；而对于杂质较多的水样，则需要先通过较大孔径的筛网剔除大部分杂质，再进行过滤。

收集表层水中微塑料的方法主要分为滤网采集、抽滤采集和人工直接采集。其中，滤网采集依靠载具拖动或水体自然流动将微塑料富集至滤网上，反向冲洗后收集相对高浓度的微塑料的液体；抽滤采集是利用水泵（一般是特氟龙泵）抽取一定体积的表层水，然后通过不锈钢筛进行原位过滤；人工直接采集利用不锈钢采水器或者玻璃采水器直接收集表层水，将水样带回实验室进行后续分析。在实际应用中，选择哪种方法需要根据采样目标、研究区域、设备条件以及微塑料的粒径范围等因素进行综合考虑。此外，还需注意水体的水质条件和水动力因素，如悬浮颗粒物含量和流速等。

6.1.1.1 滤网采集

滤网采集是通过网具过滤水体来采集微塑料，同时使用流速计计算所过滤水体体积的方法。该方法包括拖网采集和浮游生物网采集两大类。此外，还有如冲浪桨式拖网采集等改进方式。

（1）拖网采集

拖网采集是最常用的方法，使用船只行驶拖曳网具过滤水体以达到富集微塑料的目的，易于操作，适用于大面积水域。拖网类型根据采样深度选择，例如表层拖网和深层拖网。拖网的网眼孔径大小会影响微塑料的采集效果，网眼孔径通常在 53 μm 到 3 mm 之间。拖网的网孔孔径越小，采集到的微塑料浓度可能会显著增加，但同时也可能会有网具堵塞风险。该方法的缺点是需要依靠船只对网具进行拖曳，成本较高，耗费时间较长，不适用于浅水区域，容易受到船只运行轨迹的影响。

（2）浮游生物网采集

该方法类似于海洋浮游生物采样的方法，常用于开放水域。浮游生物网形似幅鳍，易于使用，可静置在水中依靠水体自身的流动实现过滤，适合在不同水体环境中快速采样，尤其适合于大规模或长期监测项目。相比其他高级采样设备，浮游生物网的购置和维护成本相对较低。但浮游生物网的网眼孔径通常大于 300 μm，这使得较小的微塑料颗粒可能会通过网孔，导致采样不完全。在水流较快或者潮汐明显的区域，浮游生物网收集微塑料的效果并不理想，尤其是对纤维类微塑料的捕集效果很差。此外，水流会将很多杂质带入浮游生物网，导致网孔堵塞，进而影响后续水体的过滤。

该方法的优点是网具尺寸一般小于拖网，易于操作；由于孔径尺寸相对较小，微塑料粒径下限可至 100 μm，网具也可采集中等体积的水样。缺点是由于网目孔径较小，在采集的过程中网孔可能会被堵塞而影响采集。

（3）冲浪桨式拖网采集

该方法原理与拖网采集相似，但对网具进行了改进，使用人力冲浪作为动力，质量小，成本低，无燃料，对环境友好，适用于近岸水域，可依靠皮艇、帆船、划艇、风帆冲浪板等多种休闲水上运动拖曳网具进行采集。缺点是人力耗费较大，难以采集大范围的微塑料。

通过上述三种方法过滤采集水体后，反向冲洗网目，可将含有相对高浓度微塑料的水体收集至容器中，再转移至实验室进行后续分析。

6.1.1.2　抽滤采集

泵抽滤法能够加快水体中微塑料从环境水到筛网的传递速度，且自动化程度较高，从而显著提高收集效率。微型抽水泵外观小巧，便于携带；续航时间长，适合野外或现场采样；在条件允许的情况下，可将其固定在无人机上，实现远距离采样分析。但是，该方法的设备成本较高；且抽取的水量较小，难以对大规模水域进行采样；此外，由于抽水速度较快，可能会导致筛网堵塞，影响收集效果。

6.1.1.3　人工直接采集

该方法直接采集水样后，运输至实验室进行后续提取分析，易于操作；且易于获知所采集水样品的体积，对环境影响小；适用于面积较小且水流较慢的水体。缺点为采集的水样品的体积较小，且需要将水样品转移至实验室进行后续分析，运输过程所需人力较大。

在收集表层水样品时，可进行沉积物样品的采集。沉积物样品主要包括表层样品和柱状样品。沉积物样品的采集一般需要依靠船只，也可借助桥梁将采样装置放置于水底。收集的沉积物样品需转移到实验室，然后经过预处理才能获取其中的微塑料。

（1）表层沉积物样品的采集

表层沉积物样品通常选用抓斗式（掘式）采泥器（图6-1）或锥式采泥器进行采集。采样时，抓斗式采泥器需借助绞车沉降到选定的采样点上，采集较大量的混合样品。该方法能够评估所选定的采样地点的情况。

图6-1　抓斗式取样器

(2) 沉积物柱状样品采集

柱状样品主要用于不同深度沉积物中微塑料的相关研究，通常可利用活塞式柱状沉积物采样器（图6-2）收集。

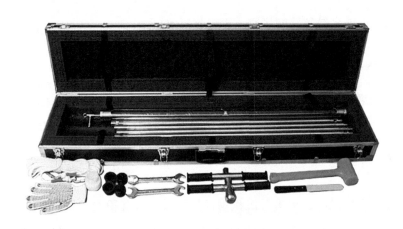

图6-2　活塞式柱状沉积物采样器

6.1.2　土壤中微塑料的采样方法

土壤中微塑料的采集是一个复杂且具有挑战性的过程，因为微塑料的尺寸小、种类多，且在土壤环境中分布不均。具体采样方法需根据研究需求、采样地点和样品特性等因素进行合理设计。首先，采集样品前，需要对采样区域进行详细的调查，并收集相关资料，了解包括土类、成土母质、土地利用类型演变、区域气候等在内的信息；然后根据收集的信息以及场地的面积进行布点。采样点布置可参考《农产品产地土壤环境监测质量控制技术规范》（NY/T 4691—2025）、《土壤检测 第1部分：土壤样品的采集、处理和贮存》（NY/T 1121.1—2006）、《土壤环境监测技术规范》（HJ/T 166—2004）等国标推荐方法执行。采样点数量和位置具有随机性和等量性，以保证样品的代表性。可以先采集少量样品进行分析测定，初步了解微塑料的空间分异性，为确定布点方式和具体要采集的样品数量提供依据。最后确定采样方案，实施现场采样。

根据研究目的，需要选择合适的采样工具。仅研究表层土壤（0～20 cm）中微塑料的污染状况时，可以选择铁锹或者铁铲进行采样。如果要了解深层土壤中微塑料的污染状况，则需要使用圆状取土钻或者螺旋取土钻采集深层土壤样品（图6-3）。此外，在采样时，还需要准备GPS定位仪、照相机、卷尺、铝箔袋、样品标签、采样记录表、铅笔等辅助用品。

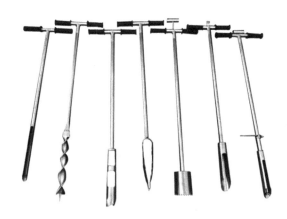

图6-3　采集深层土壤样品的土钻

采样时间最好选择在农作物收获后且农用地膜被回收之后，以及播种前。采样时间应避开土壤冻结期、大风和雨雪天等不利于采样的时期。如果需要对同一地点进行连续监测，应安排好采样间隔，以保证样品的代表性和连续性。

6.1.3　大气中微塑料的采样方法

一般将大气中的微塑料视为一种颗粒物，因此，大气中微塑料的采集通常会参考颗粒物的采集方法。大气中悬浮的微塑料需通过主动采样法收集，而大气微塑料沉降则需通过被动采样法收集。主动采样法的布点可以参照《环境空气质量监测点位布设技术规范（试行）》（HJ 664—2013）中"环境空气质量监测点位布设技术规范"执行。被动采样法的布点可以参照《环境空气-降尘的测定-重量法》（HJ 1221—2021）中推荐的方法执行。

（1）主动采样法

根据研究目的，设置大气颗粒物采样器的采样流速和采样时间，将空气吸入设备中（图6-4），微塑料被阻留在滤膜上。常见的滤膜材料包括玻璃纤维滤膜、石英纤维滤膜。采样完成后，密封滤膜并在低温下保存，以防止微塑料样品降解或被污染。主动采样法能够高效地采集大气中悬浮的微塑料，且移动性较强，所需时间较短；缺点是大气中的其他悬浮颗粒会被一同采集。

图6-4 主动式大气颗粒物采样器

（2）被动采样法

被动采样法是一种无需主动抽取空气，而依赖微塑料自然沉降的采样技术。将收集容器静置于环境中，一段时间后，收集沉降至容器中的微塑料，使用纯水冲洗容器内表面，收集含有微塑料的液体。目前，收集容器多为不锈钢和玻璃材质，且收集瓶需要采取避光措施，以避免微塑料的光降解。图6-5为作者自制的大气微塑料沉降被动收集装置，该装置在实际应用中对微塑料沉降具有较好的收集效果。该方法操作简便，能够实现对大气微塑料沉降进行长时间连续收集。但该方法对采样点周边环境要求较高，不能有人类和动物的干扰。此外，沉降样品需要手动收集，若采样点较多，人力成本较大。

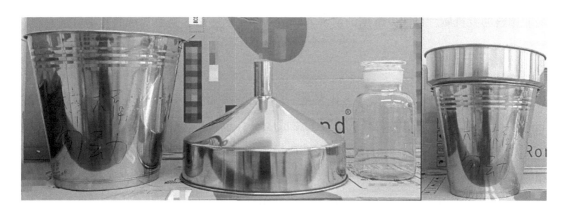

图6-5 大气微塑料被动采样设备

6.2 微塑料样品的预处理

从表层水、沉积物、土壤和大气环境中收集的微塑料样品往往含有大量不溶于水的杂质，这些杂质会干扰微塑料样品的鉴定。因此，必须对收集的微塑料环境样品进行预处理，以保证微塑料样品的纯度，便于后续检测。微塑料样品的预处理一般包括筛选、消解和分离，其中，消解和分离在实际操作中的先后次序需要根据样品的实际情况而定。

6.2.1 微塑料样品的筛选

在微塑料预处理过程中，筛选是一个重要的步骤，主要目的是尽可能剔除大块天然材料或人造物质，如树枝、树叶、贝壳或废物等。这个步骤通常仅使用一个孔径的筛子进行，公认的最大孔径为5 mm，也有些研究使用不同孔径的筛子进行筛选。这些步骤要求准确、全面，较为复杂，因此，人们更倾向于将筛选和密度分离技术结合起来，这在处理复杂固态物样品时会更准确和更全面。重要的是，尽量去除较大的材料，以确保检测结果的准确性和可靠性。

6.2.2　微塑料样品的消解方法

微塑料样品表面往往附着有各种非塑料的有机质。这些有机质的特征官能团会对微塑料材质的鉴定起到误导作用。所以，必须对微塑料环境样品进行消解，以去除其表面的非塑料的有机质。目前，常用的消解方法包括氧化消解法、酶解法和酸碱消解法。

（1）氧化消解法

在微塑料预处理技术中，过氧化氢是一种常用的氧化消解剂。它可以单独使用（湿式过氧化物氧化法），其浓度一般为 30% 或 35%；也可以与催化剂（Fe^{2+}）联合组成 Fenton 试剂，以提高氧化反应的速率。有研究发现，Fenton 试剂能够去除微塑料表面的植物样品，而且除醋酸纤维素树脂外，大多数微塑料在消解处理后没有变化[1]。但也有研究发现，尼龙和低密度聚乙烯在 Fenton 试剂中被氧化，导致表面老化。因此，实际操作中需注意 Fenton 试剂中过氧化氢和催化剂的配比，以控制其氧化效果。

（2）酶消解法

酶消解法是一种相对破坏性较小的样品处理方法，可以作为湿式过氧化物氧化法的一种替代方法。然而，对于含有多种不同类型有机物质的样品（如纤维素、甲壳素、蛋白质和脂质），酶消解可能会消耗大量的时间[2]。因此，在提取微塑料的过程中，通常会结合使用氧化消解法和酶消解方法。一些研究表明，生物来源的材料可以通过脂肪酶、蛋白酶、淀粉酶、甲壳素酶和纤维素酶的作用与过氧化氢一起分解。例如，越南西贡河的微塑料研究显示，蛋白酶、淀粉酶和脂肪酶可与过氧化氢一起使用。在另一项研究中，来自丹麦的城市和高速公路雨水截留池的样品加入 50% 过氧化氢，在过滤器上湿氧化 2 天，然后通过酶消解进行消解。此外，德国瓦尔诺河河口的一些沉积物样本也被进行了酶处理，根据生物或硅酸盐碎屑的程度进行消解[3]。在丹麦维堡市雨水池样品的提取方案中，先使用纤维素酶酶解，然后用 Fenton 试剂氧化[4]。总之，酶消解可以作为一种有效的处理方法，但需要根据样品的特性和研究目的选择合适的处理方式。

（3）酸碱消解法

酸消解是一种快速的方法，可以通过使用硝酸和盐酸的混合物或过氧化氢和硫酸的混合物来分解微塑料表面的有机物质。然而，对于某些材料，如聚苯乙烯和聚碳酸酯等，它们会被这些酸分解，因此，酸消解不适用于这些材料。相比之下，碱消解对大多数微塑料造成的损害较小，但对于醋酸纤维素树脂会造成损害[2]。氢氧化钾是一种常用的碱性消解剂，特别是可用于消解生物组织。利用氢氧化钠消解微塑料表面的蛋白质也取得了较好的效果[5]。

表6-1为常用的消解方法的优缺点。

表6-1　常用的消解方法的优缺点

消解方法	定义	消化剂	适用样本	消解效果	优点	缺点
酸消解法	利用强酸或氧化性酸消解样品中有机杂质的方法。	常用的酸有 HNO_3，$HClO_4$ 和 HNO_3 的混合酸，对可溶于酸性溶液的无机盐杂质，可采用相对温和的弱酸消解。有学者采集北极格陵兰岛的沉积物中的微塑料时，使用 10% 的醋酸溶液可基本消解样品中的贝壳类杂质，可满足实验需要。	废水	各种各样的纤维会被去除。	消解完全、回收率高。	强酸会使聚酯类微塑料发生分解，改变微塑料的外观和组成，不利于收集酸性环境中易分解的微塑料。
碱消解法	在规定的温度和时间内，将样品在 Na_2CO_3/NaOH 溶液中进行消解。	常用的碱有 Na_2CO_3/NaOH 溶液。有学者检测小麦中的微塑料时，使用 10%KOH 溶液消解样品基质，并考察了 PE、PP、PA6、PS 这 4 种塑料颗粒在消解液中的耐受性，结果表明消解液对微塑料影响较小，并可以基本消解样品基质。	贝类	去除纤维以外的杂质，可以水解蛋白质和脂肪等有机物，也可沉淀弱碱盐。	碱消解比酸消解温和，对微塑料影响较小。	会引起某些微塑料变色，且耗时长，实际应用中该方法使用较少。

续表6-1

消解方法	定义	消化剂	适用样本	消解效果	优点	缺点
氧化消解法	在强氧化性介质中消解样品中有机质的方法。	30%或35%的H_2O_2溶液加热消解样品。不少学者在H_2O_2溶液中添加其他物质来提高消解效率或者改善消解效果,出现了芬顿(Fenton)试剂等消解方法。	沉积物、大气沉降物	大多数有机杂质经过筛选后除去。	试剂简单易得,消解效果好。	消解时间较长,效率较低。
酶消解法	指利用生物酶对样品中的有机质、藻类等物质进行消解的方法。	常用的酶有蛋白酶、纤维素酶、脂肪酶等。	海藻	纤维素和蛋白质基本溶解。	酶的作用条件温和,回收率高;酶解法对微塑料结构影响小且对环境友好;适合多数样品的消解。	酶消解法对消解温度和pH要求苛刻,只有在合适的条件下才能有较好的消解效果。另外,酶成本高、不易回收。

不同消解方法联合使用的尝试一直在进行,并取得了很好的效果。例如,Fenton试剂和氢氧化钠联用对路面雨水径流中的微塑料进行消解;用Fenton试剂和10%次氯酸钠溶液初步消解,再用硝酸消解鱼类肠道中的微塑料样品;用盐酸和氢氧化钠先后消解沉积物中的微塑料样品。但是,硝酸、氢氧化钠和过氧化氢也可能导致微塑料荧光性丧失,不利于后续的鉴定和表征。

6.2.3　微塑料样品的分离方法

目前,最常用的环境微塑料分离方法为密度浮选法。除此之外,现有研究中也利用油脂提取法、泡沫浮选法、磁密度分离法、加压流体萃取法来分离环境样品中的微塑料。

（1）密度浮选法

在绝大多数关于微塑料的研究中,微塑料分离都是将液体中的微塑料提取到滤膜上。

其中，最常用的方法就是密度浮选法。密度浮选法基于微塑料与饱和盐溶液的密度差异，将微塑料环境样品置于饱和盐溶液中，再把浮于溶液表层的微塑料经抽滤富集到滤膜上。因此，选取密度在 1.20 g·cm⁻³ 以上的盐溶液就可以浮选出大多数种类的微塑料。一些常用的盐及其饱和溶液的密度如表6-2所示。

一些学者报道了使用纯水通过密度分离获取聚苯乙烯、聚乙烯和聚丙烯的方法[6]。然而，这种分离方法似乎对密度较高的聚合物的分离效果不太好。研究一直建议，应使用氯化钠来测定沉积物样品中微塑料的密度，因为氯化钠适用于分离聚乙烯、聚丙烯和泡沫聚苯乙烯等。氯化钠比其他盐有优势，因为它经济实惠，容易获得，而且对环境的负面影响较小。然而，使用氯化钠溶液对密度较大的微塑料进行分离，效果并不理想。虽然碘化钠和氯化锌的饱和溶液对微塑料的分离效率明显高于氯化钠的饱和溶液，但这两种盐的价格昂贵，在处理大量样品时，其成本过高。此外，浮选溶液的密度过高也会使样品中非塑料成分被浮选，从而降低微塑料的分离效率。因此，氯化钠是目前微塑料分离最常用的盐。

（2）油脂提取法

此法利用微塑料具有亲脂性表面的特性，将土壤或沉积物样品、油、水混合，剧烈振荡直至三相分离，使微塑料从土壤或沉积物中转移到油层中，所使用的油可选取菜籽油或蓖麻油等，操作简单，价格低廉。缺点是需要额外的步骤来消解微塑料表面的有机质。

（3）泡沫浮选法

此法利用微塑料具有疏水性表面的特性，在土壤或沉积物样品中加入纯水，注入空气后，气泡在疏水性较强的颗粒上附着，将其运输带离疏水性弱的基质。该方法取决于颗粒的密度和疏水性，大多用于工业回收。缺点是平均效率较低，不同聚合物的分离效率差异较大。

（4）磁密度分离法

此法使用含有胶态铁磁颗粒的液体依据磁场形成垂直密度梯度，液体底部的密度高，顶部的密度低，从而将不同密度的微塑料对应分离至不同的密度层。该方法可用于分离不同种类的聚合物，分离精度取决于流体湍流度和磁场的不均匀性。缺点为成本较高，如果有气泡进入，则会严重影响提取精度。

（5）加压流体萃取法

此法是在亚临界温度和压力条件下，从固体中分离出半挥发性有机物[7]。这种方法可从土壤中分离出粒径小于 30 μm 的塑料制品，适用于分离聚乙烯、聚丙烯、聚氯乙烯等不同类型的微塑料。

表6-2 常见的微塑料及其密度

序号	微塑料材质	缩写	密度（g·cm⁻³）
1	丙烯腈-丁二烯-苯乙烯	ABS	1.04～1.06
2	乙烯醋酸乙烯酯	EVA	0.92～0.95
3	聚酰胺	PA	1.02～1.16
4	聚碳酸酯	PC	1.20～1.22
5	聚乙烯	PE	0.89～0.98
6	聚酯	PES/PEST	1.24～2.30
7	聚对苯二甲酸乙二醇酯	PET	0.96～1.45
8	聚丙烯	PP	0.83～0.92
9	聚苯乙烯	PS	1.04～1.10
10	聚氨酯	PU/PUR	1.20
11	聚氯乙烯	PVC	1.16～1.58

表6-3为常用于微塑料浮选的饱和盐溶液密度及其溶质成分。

表6-3 常用于微塑料浮选的饱和盐溶液密度及其溶质成分

序号	溶质成分	化学式	密度（g·cm⁻³）	优点	缺点
1	氯化钠	NaCl	1.20	易于获得，价格实惠；对环境产生负面影响的可能性低。	分离高密度微塑料（例如，聚氯乙烯或聚对苯二甲酸乙二醇酯）的效率低。
2	碘化钠	NaI	1.60～1.80	高效率，可分离低密度和高密度微塑料颗粒。	与氯化钠和氯化锌相比，对环境的负面影响更大；价格昂贵。
3	氯化锌	ZnCl₂	1.58～1.80	效率高，可分离低密度和高密度微塑料颗粒；价格合适。	对环境有负面影响；与氯化钠相比，价格更贵。
4	氯化钙	CaCl₂	1.30～1.35	密度较大，几乎可提取所有微塑料种类。	缺点为钙离子与有机分子的负电荷形成桥联，易于将有机杂质一并分离。

6.3　环境中微塑料的鉴定和表征方法

经过采集、消解、分离等步骤后，从各环境介质中分离出的潜在微塑料样品，需在形貌、数量、组成、理化性质等方面做进一步表征。

6.3.1　微塑料成分的鉴定方法

6.3.1.1　傅里叶变换红外光谱法

傅里叶变换红外光谱（fourier transformation infrared spectrometer，FTIR）法被广泛用于微塑料的分析和鉴定中。在FTIR分析中，样品用一定波长范围的红外光照射，通过检测该波长范围内的红外光吸收，进而推断样品分子中所包含的各类官能团和化学键。通过将所获得的待测样品的红外光谱图与标准样品的光谱图进行比较，不仅可以判断该样品是否为微塑料，而且可以识别该塑料的化学组成。测试前，首先在20～80倍放大倍数的明视场显微镜下，对样品进行观察，选出疑似微塑料的样品供FTIR分析。因为水强烈吸收红外辐射，所以在使用FTIR之前，必须对微塑料颗粒进行干燥。在分析之前，用乙醇和无绒布清洁检测系统。

当前用于微塑料检测的FTIR仪如图6-6所示。FTIR分析主要包括衰减全反射（attenuated total reflection，ATR）模式和焦平面阵列（focal plane array，FPA）模式。

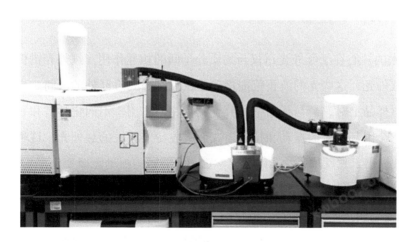

图6-6　用于微塑料检测的FTIR仪

ATR-FTIR 常被用于检测尺寸大于 500 μm 的微塑料。ATR-FTIR 仪器含有金刚石晶体板和压力钳，待测样品由压力钳固定于金刚石晶体板上。仪器以单反射模式工作，频率为 5 kHz，以一定的分辨率进行扫描（如 2、4、6 cm⁻¹ 等），红外波长扫描范围通常为 450～4 000 cm⁻¹。在每次测量之前，使用相同的设置对空气进行背景测量，记录背景光谱。识别样品得到 FTIR 光谱，使用光谱学软件（如 OPUS 软件）处理和评估所有光谱。以标准品的红外光谱作为微塑料的聚合物类型鉴定的参考光谱，通过将所得微塑料的光谱和聚合物光谱库中的已知标准光谱进行比较，确定目标微塑料的聚合物类型。其优点是对样品的厚度和透明度要求不高，并且可以检测表面不规则的微塑料样品。但是，在检测过程中 ATR-FTIR 探针会与样品表面紧密接触，因此，对于风化严重、易碎、尺寸较小的样品，会造成粘连或将样品带出滤纸，最终导致检测失败。对于尺寸在 10～500 μm 的微塑料，可通过基于 FPA 模式的 FTIR 进行检测，其中 μ-FTIR（显微傅里叶变换红外光谱）最具有代表性。μ-FTIR 由 FTIR 仪和光学显微镜组成，通过探针和镜头的切换，在判断样品化学成分的同时可以对样品的形貌等表观特征加以记录。在待测滤纸上，利用 μ-FTIR 可随机检测多个采样单位面积（平方毫米量级）。通常是在 700～4 000 cm⁻¹ 波长范围内，以一定的分辨率采集 μ-FTIR 光谱。此外，背景光谱是在镀银显微镜载玻片上获得的。通过比较所得微塑料样品光谱与标准聚合物光谱，可以确定样品中微塑料的聚合物类型。μ-FTIR 由于其无损性、对样品制备的要求很低，以及能够检测厚且不透明材料的红外吸收光谱，在现阶段被认为是检测微塑料的理想方法。需要注意的是，尽管 μ-FTIR 的检测下限为 10 μm，但是对于尺寸在 50 μm 以下的样品需要多次重复检测以获得较为清晰的光谱图。因此，μ-FTIR 较为耗时，需要较长时间才能完成对滤纸上全部待测样品的检测。

（1）原理基础

FTIR 技术的核心在于红外光谱仪与物质分子间的相互作用。红外光谱仪能够发射出一束连续的红外光，这些光的波长范围覆盖了从远红外到近红外的区间。当这些红外光照射到微塑料样品上时，会与样品中的分子发生相互作用。不同化学键和官能团在红外光的照射下，会因其特定的振动和拉伸模式而吸收特定波长的红外光。这种吸收特性被称为红外吸收光谱，它反映了物质内部化学键和官能团的振动能级变化。

FTIR 光谱仪通过测量样品对不同波长红外光的吸收情况，可以绘制出一张 FTIR 光谱图。这张光谱图上的每一个吸收峰都对应着样品中某种化学键或官能团的特定振动模式，因此，其也被称为微塑料的"化学指纹"。通过比对和分析这些"化学指纹"，我们可以推断出微塑料的化学成分和结构信息。

（2）操作步骤

FTIR技术的操作步骤主要包括样品预处理、光谱测量和数据分析三个环节。

1）样品预处理

样品预处理是FTIR技术应用于微塑料研究的第一步，也是最为关键的步骤。微塑料在环境中通常以不同的形态存在，如颗粒、薄膜、纤维等，且往往含有各种杂质或污染物，因此，在光谱测量之前，必须对样品进行系统的预处理，以提高测量的准确性和可靠性。

①研磨成粉末

研磨成粉末是常用的预处理方法之一，适用于大多数微塑料样品。将微塑料样品研磨成细小的粉末，可以使其均匀分散在载体上，从而增加红外光的照射面积，提高吸收效率。研磨过程中，需要使用洁净的研磨工具和容器，以避免样品受到污染。同时，研磨后的粉末须经过筛选，以确保粒度均匀，从而获得一致的光谱信号。

②溶解在特定溶剂中

对于某些可溶性微塑料样品，如聚乙烯醇（polyvinyl alcohol，PVA）、聚乙二醇（polyethylene glycol，PEG）等，可以通过溶解在特定溶剂中进行预处理。这种方法可以通过调整溶液的浓度和均匀性，进一步提高测量精度。选择合适的溶剂是关键，需要确保溶剂本身对红外光无吸收或吸收较弱，以免干扰测量结果。此外，溶解过程需在严格控制温度、搅拌速度等条件下进行，以确保溶解完全且均匀。

③制成薄膜

对于薄膜状微塑料样品，可以直接将其制成薄膜后进行测量。这种方法简化了预处理步骤，但需要注意的是，薄膜的厚度应均匀一致，以确保红外光能够均匀地穿透样品，获得准确的光谱信息。在制备薄膜时，可采用刮刀法、旋涂法等工艺，以确保薄膜的平整度和均匀性。

④特殊样品的预处理

对于某些特殊类型的微塑料样品，如含有荧光物质或吸光物质的样品，常规的预处理方法可能不适用。此时，需要采用特殊的预处理方法，如添加猝灭剂或遮光剂等，以消除或减弱这些物质对红外光吸收的干扰。猝灭剂的作用是通过与荧光物质发生相互作用，降低其荧光强度，从而减少对红外光谱的干扰。遮光剂则用于遮挡吸光物质对红外光的吸收，使光谱信号更加清晰。

在预处理过程中，还需要注意避免样品受到污染或变质。这包括使用洁净的实验器材、控制实验环境（如温度、湿度等），以及及时密封保存处理后的样品等措施。任何形式的污染或变质都可能会影响测量结果，导致数据不准确或得出误导性的结论。

2）光谱测量

光谱测量是FTIR技术的核心环节，通过测量微塑料样品对不同波长红外光的吸收情况，可以揭示其化学结构和组成信息。在进行光谱测量之前，需要确保红外光谱仪已经被正确校准和调试，以确保测量结果的准确性和可靠性。

①仪器校准与调试

仪器校准是光谱测量的基础。红外光谱仪的校准包括标准波长样品和确定灵敏度的光谱校准两个方面。响应波长灵敏度校准的目的是确保光谱仪测量的波长与标准值一致，避免仪器误差导致的测量偏差。灵敏度校准则是通过测量已知样品进行定量分析。

调试过程包括检查光源、扫描机构、检测器等部件的工作状态，以确保它们处于最佳工作状态。此外，还需检查光谱仪的基线稳定性，以确保测量过程中基线漂移的影响最小化。

②测量过程与参数设置

测量时，将预处理后的微塑料样品置于红外光谱仪的样品室中，然后启动光谱仪进行测量。光谱仪会发射出一束连续的红外光，并通过扫描机构对样品进行扫描。扫描过程中，光谱仪会记录样品对不同波长红外光的吸收情况，并绘制出FTIR光谱图。

测量过程中需要注意的参数包括扫描速度、分辨率、扫描次数等。扫描速度决定了测量的时间长度，通常需要根据样品的复杂程度和测量要求来确定。较快的扫描速度可以缩短测量时间，但可能会丢失部分光谱信息；较慢的扫描速度则可以获得更精细的光谱图，但测量时间较长。因此，在选择扫描速度时，需要权衡测量时间和光谱信息的精度。

分辨率决定了光谱图的精细程度，即能够分辨出的最小吸收峰的宽度。较高的分辨率可以获得更精细的光谱图，有助于识别更复杂的化学结构；但也会增加测量时间和数据处理难度。因此，在选择分辨率时，需要根据样品的特性和研究目的进行综合考虑。

扫描次数则决定了测量的重复性和稳定性。由于仪器噪声和样品不均匀性等因素的影响，单次扫描的结果可能存在一定的波动性和不确定性。因此，通常需要进行多次扫描并取平均值以提高测量的精度和稳定性。扫描次数的选择应根据样品的特性和测量要求来确定。

③数据处理与分析

测量完成后，需要对获得的光谱数据进行处理和分析。这包括基线校正、平滑处理、峰识别与归属等。基线校正的目的是消除基线漂移对光谱信号的影响；平滑处理则可以减少噪声干扰，提高光谱信号的信噪比；峰识别与归属则是通过比对标准光谱库或参考文献，以确定样品中存在的化学结构和组成信息。

在处理和分析过程中，还需注意数据的准确性和可靠性。这包括使用合适的数学方法和统计工具对数据进行处理和分析，以及及时记录和保存实验数据，以便后续复核和验证。

3）数据分析

数据分析是FTIR技术的最后一个环节。通过对FTIR光谱图进行分析和比对，可以确定微塑料的类型和化学成分。数据分析的方法包括定性分析和定量分析两种。

定性分析是通过比对FTIR光谱图与参考库中的光谱图来进行的。参考库中包含了各种类型的微塑料的FTIR光谱图及其对应的化学成分和结构信息。通过将待测样品的FTIR光谱图与参考库中的光谱图进行比对，可以确定待测样品的类型和化学成分。这种方法具有快速、准确、可靠等特点，适用于大多数微塑料样品的检测和分析。

定量分析则是通过测量FTIR光谱图中特定吸收峰的强度来进行的。不同化学键或官能团在红外光下的吸收强度与其在样品中的浓度呈正比关系。因此，通过测量特定吸收峰的强度，可以推测出样品中某种化学键或官能团的浓度或含量。这种方法需要建立相应的数学模型和校准曲线，并进行误差校正和数据处理。

(3) 优势分析

1）提供丰富的化学信息

FTIR技术能够提供丰富的化学信息，包括微塑料中的化学键类型、官能团种类、分子结构等。这些信息对于微塑料的识别和分类具有重要意义。通过比对和分析FTIR光谱图，我们可以快速、准确地确定微塑料的类型和化学成分，为后续的研究和处理提供有力支持。

2）操作简便

FTIR技术的操作相对简便，不需要复杂的样品处理和分离步骤。只需将微塑料样品进行简单的预处理后，即可置于红外光谱仪中进行测量。此外，FTIR光谱仪的操作界面友好，易于学习和掌握。这使得FTIR技术成为微塑料检测领域中一种常用的方法。

3）灵敏度高

FTIR 技术具有较高的灵敏度，能够检测到微塑料样品中的微量成分或杂质。这对于微塑料的纯度检测和质量控制具有重要意义。通过 FTIR 技术，我们可以及时发现并处理微塑料样品中的异常成分或杂质，从而确保后续研究和应用的准确性和可靠性。

4）适用范围广

FTIR 技术可适用于各种类型、形态和尺寸的微塑料样品。无论是颗粒状、薄膜状还是纤维状的微塑料样品，都可以通过 FTIR 技术进行准确检测和分析。此外，FTIR 技术还可用于检测不同类型的微塑料混合物，如聚乙烯、聚丙烯、聚氯乙烯等，这使得 FTIR 技术在微塑料检测领域具有广泛的应用前景。

（4）局限性探讨

1）复杂化学键或官能团的解析困难

对于某些含有复杂化学键或官能团的微塑料样品，其 FTIR 光谱图可能较为复杂，难以被准确解析。这些复杂化学键或官能团在红外光下的振动模式可能会相互重叠或干扰，导致光谱图中的吸收峰难以被分辨和识别。这使得 FTIR 技术在某些特定类型的微塑料检测中可能存在一定的局限性。

2）测量时间较长

FTIR 技术的测量过程可能需要较长的时间，尤其是对于复杂样品或需要高精度测量的样品。这可能是光谱仪的扫描速度较慢或需要多次扫描以提高测量的重复性和稳定性，耗时较长所致。较长的测量时间可能会限制 FTIR 技术在某些快速检测或实时监测场景中的应用。

3）对微量或痕量微塑料的检测不够灵敏

虽然 FTIR 技术具有较高的灵敏度，但对于微量或痕量微塑料的检测可能不够灵敏。这可能是微塑料样品在红外光下的吸收强度较弱或受到背景噪声的干扰所致。为了提高 FTIR 技术对微量或痕量微塑料的检测灵敏度，可能需要采用更加先进的检测技术或方法，如表面增强拉曼散射（surface-enhanced raman scattering，SERS）等。

4）光谱仪的维护和校准需求高

FTIR 光谱仪的维护和校准是一项需要专业技能的工作。光谱仪的精度和稳定性对于测量结果的准确性和可靠性至关重要。因此，定期对光谱仪进行维护和校准是必要的。然而，这可能需要专业的技术人员和昂贵的设备支持，从而会增加 FTIR 技术的使用成本和维护难度。

（5）应用前景

1）环境监测

FTIR技术可以用于监测环境中的微塑料污染情况。通过采集环境样品（如水体、土壤、沉积物等）并提取其中的微塑料成分，然后利用FTIR技术进行检测和分析，可以了解环境中微塑料的种类、数量、分布等信息。这对于评估微塑料对生态环境和人类健康的影响具有重要意义。

2）产品质量控制

FTIR技术可以用于微塑料产品的质量控制。在生产过程中，可以利用FTIR技术对原材料和成品进行快速检测和分析，以确保其符合相应的标准和要求。

3）科学研究

FTIR技术还可以用于微塑料的科学研究。通过研究微塑料的化学结构、物理性质、生物降解性等，可以深入了解微塑料在环境中的迁移、转化和归宿等过程，这有助于为微塑料的污染控制和治理提供科学依据和技术支持。

（6）发展趋势

1）技术创新与升级

随着科技的不断发展，FTIR技术也在不断创新和升级。例如，近年来出现的便携式FTIR光谱仪和在线FTIR检测系统等技术，使得FTIR技术在现场检测和实时监测方面得到了广泛应用。未来，随着技术的不断进步和创新，FTIR技术将会更加便捷、高效和智能化。

2）与其他技术的结合

FTIR技术可以与其他技术相结合，以提高其检测能力并扩大应用范围。例如，将FTIR技术与显微镜技术相结合，可以实现对微塑料的微观形态和化学成分的同步检测和分析；将FTIR技术与机器学习算法相结合，可以实现对微塑料的快速识别和分类。这些结合将使得FTIR技术在微塑料检测领域具有更加广泛的应用前景。

3）标准化与规范化

随着FTIR技术在微塑料检测领域的广泛应用和发展，其标准化和规范化也变得越来越重要。通过建立相应的标准和规范体系，可以确保FTIR技术的准确性和可靠性，同时也有助于推动其在微塑料检测领域中的进一步发展和应用。

综上所述，FTIR技术在微塑料检测领域具有显著的优势和广泛的应用前景。虽然其存在一些局限性，但随着技术的不断创新和升级，以及与其他技术的结合应用，FTIR 技术在未来将发挥更加重要的作用。同时，也需要加强对其标准化和规范化的建设和管理，以确保其在微塑料检测领域的准确性和可靠性。

6.3.1.2　拉曼光谱法

拉曼光谱（raman spectrum）法是一种基于散射光谱的微塑料检测技术，它利用激光与物质分子间的相互作用，通过测量微塑料的分子振动信息来确定其种类和分布情况。拉曼光谱法通过将激光照射在待测样品表面，检测待测样品中分子和原子散射光的振动频率和强度，依据所产生的特征谱图，判断样品的化学组成。应用拉曼光谱法的前提条件是有化学键极化率的变化，因此，该技术适用于具有芳香键、C-H 和 C=C 双键的化合物。在微塑料的检测中，将所得样品的拉曼光谱与参考光谱进行比较，可以实现微塑料的鉴定。与 FTIR 相比，拉曼光谱具有更高的空间分辨率（拉曼光谱的分辨率<1 μm，而FTIR 分辨率>10 μm），因此，在检测较小尺寸的微塑料时更具优势。此外，拉曼光谱具有更宽的光谱覆盖范围，对非极性官能团的灵敏度更高，具有更低的水干扰和更窄的光谱带。其不足在于，拉曼光谱容易受到荧光物质（如染料、添加剂、生物样品等）的干扰，具有固有的低信噪比，并且使用激光作为光源，在检测过程中会导致样品被加热，进而促使待测样品的分解。μ-拉曼光谱（显微拉曼光谱）是最常应用于微塑料检测的仪器。与 μ-FTIR 相似，μ-拉曼光谱结合了拉曼光谱测试和显微成像技术。在检测中，为了避免和降低激光照射对样品的破坏，通常将激光光源设置在5～40 mW，尽量缩短检测时间，同时记录200～2 000 cm^{-1}波长的散射光强。

（1）原理基础

拉曼光谱法的核心在于拉曼散射效应，这是一种光与物质分子相互作用的结果。当一束单色激光照射到物质表面时，大部分光子会被物质吸收或反射，但有一部分光子会与物质分子发生非弹性碰撞，导致光子的能量和方向发生变化，这种现象被称为拉曼散射。拉曼散射光的频率与入射光的频率不同，其差值反映了物质分子的振动能级变化，这种频率变化的差值被称为拉曼位移。

拉曼光谱仪通过测量拉曼散射光的频率变化，可以绘制出一张拉曼光谱图。这张光谱图上的每一个拉曼位移都对应着物质中某种化学键或官能团的特定振动模式，因此，也被称为微塑料的"分子振动指纹"。通过比对和分析这些"分子振动指纹"，我们可以推断出微塑料的化学成分和结构信息。

拉曼光谱法的优势在于，其能够提供高分辨率的分子振动信息，这对于微塑料的识别和分类具有重要意义。不同的化学键和官能团在激光激发下具有特定的分子振动模式，因此，拉曼光谱图能够准确地反映微塑料内部的化学键和官能团信息，从而实现对其种类和分布情况的精确检测。

（2）操作步骤

拉曼光谱法的操作步骤主要包括样品准备、光谱测量和数据分析三个环节。

1）样品准备

①研磨成粉末

研磨成粉末是微塑料样品预处理中最常用的方法。通过将微塑料样品研磨成细小的粉末，可以使其均匀分散在载体上，从而增加激光的照射面积，提高散射光的采集效率。研磨过程中，应使用洁净的研磨工具和容器，以避免样品受到污染。同时，研磨后的粉末需经过筛分，以确保粒度均匀，从而获得一致的光谱信号。此外，对于某些硬度较高的微塑料样品，可能需要采用特殊的研磨方法，如冷冻研磨或超声波研磨，以提高研磨效率和保证样品的均匀性。

②溶解在特定溶剂中

对于某些可溶性微塑料样品，如聚乙烯醇、聚乙二醇等，可以通过溶解在特定溶剂中进行预处理。这种方法可以通过调整溶液的浓度和均匀性，进一步提高测量精度。选择合适的溶剂是关键，需要确保溶剂本身对拉曼光谱无干扰或干扰较小，以免掩盖或干扰微塑料的拉曼散射信号。此外，溶解过程需在严格控制温度、搅拌速度等条件下进行，以确保溶解完全且均匀。溶解后，还需通过适当的方法（如滴涂、旋涂等）将溶液制成薄膜或涂层，以便进行光谱测量。

③制成薄膜

对于薄膜状微塑料样品，可以直接将其制成薄膜后进行测量。这种方法简化了预处理步骤，但需要注意的是，薄膜的厚度应均匀一致，以确保激光能够均匀穿透样品，从而获得准确的光谱信息。在制备薄膜时，可采用刮刀法、旋涂法等工艺，以确保薄膜的平整性和均匀性。同时，还需注意避免薄膜在制备过程中受到污染或变质，影响测量结果。

④特殊样品的预处理

对于某些特殊类型的微塑料样品，如含有荧光物质或吸光物质的样品，常规的预处理方法可能不适用。此时，需要采用特殊的预处理方法，以减小荧光干扰和吸光效应对测量结果的影响。例如，对于含有荧光物质的样品，可以添加猝灭剂来抑制荧光发射；对于吸光性较强的样品，可以采用遮光剂或调整激光波长等方法来减少吸光效应。此外，对于某些易氧化的微塑料样品，还需在预处理过程中加入抗氧化剂或采用惰性气体保护等措施，以防止样品在预处理过程中发生氧化变质。

在预处理过程中，还需注意避免样品受到污染或变质。这包括使用洁净的实验器材、控制实验环境（如温度、湿度等），以及及时密封保存处理后的样品等。任何形式的污染或变质都可能影响测量结果，导致数据不准确或得出误导性的结论。

2）光谱测量

①仪器校准与调试

仪器校准是光谱测量的基础。拉曼光谱仪的校准包括波长校准和强度校准两个方面。波长校准的目的是确保光谱仪测量的波长与标准值一致，避免仪器误差而导致的测量偏差。强度校准则是通过测量已知浓度的标准样品来确定光谱仪的响应灵敏度，以便对未知样品进行定量分析。在校准过程中，应使用洁净、无损伤的标准样品，并确保校准条件与测量条件一致。

调试过程包括检查激光光源、聚焦机构、收集系统、探测器等部件的工作状态，以确保它们处于最佳工作状态。此外，还需检查光谱仪的基线稳定性、噪声水平等指标，以确保测量过程中基线漂移和噪声干扰的影响最小化。

②测量参数设置

在测量过程中，需要根据待测样品的特性和研究目的来设置合适的测量参数。这包括激光的波长、功率、曝光时间等。激光的波长选择需要根据待测样品的化学键和官能团特性来确定。不同的化学键和官能团对激光的响应不同，因此，选择合适的激光波长可以激发出最强的拉曼散射信号。激光的功率则需要根据样品的厚度、透明度以及激光对样品的破坏阈值等因素来调整。激光功率过高可能导致样品被破坏或产生过多的荧光干扰；激光功率过低则可能无法激发出足够的拉曼散射信号。曝光时间的选择需要根据样品的荧光背景、噪声水平以及测量精度要求来确定。适当的曝光时间可以平衡测量速度和测量精度之间的关系。

③光谱测量与数据采集

在测量过程中，拉曼光谱仪会发射出一束单色激光，并通过聚焦机构将其照射到样品上。样品中的分子在激光激发下会发生拉曼散射，散射光经过收集系统后被光谱仪的探测器接收并转化为电信号。这些电信号经过放大、滤波和模数转换等处理后，被送入计算机进行数据处理和分析。在数据采集过程中，应注意避免光谱仪的饱和和非线性效应对测量结果的影响。同时，还需采用多次测量取平均值的方法来提高测量的重复性和稳定性。

④数据处理与分析

测量完成后，需要对获得的光谱数据进行处理和分析。这包括基线校正、平滑处理、峰识别与归属等步骤。基线校正的目的是消除基线漂移对光谱信号的影响；平滑处理则可以减少噪声干扰，提高光谱信号的信噪比；峰识别与归属则是通过比对标准光谱库或参考文献，确定样品中存在的化学键和官能团信息。在处理和分析过程中，还需注意数据的准确性和可靠性。这包括使用合适的数学方法和统计工具对数据进行处理和分析，以及及时记录和保存实验数据，以便后续验证和复核。

3）数据分析

数据分析是拉曼光谱法测量的最后一个环节。通过对拉曼光谱图进行分析和比对，可以确定微塑料的类型和含量。数据分析的方法包括定性分析和定量分析两种。

定性分析是通过比对拉曼光谱图与参考库中的光谱图来进行的。参考库中包含了各种类型的微塑料的拉曼光谱图，及其对应的化学成分和结构信息。通过将待测样品的拉曼光谱图与参考库中的光谱图进行比对，可以确定待测样品的类型和化学成分。这种方法具有快速、准确、可靠等优点，适用于大多数微塑料样品的检测和分析。

定量分析则是通过测量拉曼光谱图中特定拉曼位移的强度来进行的。不同的化学键或官能团在激光激发下的拉曼散射强度与其在样品中的浓度呈正比。因此，通过测量特定拉曼位移的强度，可以推算出样品中某种化学键或官能团的浓度或含量。这种方法需要建立相应的数学模型和校准曲线，并进行一定的误差校正和数据处理。

(3) 优势分析

1）高分辨率的分子振动信息

拉曼光谱法能够提供高分辨率的分子振动信息，这对于微塑料的识别和分类具有重要意义。由于不同的化学键和官能团在激光激发下具有特定的分子振动模式，因此，拉曼光谱图能够准确地反映微塑料内部的化学键和官能团信息，这使得拉曼光谱法在微塑料检测中具有高度的准确性和可靠性。

2）非破坏性检测

拉曼光谱法具有非破坏性的特点，能够在不破坏样品的情况下对微塑料进行检测。这对于需要保留样品完整性的情况尤为重要。例如，在环境监测中，往往需要采集环境样品并提取其中的微塑料成分进行分析。使用拉曼光谱法可以避免对样品的破坏，从而保留更多的信息供后续研究使用。

3）高灵敏度

拉曼光谱法适用于分析粒径小至 1 μm 的样品，具有较高的灵敏度。这使得拉曼光谱法在微塑料检测中能够检测到微小的颗粒或痕量成分，提高了检测的准确性和可靠性。同时，拉曼光谱法不受样品形态和尺寸的限制，因此，可以适用于各种类型、形态和尺寸的微塑料样品检测。

4）广泛的适用性

拉曼光谱法具有广泛的适用性，可以应用于不同类型的微塑料检测。无论是聚乙烯、聚丙烯等常见塑料，还是聚氯乙烯、聚苯乙烯等特殊塑料，都可以通过拉曼光谱法进行准确的检测和分析。此外，拉曼光谱法还可用于检测混合塑料中的不同成分，为塑料的分类和回收提供有力的技术支持。

（4）局限性探讨

1）复杂化学键或官能团的解析困难

对于某些含有复杂化学键或官能团的微塑料样品，其拉曼光谱图可能较为复杂，难以准确被解析。这些复杂化学键或官能团在激光激发下的分子振动模式可能会相互重叠或干扰，导致光谱图中的拉曼位移难以被分辨和识别。这使得拉曼光谱法在某些特定类型的微塑料检测中可能存在一定的局限性。

2）荧光干扰

荧光干扰是拉曼光谱法中常见的问题之一。某些微塑料样品在激光激发下会产生强烈的荧光信号，这些荧光信号会干扰拉曼散射信号的测量和分析。荧光干扰会导致测量结果不准确和误差增大，因此，需要采取一定的措施来减少或消除荧光干扰的影响。例如，可以使用猝灭剂或遮光剂等来抑制荧光信号的产生和传播。

3）仪器成本高

拉曼光谱仪的成本较高，这限制了其在一些领域的应用。虽然随着技术的不断进步和成本的降低，拉曼光谱仪的价格已经逐渐趋于合理，但对于一些小型实验室或研究机构来说，仍然存在一定的经济压力。此外，拉曼光谱仪的维护和校准也需要一定的专业技能和费用支持，这增加了其使用成本和维护难度。

4）操作技能要求高

拉曼光谱法的操作技能要求较高，需要具有专业技能的人员进行操作和维护。这主要是因为拉曼光谱仪的调试和校准过程较为复杂，需要掌握一定的光学和光谱学知识。

同时，在测量过程中也需要对样品的预处理、激光参数的选择和数据分析等方面进行严格的控制和管理。因此，对于缺乏专业技能和经验的人员来说，使用拉曼光谱法进行微塑料检测可能会存在一定的困难和挑战。

（5）应用前景

1）环境监测

环境监测是评估微塑料污染程度及其对生态环境影响的重要手段。拉曼光谱法以其高灵敏度和高特异性的优势，在微塑料的环境监测中发挥着关键作用。

①水体监测

水体是微塑料污染的主要载体之一。通过采集不同水域的水样，利用拉曼光谱法可以实现对微塑料的快速检测和分析。这种方法不仅能够识别微塑料的种类（如聚乙烯、聚丙烯、聚苯乙烯等），还能对其数量进行初步估算。此外，结合地理信息系统和遥感技术，可以绘制出水体中微塑料的分布图，为评估其对水生生物和整个生态系统的影响提供科学依据。

②土壤与沉积物监测

土壤和沉积物作为微塑料的重要归宿之一，其污染状况同样值得关注。拉曼光谱法能够穿透土壤和沉积物的表层，直接对内部的微塑料进行检测。通过采集不同地点的土壤和沉积物样品，可以揭示微塑料在不同环境条件下的分布和迁移规律，这对于制定针对性的污染治理策略具有重要意义。

③大气监测

近年来，微塑料在大气中的存在也引起了广泛关注。通过采集空气滤膜上的微塑料颗粒，并利用拉曼光谱法进行检测和分析，可以了解微塑料在大气中的来源、种类和数量等信息，这对于评估微塑料通过大气传播对远距离地区的影响具有重要意义。

2）产品质量控制

微塑料产品的质量控制是确保其安全性和合规性的重要环节。拉曼光谱法以其快速、准确和非破坏性的特点，在微塑料产品的质量控制中发挥着重要作用。

①原材料检测

在生产微塑料产品之前，需要对原材料进行严格的检测。拉曼光谱法能够快速识别出原材料中的化学成分和杂质，确保其符合生产要求。这有助于减少不合格原材料的使用，提高产品的质量和安全性。

②成品检测

在微塑料产品的生产过程中，需要对成品进行定期检测，以确保其质量稳定。拉曼光谱法能够快速、准确地检测出成品中的微塑料成分和含量，以及是否存在有害添加剂或污染物。这有助于及时发现和解决生产过程中的问题，提高产品的市场竞争力和用户满意度。

3）科学研究

科学研究是深入了解微塑料特性和行为规律的重要途径。拉曼光谱法以其高分辨率和高灵敏度的特点，在微塑料的科学研究中发挥着重要作用。

①化学结构分析

拉曼光谱法能够揭示微塑料的化学结构信息，包括化学键的类型、官能团的种类和数量等。这些信息对于理解微塑料在环境中的迁移、转化和归宿等过程具有重要意义。通过对比不同种类微塑料的拉曼光谱特征，可以揭示其化学结构的差异和相似性，为微塑料的分类和识别提供科学依据。

②物理性质研究

微塑料的物理性质（如尺寸、形状、密度等）对其在环境中的行为和归宿具有重要影响。拉曼光谱法可以通过测量微塑料的振动光谱来间接反映其物理性质的变化。例如，通过测量微塑料在不同温度下的拉曼光谱变化，可以了解其热稳定性和热解行为；通过测量微塑料在不同溶剂中的溶解行为，可以了解其溶解度和溶解速率等信息。这些信息有助于深入理解微塑料在环境中的迁移和转化机制。

③生物降解性研究

生物降解性是评估微塑料对环境影响的重要指标之一。拉曼光谱法可以通过监测微塑料在生物体或自然环境中的降解过程来评估其生物降解性。通过对比降解前后微塑料的拉曼光谱特征变化，可以了解其化学结构的变化程度和降解速率等信息，这对于制定针对性的污染治理策略具有重要意义。

4）塑料回收

拉曼光谱法以其快速、准确和非破坏性的特点，在塑料回收领域具有广泛的应用前景。

①混合塑料分类

在塑料回收过程中，混合塑料的分类是实现高效回收的关键。拉曼光谱法能够快速识别出不同种类塑料的化学成分和特征光谱，从而实现混合塑料的有效分类。这有助于减少回收过程中的交叉污染和能源浪费，提高回收效率和资源利用率。

②塑料品质评估

在塑料回收过程中，需要对回收的塑料进行品质评估，以确保其再利用价值。拉曼光谱法能够测量回收塑料的化学结构和物理性质等信息，以评估其品质和可用性。这有助于制定合理的回收方案和再利用策略，促进资源的循环利用和可持续发展。

（6）发展趋势

1）技术创新与升级

随着科技的不断发展，拉曼光谱法也在不断创新和升级，以适应更广泛的应用需求。近年来，便携式拉曼光谱仪的出现为现场检测和实时监测提供了极大的便利。这些仪器通常具有小巧轻便、易于携带和操作的特点，能够在野外、实验室或生产线等环境中进行快速、准确的微塑料检测。

此外，在线拉曼检测系统也是近年来发展起来的一项重要技术。这种系统通常将拉曼光谱仪与自动化采样和数据处理设备相结合，能够实现对微塑料的连续、实时监测。在线拉曼检测系统不仅提高了检测效率，还减少了人为操作带来的误差，这为微塑料的污染控制和治理提供了有力的技术支持。

未来，随着技术的不断进步，拉曼光谱法有望实现更高的分辨率、更快的检测速度和更低的检测限。例如，通过采用更先进的激光技术和探测器技术，可以进一步提高拉曼光谱仪的灵敏度和准确性。同时，结合人工智能和机器学习等先进技术，还可以实现对微塑料的智能化识别和分类，进一步提高检测效率和准确性。

2）多组分分析与定量检测

目前，拉曼光谱法在微塑料检测中主要侧重于定性分析，即确定微塑料的类型和化学成分。然而，在实际应用中，往往需要了解微塑料中各组分的含量和比例，以便进行更深入的污染评估和治理。因此，未来拉曼光谱法的发展趋势之一是向多组分分析和定量检测的方向发展。

为了实现多组分分析和定量检测，需要开发更加精确和灵敏的拉曼光谱数据处理方法。例如，可以通过建立更加完善的拉曼光谱数据库和数学模型，来提高对微塑料中各组分的识别和定量分析能力。同时，还可以结合其他分析技术，如红外光谱、核磁共振等，进行多技术联用，以提高检测的准确性和可靠性。

3）与其他技术的融合应用

拉曼光谱法虽然具有许多优点，但在某些方面也存在一定的局限性。例如，对于某些复杂化学键或官能团的微塑料样品，其拉曼光谱图可能难以准确解析。此外，荧光干扰也是拉曼光谱法中常见的问题之一。因此，未来拉曼光谱法的发展趋势之一是与其他技术相结合，以弥补其局限性，并提高检测能力。

例如，可以将拉曼光谱法与荧光光谱法相结合，通过测量样品的荧光和拉曼散射信号来同时获取更多的化学信息。这种方法不仅可以提高检测的准确性，还可以为微塑料的污染控制和治理提供更加全面的数据支持。此外，拉曼光谱法还可以与显微镜、质谱仪等技术相结合，进行多尺度、多维度的分析，以深入了解微塑料在环境中的行为和影响。

4）标准化与规范化

随着拉曼光谱法在微塑料检测领域的广泛应用，其标准化和规范化问题也日益受到关注。目前，虽然已经有一些针对拉曼光谱法的标准和规范出台，但在实际应用中仍存在一些问题和挑战。例如，不同品牌和型号的拉曼光谱仪在测量过程中可能会存在差异，导致测量结果不一致；同时，对于某些特殊类型的微塑料样品，可能缺乏相应的标准和规范来进行准确检测。

因此，未来拉曼光谱法的发展趋势之一是加强标准化和规范化工作。这包括制定更加完善的标准和规范来指导拉曼光谱法的应用，建立更加严格的质量控制体系来确保测量结果的准确性和可靠性，以及加强国际的合作与交流，共同推动拉曼光谱法在微塑料检测领域的标准化和规范化进程。

综上所述，拉曼光谱法在微塑料检测领域具有广泛的应用前景和发展潜力。未来，随着技术的不断创新和升级、多组分分析与定量检测的发展、与其他技术的融合应用，以及标准化与规范化的加强，拉曼光谱法有望在微塑料污染治理中发挥更加重要的作用。

6.3.1.3 色谱分析法

色谱分析法适用于尺寸大于500 μm，可用镊子手动操作的微塑料样品。

（1）热裂解-气相色谱-质谱法

热裂解-气相色谱-质谱法（pyrolysis gaschromatography-mass spectrometry，Pyr-GC-MS）可用于鉴定微塑料的成分，能有效区分塑料的不同组分，特别适用于单一类型的微塑料的定量分析。样品在700 ℃下热解60 s进行处理，该过程会导致化学键断裂，并由非挥发性聚合物生成低分子量挥发性成分。这些热降解产物可以被低温捕获、分离并通过质谱进行鉴定。然后将热解产物的谱图与标准聚合物的谱图进行比较，进而推断样品的成分组成。该方法的优点在于，其更具灵敏性和选择性。其缺点在于，与光谱方法不同，该技术具有破坏性；Pyr-GC-MS法每次运行所检测的样品量非常少，不适合批量分析；聚合物降解产生的相对较重的成分会在热解室和气相色谱之间的毛细管中冷凝，造成堵塞和交叉污染，故需要对设备进行维护。

在测试前，将适宜尺寸的玻璃纤维滤膜放入热裂解池底部，然后用镊子将质量已知的待测样品置于滤膜上，并在其上部覆盖玻璃纤维滤膜后加入一定量的四甲基氢氧化铵的甲醇溶液，待甲醇挥发后，将裂解池置于Pyr-GC-MS，进行测试。待出峰后，通过解析裂解产物的特征峰，并与解析软件中的数据库进行比对，进而确定待测样品的化学组成。

1）技术原理

Pyr-GC-MS分析微塑料主要基于三种技术的联用，将复杂的微塑料样品转化为可识别的化学信息，具体原理如下：

①热裂解原理（图6-6）

化学键断裂：微塑料本质是高分子聚合物，由大量重复单元通过共价键连接而成。在热裂解过程中，将微塑料样品置于无氧或低氧环境，并快速加热到较高温度（通常在500～1 000 ℃）。高温提供的能量使微塑料分子中的共价键断裂，聚合物大分子分解为较小的碎片，这些碎片主要是单体、低聚物以及其他特征性的裂解产物。例如，聚乙烯分子链在高温下C-C键断裂，生成不同碳数的烯烃类小分子。

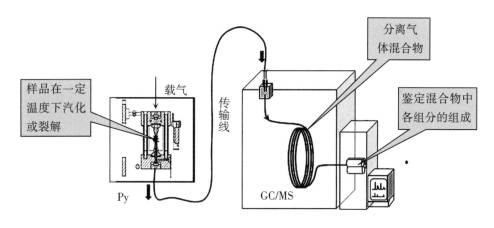

图6-6 热裂解原理

裂解产物的形成：不同种类的微塑料，由于其化学结构和组成的差异，热裂解时化学键断裂的位置和方式不同（图6-7），从而产生具有特征性的裂解产物。像聚苯乙烯热裂解会产生苯乙烯单体及一些含有苯环结构的低聚物，这些特征产物是后续鉴定微塑料种类的重要依据。裂解最重要的环节是热能的精确控制。聚合物的断裂方式具有特征性，生成特征碎片，这是能够用Pyr-GC-MS来研究聚合物的根本所在。

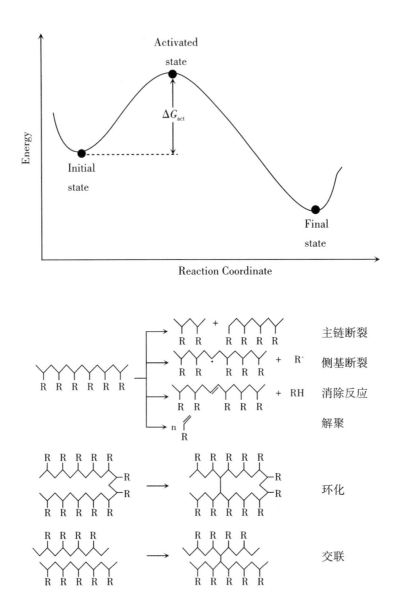

图6-7 热裂解时化学键断裂的位置和方式

②气相色谱分离原理

分配系数差异：热裂解产生的混合裂解产物随载气（通常为惰性气体，如氦气）进入气相色谱柱。气相色谱柱内填充有固定相，不同裂解产物在固定相和载气之间的分配系数存在差异。分配系数大的组分在固定相中停留的时间长，移动速度慢；分配系数小的组分则在载气中停留的时间长，移动速度快。

分离过程：随着载气的流动，裂解产物在色谱柱中反复进行气固（或气液）两相间的分配。经过一定长度的色谱柱后，不同的裂解产物因分配系数的差异而彼此分离，按先后顺序依次从色谱柱流出。例如，对于 PE 热裂解产生的不同碳数的烯烃，在色谱柱中会依据其沸点、极性等差异实现分离。

③质谱检测原理

离子化：从气相色谱柱流出的已分离的裂解产物进入质谱仪，首先在离子源中被离子化。常用的离子化方式有电子轰击电离（electron impact ion source，EI）等。EI 源通过高能电子束轰击裂解产物分子，使其失去电子形成带正电荷的离子。

质量分析：离子在质量分析器中，根据其质荷比（m/z）的不同进行分离。例如，在四极杆质量分析器中，通过施加特定的直流电压和射频电压，只有特定质荷比的离子能够稳定地通过四极杆，到达检测器。

质谱图生成：检测器检测到不同质荷比的离子，并将其转化为电信号，经放大和数据处理后，生成以质荷比为横坐标、离子相对丰度为纵坐标的质谱图。每种裂解产物都有其独特的质谱图，通过与已知化合物的标准质谱图（如 NIST 质谱库中的图谱）进行比对，可确定裂解产物的化学结构。结合气相色谱的保留时间信息，能够对微塑料热裂解产生的各种产物进行准确的定性和定量分析，进而推断微塑料的种类、组成等信息。

2）Pyr-GC-MS 在微塑料分析中的应用

①微塑料的定性分析

塑料种类鉴别：不同类型的塑料具有独特的化学结构，在热裂解过程中会产生特定的裂解产物。通过 Pyr-GC-MS 分析这些裂解产物的色谱图和质谱图，可与已知塑料标准品的图谱进行比对，从而准确鉴别微塑料的种类。例如，聚乙烯热裂解后主要产生一系列烯烃类化合物，聚丙烯热裂解产物则具有其特征的碳链分布和结构，凭借这些特征峰能清晰地区分聚乙烯和聚丙烯等常见微塑料的种类。

复杂环境样品中微塑料的识别：在环境水样、土壤、沉积物等复杂样品中，微塑料可能与各种有机物、无机物混合在一起。Pyr-GC-MS 能够从复杂基质中解析出微塑料的特征裂解产物信号，实现对微塑料的准确识别。例如，在海洋沉积物样品分析中，即使存在大量的腐殖质等干扰物质，依然可通过特征裂解产物识别出其中的聚苯乙烯微塑料。

②微塑料的定量分析

外标法：通过制备一系列已知浓度的塑料标准品，进行热裂解-气相色谱-质谱分析，建立特定裂解产物的峰面积与塑料浓度的标准曲线。对于未知样品，在相同的分析条件下，根据目标裂解产物的峰面积，从标准曲线中计算出微塑料的含量。例如，在分析污水中聚氯乙烯微塑料时，利用氯乙烯单体等特征裂解产物的峰面积，基于外标法标准曲线实现聚氯乙烯微塑料的定量。

内标法：向样品和标准品中加入一定量的内标物质，该内标物质在热裂解过程中化学性质稳定且与微塑料的裂解过程互不干扰。根据内标物和微塑料特征裂解产物的峰面积比，结合标准品中已知的微塑料浓度，建立校正曲线，从而实现对样品中微塑料的准确定量。内标法可有效校正分析过程中进样量、仪器响应等因素的波动，提高定量分析的准确性，尤其适用于复杂基质样品中微塑料的定量分析。

③微塑料添加剂及老化程度分析

添加剂分析：塑料在生产过程中常添加增塑剂、抗氧化剂等各种添加剂，这些添加剂在热裂解过程中也会产生相应的裂解产物。Pyr-GC-MS可以同时检测微塑料基体和添加剂的裂解产物，从而确定微塑料中添加剂的种类和含量。例如，在分析聚对苯二甲酸乙二醇酯微塑料时，能够检测出其中可能添加的抗氧化剂1010等添加剂的特征裂解产物，从而了解其在微塑料中的存在情况。

老化程度评估：微塑料在环境中会经历老化过程，其化学结构会发生变化。老化后的微塑料热裂解产物的种类和相对含量与新鲜微塑料有所不同。通过Pyr-GC-MS对比分析新鲜和老化微塑料的裂解图谱，可获取微塑料老化过程中化学键断裂、新生成的官能团等信息，进而评估微塑料的老化程度。例如，老化的聚乙烯微塑料可能会由于氧化等作用，在裂解图谱中出现更多含氧官能团的裂解产物，通过这些产物的相对含量变化可评估其老化程度。

3）热裂解-气相色谱-质谱法（Pyr-GC-MS）技术的优点

①高灵敏度与高分辨率

可检测微小含量：Pyr-GC-MS能够检测出极其微量的微塑料，即便是在复杂环境样本中含量极低的微塑料，也能被精准探测。例如，在每升仅含微克级微塑料的水样中，该方法也能有效识别微塑料。

精细分离物质：气相色谱的高分辨率可将热裂解产生的复杂混合物中的各个成分精细分离，质谱则能准确测定各成分的分子量和结构信息，从而清晰地区分不同种类的微塑料及其裂解产物。例如，对于结构相似的聚乙烯和聚丙烯微塑料，也能通过其裂解产物的细微差异进行鉴别。

②准确鉴定塑料种类

特征产物分析：不同类型的塑料具有独特的化学结构，热裂解时会产生特定的裂解产物。通过分析这些特征产物，可明确微塑料的种类。如聚苯乙烯热裂解后会产生苯乙烯单体及相关的低聚物，通过检测这些特征产物就能准确判断样本中是否存在聚苯乙烯微塑料。

参考谱库对比：目前已建立了丰富的塑料热裂解产物标准谱库，分析时将样品的裂解图谱与谱库对比，即可快速准确地鉴定微塑料种类，操作简便且结果可靠。

③可分析复杂基质样本

在环境监测中，微塑料常存在于水样、土壤、沉积物等复杂基质中。Pyr-GC-MS对复杂基质有较好的耐受性，能从大量干扰物质中提取微塑料的有效信息，实现对微塑料的准确分析。例如，在富含腐殖质、微生物等成分的土壤样本中，依然可以成功分析出微塑料。

④提供分子结构信息

质谱仪不仅能测定裂解产物的分子量，还能通过碎片离子分析获得分子结构信息。这对于深入了解微塑料的化学结构、添加剂成分以及老化过程中分子结构的变化至关重要。例如，可以通过分析裂解产物的结构，确定微塑料中增塑剂的具体种类和结构。

4）热裂解-气相色谱-质谱法（Pyr-GC-MS）技术的缺点

①样品制备要求高

前期处理复杂：为确保分析结果准确，样品需进行细致的前期处理，包括采集、筛选、分离、纯化等多个步骤。例如，从环境样本中分离微塑料时，要采用过滤、密度分离等多种方法，操作烦琐且易产生误差。

防止污染困难：在样品处理过程中，极微量的外界塑料污染都可能影响分析结果。因此，整个操作过程须在严格的无污染环境下进行，对实验设备和操作技术要求极高。

②仪器成本与维护费用高

购置成本高昂：Pyr-GC-MS仪器价格昂贵，包括热裂解仪、气相色谱仪和质谱仪等组件，整套设备的购置费用通常在数十万元至上百万元，这对许多科研机构和实验室的资金预算构成较大压力。

维护与运行成本高：仪器需要定期进行校准、维护，更换零部件，且运行过程中消耗的载气、色谱柱等耗材费用较高。此外，为保证仪器性能，还需配备专业的技术人员进行操作和维护，这进一步增加了使用成本。

③分析时间长

从样品的热裂解、气相色谱分离到质谱检测，整个过程较为耗时。一次完整的分析可能需要几十分钟甚至数小时，若样本数量较多，分析效率较低，难以满足快速检测的需求。例如，在大规模环境微塑料监测项目中，大量样本的分析周期会较长。

④对操作人员要求较高

仪器的操作涉及热裂解条件选择、气相色谱参数优化、质谱数据解读等多个专业领域。操作人员不仅要熟悉仪器的工作原理和操作方法，还需具备深厚的化学分析背景知识，才能准确地进行实验操作和数据分析，否则容易产生实验误差或错误结果。

（2）热萃取-解吸-气相色谱-质谱法

热萃取解吸-气相色谱-质谱（thermal extraction-desorption-gas chromatography-mass spectrometry，TED-GC-MS）法用于微塑料检测，每次运行可检测高达100 mg的样品，除了研磨和混合以使样品均匀化外，无须进行任何预处理。TED-GC-MS法的处理时间为2～3 h。同时，在样品研磨过程中需要进行质量控制，确保微塑料的损失和污染的风险保持在最低限度。TED-GC-MS法的一个显著缺点是，与其他色谱法一样具有破坏性。因此，在样品检测后，无法进一步获得有关塑料颗粒的数量、大小和形态等信息。

TED-GC-MS检测主要由热裂解-吸附-解吸附-色谱分离-质谱解析所组成。首先将待测样品在热裂解池中进行加热分解，通过带有吸附柱（如Sorb-sta，IMT Innovative Messtechnik GmbH，VohenstrauB，Germany）的玻璃试管将分解产物固定，转入液氮冷却的解吸池中，使分解产物解吸附，并注入气相色谱进行裂解产物的分离，最终通过质谱仪明确裂解产物的化学组成。通过比对标准数据库，推断所检测样品的化学组成。

1）技术原理

①热萃取解吸原理

TED是TED-GC-MS的关键步骤之一，其原理是基于物质在不同温度下的挥发性差异。在用TED-GC-MS分析微塑料时，首先将微塑料样品置于特定的热解吸装置中。当对样品进行加热时，随着温度的逐渐升高，微塑料中的挥发性添加剂以及部分热解产物开始从微塑料基体中释放出来。

微塑料作为高分子聚合物，通常含有多种添加剂，如增塑剂、抗氧化剂、阻燃剂等。这些添加剂在微塑料的生产、加工和使用过程中起着重要作用，但它们的存在也使得微塑料的成分变得更加复杂。在热萃取解吸过程中，加热提供的能量打破了添加剂与微塑料基体之间的分子间作用力，使得添加剂能够从微塑料中挥发出来。例如，常见的增塑剂邻苯二甲酸酯类，在加热时会逐渐从微塑料中释放，进入气相环境。

同时，微塑料本身在高温下也会发生热解反应。微塑料的分子结构由大量的重复单元通过共价键连接而成。在热解过程中，当温度升高到一定程度时，微塑料分子中的共价键开始断裂。以聚乙烯为例，其分子链中的 C—C 键在高温下会发生断裂，形成不同碳数的烯烃类小分子，如乙烯、丙烯等。不同种类的微塑料，由于其化学结构和组成的差异，热解时化学键断裂的位置和方式也不同，从而产生具有特征性的热解产物。这些特征性的热解产物及释放出的挥发性添加剂，成为后续气相色谱-质谱分析的重要目标物质。

热萃取解吸过程中的温度对分析结果有着至关重要的影响。通常，热解吸过程会采用升温速率可控的方式，从较低温度逐渐升高到设定的最高温度。在升温过程中，不同挥发性的物质会在不同的温度区间被释放出来。通过合理设置升温速率和温度区间，可以使微塑料中的各种挥发性成分尽可能地完全释放，同时避免因过高温度导致的过度热解或其他副反应的发生，从而保证分析结果的准确性和可靠性。例如，对于一些含有热敏性添加剂的微塑料，需要采用较为温和的升温速率，以确保添加剂能够在不发生分解的情况下被有效地萃取和解吸出来。

②气相色谱原理

GC 是 TED-GC-MS 中实现化合物分离的关键环节，其基本原理是基于不同物质在流动相（载气）和固定相之间分配系数的差异。在 TED-GC-MS 检测微塑料的过程中，从热萃取解吸装置中释放出来的挥发性添加剂和微塑料热解产物，在载气的携带下进入气相色谱柱。

气相色谱柱是气相色谱的核心部件，通常分为填充柱和毛细管柱。填充柱内填充有固体吸附剂或涂渍有固定液的载体，而毛细管柱则是内壁涂渍有固定液的空心管。以毛细管柱为例，当混合气体进入毛细管柱后，由于不同物质在固定液和载气之间的分配系数不同，分配系数大的物质在固定液中溶解的量相对较多，在柱内移动的速度就较慢；而分配系数小的物质在载气中停留的时间相对较短，移动速度则较快。例如，微塑料热解产生的乙烯和丙烯，由于它们的分子结构和极性不同，在固定液中的溶解能力也存在差异，乙烯的分配系数相对较小，丙烯的分配系数相对较大，因此，在载气的推动下，乙烯会先于丙烯从色谱柱中流出。

在气相色谱的分离过程中，载气的选择和流速控制对分离效果有着重要影响。常用的载气有氦气、氮气和氢气等。氦气由于其化学性质稳定、扩散系数大等优点，在微塑料检测中被广泛应用。合适的载气流速能够保证混合物中各组分在色谱柱中得到充分的分离。如果流速过快，各组分在色谱柱中的停留时间过短，无法充分进行分配平衡，导致分离效果不佳；而流速过慢，则会使分析时间延长、峰形变宽，甚至可能会导致一些组分在色谱柱中发生不可逆吸附。

此外，柱温也是影响气相色谱分离效果的重要因素。柱温的变化会影响物质在固定相和流动相之间的分配系数，进而影响分离效果。在分析微塑料时，通常采用程序升温的方式，即从较低的初始温度开始，按照一定的升温速率逐渐升高柱温。在升温过程中，低沸点的组分先被分离出来，随着温度的升高，高沸点的组分也逐渐被分离出来。这种程序升温的方式能够使不同沸点范围的微塑料热解产物和挥发性添加剂都得到有效分离，从而提高分析的准确性和分辨率。

通过气相色谱的分离作用，微塑料热解产生的复杂混合物被分离成单个组分，这些组分按照其在色谱柱中的保留时间顺序依次流出，为后续质谱的定性和定量分析提供了纯净的样品，使得 TED-GC-MS 能够准确地识别和测定微塑料中的各种化学成分。

③质谱原理

MS 是 TED-GC-MS 中用于化合物定性和定量分析的关键技术，其基本原理是将样品离子化，使其转化为气态离子，然后根据离子的质荷比（m/z）大小进行分离并记录其信息。

在 TED-GC-MS 检测微塑料的过程中，从气相色谱柱分离出来的微塑料热解产物和挥发性添加剂，会依次进入质谱仪的离子源。离子源是质谱仪的重要组成部分，其作用是将中性分子转化为离子。在检测微塑料时，常用的离子源为电子轰击离子源。在 EI 离子源中，微塑料热解产物和挥发性添加剂分子受到高能电子束的轰击，分子中的电子被击出，形成带正电荷的分子离子。例如，微塑料热解产生的乙烯分子（C_2H_4），在电子轰击下失去一个电子，形成乙烯分子离子（$C_2H_4^+$）。

除了分子离子外，分子离子在高能电子的作用下还会进一步发生裂解，产生一系列碎片离子，这些碎片离子的产生与微塑料的化学结构密切相关。不同种类的微塑料，由于其分子结构的差异，在电子轰击下产生的碎片离子也具有不同的特征。以聚乙烯（PE）为例，其分子链主要由碳-碳单键连接而成，在电子轰击下，分子链容易在碳-碳单键处断裂，产生一系列不同碳数的烯烃碎片离子，如乙烯（C_2H_4）、丙烯（C_3H_6）等。

离子化后的离子进入质量分析器，质量分析器的作用是根据离子的质荷比（m/z）对离子进行分离。常见的质量分析器有四极杆质量分析器、飞行时间质量分析器等。以四极杆质量分析器为例，它由四根平行的金属杆组成，在金属杆上施加直流电压（direct current volts，DC）和射频电压（radio frequency voltage，RF）。当离子进入四极杆质量分析器时，在直流电压和射频电压的共同作用下，离子会做复杂的运动。只有特定质荷比的离子能够在这种电场条件下稳定地通过四极杆，到达检测器，而其他质荷比的离子则会与四极杆碰撞而被排除。

检测器的作用是检测通过质量分析器的离子，并将离子信号转化为电信号，常用的检测器有电子倍增器等。当离子撞击到电子倍增器的表面时，会产生二次电子，这些二次电子经过多级放大后形成可检测的电信号。电信号的强度与离子的数量呈正比，通过对电信号的检测和记录，就可以得到以质荷比为横坐标、离子相对丰度为纵坐标的质谱图。

在微塑料检测中，质谱图是进行定性和定量分析的重要依据。通过将未知样品的质谱图与已知微塑料标准品的质谱图或标准谱图库中的图谱进行比对，可以确定微塑料的种类和成分。例如，在检测环境样品中的微塑料时，如果样品的质谱图中出现了与聚乙烯标准质谱图中特征碎片离子相同的峰，且峰的相对强度比例也相似，就可以初步判断样品中存在聚乙烯微塑料。在定量分析方面，通常采用外标法或内标法。外标法是通过制备一系列已知浓度的微塑料标准品，进行 TED-GC-MS 分析，建立特征离子峰面积与微塑料浓度之间的标准曲线，然后根据未知样品中特征离子的峰面积，从标准曲线中计算出微塑料的含量。内标法则是在样品和标准品中加入一定量的内标物质，内标物质与微塑料在分析过程中的行为相似，通过比较内标物和微塑料特征离子的峰面积比，结合标准品中已知的微塑料浓度，建立校正曲线，从而实现对样品中微塑料的准确定量。

综上所述，质谱技术在 TED-GC-MS 检测微塑料中起着至关重要的作用，它能够准确地提供微塑料热解产物和挥发性添加剂的结构和成分信息，为微塑料的定性和定量分析提供可靠的技术手段。

④联用技术原理

TED-GC-MS 是一种将热萃取解吸、气相色谱和质谱三种技术有机结合的分析方法，其联用技术原理是基于各部分技术的优势互补，实现对微塑料的全面、准确检测。

在 TED-GC-MS 系统中，热萃取解吸装置作为样品前处理单元，首先对微塑料样品进行加热处理。在加热过程中，微塑料中的挥发性添加剂以及部分热解产物从微塑料基体中被释放出来，形成气态混合物。这些气态混合物通过传输管线被直接引入气相色谱仪。热萃取解吸过程不仅能够有效地将微塑料中的目标化合物从复杂的基体中提取出来，还能够避免传统化学提取方法中可能引入的杂质和误差。

气相色谱仪则承担着对热萃取解吸后得到的气态混合物进行分离的重要任务。在载气的携带下，气态混合物进入气相色谱柱。由于不同化合物在气相色谱柱的固定相和流动相之间的分配系数存在差异，因此，它们在色谱柱中的移动速度也各不相同，从而实现了混合物中各组分的分离。气相色谱的高分离效率能够将复杂的混合物分离成单个组分，为后续质谱的准确分析提供纯净的样品。

质谱仪作为 TED-GC-MS 系统的检测核心，对从气相色谱柱分离出来的单个组分进行离子化和质量分析。离子源将进入质谱仪的化合物分子转化为离子，质量分析器根据离子的质荷比（m/z）对离子进行分离，检测器则检测并记录不同质荷比离子的信号强度，从而得到质谱图。通过将未知样品的质谱图与已知微塑料标准品的质谱图或标准谱图库中的图谱进行比对，可以确定微塑料的种类和成分。

在数据传递流程方面，热萃取解吸装置与气相色谱仪之间通过传输管线相连，确保热解吸产生的气态混合物能够顺利进入气相色谱仪进行分离。气相色谱仪与质谱仪之间通过接口相连，接口的作用是将气相色谱分离后的组分高效地引入质谱仪的离子源，同时保持质谱仪内部的高真空环境。在整个分析过程中，仪器控制软件对热萃取解吸、气相色谱和质谱的各个参数进行统一控制和优化，以确保分析过程的准确性和结果的重复性。通过数据采集系统对分析得到的数据进行实时采集和存储，并利用专业的数据处理软件进行分析和处理，最终得到关于微塑料的定性和定量分析结果。

例如，在检测海洋沉积物中的微塑料时，首先将含有微塑料的沉积物样品放入热萃取解吸装置中进行加热处理。热解吸产生的挥发性添加剂和微塑料热解产物在载气的携带下进入气相色谱柱进行分离。气相色谱将这些化合物分离成单个组分后，依次进入质谱仪进行离子化和质量分析。通过对质谱图进行分析和比对，确定微塑料的种类和成分，同时根据峰面积等信息进行定量分析。

综上所述，热萃取-解吸-气相色谱-质谱法联用技术原理是通过热萃取解吸实现样品的高效前处理，气相色谱实现化合物的有效分离，质谱实现化合物的准确鉴定和定量分析，三者协同工作，为微塑料的检测提供了一种强大的分析手段。

2）操作步骤

①热萃取-解吸操作

TED 操作是 TED-GC-MS 测定微塑料的关键环节，其参数设置对检测结果有着重要影响。在进行热萃取-解吸操作时，需使用专门的热萃取-解吸设备，如 GERSTEL 公司的 TED 系统。该设备主要由热解吸炉、吸附管、传输管线等部分组成。热解吸炉用于对样品进行加热，使微塑料中的挥发性成分被释放出来；吸附管则用于捕获释放出的挥发性成分，防止其损失；传输管线用于将吸附管中的挥发性成分传输至气相色谱仪进行分析。

热萃取-解吸设备的参数设置包括温度、时间、气流等。温度参数设置包括初始温度、升温速率和最终温度。初始温度一般设定在50～100 ℃，目的是使微塑料中的低沸点挥发性添加剂首先被释放出来。例如，对于含有邻苯二甲酸酯类增塑剂的微塑料，邻苯二甲酸二甲酯的沸点相对较低，在较低的初始温度下就能够从微塑料中挥发出来。升温速率通常控制在10～30 ℃/min，合适的升温速率能够保证微塑料中的各种成分被有序地释放，避免因升温过快导致成分同时被释放而无法有效分离，或因升温过慢导致分析时间过长。最终温度一般设置在500～700 ℃，在这个温度下，微塑料会发生热解，产生各种特征性的热解产物。以聚乙烯微塑料为例，在500～700 ℃的高温下，其分子链会发生断裂，产生乙烯、丙烯等小分子热解产物。

时间参数主要包括热解吸时间和吸附时间。热解吸时间一般为5～15 min，足够的热解吸时间能够确保微塑料中的挥发性成分充分被释放。若热解吸时间过短，部分挥发性成分可能无法被完全释放，从而导致检测结果偏低；而热解吸时间过长，则可能会引入杂质或导致热解产物发生二次反应。吸附时间通常为2～5 min，吸附时间的设置要保证挥发性成分能够被充分捕获在吸附管中，避免其逃逸。

气流参数包括载气流量和吹扫气流量。载气流量一般为1～5 mL/min，常用的载气为氦气，其化学性质稳定，能够有效地将挥发性成分带入气相色谱仪。合适的载气流量能够保证挥发性成分在传输过程中的稳定性和分离效果。若载气流量过大，会使挥发性成分在传输过程中扩散过快，导致峰形展宽，影响分离效果；若载气流量过小，则会使分析时间延长，甚至可能导致挥发性成分在传输管线中冷凝。吹扫气流量一般为5～20 mL/min，吹扫气的作用是在热解吸完成后，将吸附管中残留的挥发性成分吹扫干净，避免对下一次分析造成干扰。

这些参数对检测结果影响显著。温度设置不当可能导致微塑料热解不完全或过度热解。热解不完全会使一些特征性的热解产物无法产生，从而影响微塑料的定性分析；过度热解则可能产生一些非特征性的产物，干扰对微塑料种类的判断。时间参数设置不合理会影响检测的准确性和结果的重复性。热解吸时间不足会导致挥发性成分释放不充分，从而使检测结果偏低；吸附时间过短会使部分挥发性成分无法被有效捕获，同样会影响检测结果。气流参数设置不合适会影响色谱峰的形状和分离效果。载气流量过大或过小都会导致色谱峰展宽或拖尾，从而降低分离度；吹扫气流量不足则可能导致吸附管中残留杂质，影响下一次分析的准确性。

为优化热萃取-解吸操作参数，可通过实验对比不同参数组合下的检测结果。例如，设置不同的初始温度、升温速率和最终温度，分析微塑料热解产物的种类和相对丰度，以确定最佳的温度参数组合。时间参数和气流参数，也可采用类似的方法进行优化。同时，还需考虑微塑料的种类、样品的复杂程度等因素对参数设置的影响。对于不同种类的微塑料，其热解特性不同，需要针对性地调整温度和时间参数；对于复杂样品，如含有大量杂质的土壤样品，可能需要适当延长热解吸时间和增加吹扫气流量，以保证检测结果的准确性。

②气相色谱分析

GC是TED-GC-MS测定微塑料的关键环节，其分析效果受到色谱柱选择、温度程序设置、载气流量控制等多个参数的影响。

在色谱柱选择方面，常用的色谱柱类型包括非极性的聚二甲基硅氧烷（polydimethyl-siloxane，PDMS）色谱柱和中等极性的5%苯基-95%聚二甲基硅氧烷色谱柱等。非极性的PDMS色谱柱适用于分离非极性或弱极性的微塑料热解产物，如聚乙烯、聚丙烯等微塑料热解产生的烯烃类化合物。这是因为非极性的固定相能够与非极性的热解产物之间产生较弱的相互作用，使得不同沸点的烯烃类化合物能够按照沸点高低顺序依次分离。中等极性的5%苯基-95%聚二甲基硅氧烷色谱柱则对极性稍强的微塑料热解产物具有更好的分离效果，如聚对苯二甲酸乙二醇酯微塑料热解产生的对苯二甲酸二甲酯等化合物。该色谱柱中的苯基基团增加了固定相的极性，能够与极性热解产物之间产生更合适的相互作用，从而实现更好的分离效果。色谱柱的长度和内径也会影响分离效果。一般来说，较长的色谱柱可以提供更高的理论塔板数，从而提高分离效率，但同时也会增加分析时间和柱压；内径较细的色谱柱能够提高分离度，但对进样量和载气流量的要求更为严格。例如，对于复杂的微塑料样品分析，可选择长度为30～60 m、内径为0.25～0.32 mm的色谱柱，以在保证分离效果的前提下，控制分析时间和柱压。

温度程序的设置对气相色谱分析至关重要。初始温度一般设置在50～100 ℃，此温度能够使微塑料热解产物中的低沸点组分首先流出，避免高沸点组分在低温下冷凝在色谱柱的前端，从而影响分离效果。升温速率通常控制在5～20 ℃/min，合适的升温速率能够使不同沸点的组分在色谱柱中得到充分的分离。若升温速率过快，各组分在色谱柱中的停留时间过短，无法充分进行分配平衡，导致分离效果不佳；而升温速率过慢，则会使分析时间延长，峰形展宽，甚至可能导致一些组分在色谱柱中发生不可逆吸附。最终温度一般设置在300～350 ℃，以确保高沸点的微塑料热解产物能够完全流出色谱柱。例如，在分析含有多种微塑料的混合样品时，可采用初始温度为60 ℃，保持2 min，然后以10 ℃/min的升温速率升至300 ℃，并保持5 min的温度程序，从而有效地分离出不同的微塑料的热解产物。

载气流量控制也是影响气相色谱分析的重要因素。常用的载气为氦气，其化学性质稳定，扩散系数大，能够有效地将微塑料热解产物带入色谱柱进行分离。载气流量一般控制在1~3 mL/min，合适的载气流量能够保证混合物中各组分在色谱柱中得到充分的分离。如果载气流量过大，各组分在色谱柱中的停留时间过短，无法充分进行分配平衡，导致分离效果不佳，色谱峰峰形变窄，峰高增加，但峰面积可能会减小；而载气流量过小，则会使分析时间延长，峰形展宽，甚至可能导致一些组分在色谱柱中发生不可逆吸附，使峰拖尾严重，影响分离度和定量分析的准确性。例如，在分析微塑料热解产物时，通过实验优化确定载气流量为1.5 mL/min时，能够获得较好的分离效果和峰形。

这些参数对分离效果的影响是相互关联的。例如，色谱柱类型决定了固定相的性质，进而影响不同组分在固定相和流动相之间的分配系数，而温度程序和载气流量则会影响组分在色谱柱中的移动速度和分配平衡时间。当色谱柱选择不合适时，即使优化温度程序和载气流量，也难以达到理想的分离效果；同样，温度程序和载气流量设置不当，也会削弱色谱柱本身的分离能力。为了优化气相色谱分析参数，可采用实验设计的方法，如正交试验设计，系统地研究不同参数组合对分离效果的影响，从而确定最佳的参数设置。同时，还需结合微塑料的种类、样品的复杂程度等因素进行综合考虑，以实现对微塑料热解产物的高效分离和准确分析。

③质谱分析

MS是TED-GC-MS测定微塑料的关键环节，通过对气相色谱分离后的微塑料热解产物和挥发性添加剂进行离子化和质量分析，从而实现对微塑料的定性和定量检测。质谱分析过程涉及离子源选择、扫描模式设置、质量范围确定等多个重要参数的优化。

离子源的选择对微塑料检测至关重要。在TED-GC-MS中，常用的离子源为电子轰击离子源和化学电离离子源。电子轰击离子源通过高能电子束轰击样品分子，使其失去电子形成离子，具有灵敏度高、碎片离子丰富等优点，能够提供丰富的结构信息，有利于微塑料的定性分析。例如，对于聚乙烯微塑料，电子轰击离子源能够使聚乙烯分子产生一系列特征性的碎片离子，如乙烯、丙烯等。通过对这些碎片离子进行分析，可以准确地判断微塑料的种类。然而，电子轰击离子源也存在一定的局限性，它可能会导致一些分子离子峰强度较弱或不出现，对于一些结构复杂的微塑料，可能难以获得完整的分子结构信息。化学电离离子源则是通过离子-分子反应使样品分子离子化，其产生的碎片离子较少，分子离子峰相对较强，更适合于确定微塑料的分子量。在检测聚对苯二甲酸乙二醇酯微塑料时，化学电离离子源能够清晰地给出聚对苯二甲酸乙二醇酯的分子离子峰，这有助于快速确定其分子量。在实际应用中，可根据微塑料的种类和分析目的选择合适的离子源。对于需要详细结构信息的定性分析，电子轰击离子源更为常用；而对于主要关注分子量的分析，化学电离离子源可能更具优势。

扫描模式的设置直接影响质谱分析的结果。常见的扫描模式有全扫描（scan）模式和选择离子检测（selected ion monitoring，SIM）模式。全扫描模式能够对设定质量范围内的所有离子进行扫描和记录，从而得到完整的质谱图，可提供丰富的化合物信息，适用于未知微塑料的定性分析。在对环境样品中的微塑料进行初步筛查时，全扫描模式可以检测到各种可能存在的微塑料热解产物和挥发性添加剂，通过与标准谱图库的比对，可初步确定微塑料的种类。然而，全扫描模式的灵敏度相对较低，对于低浓度的微塑料检测可能存在一定困难。选择离子检测模式则是只对特定质荷比（m/z）的离子进行检测，能够提高检测的灵敏度和选择性，适用于已知微塑料的定量分析。在对某一特定微塑料进行定量检测时，可根据该微塑料的特征离子选择相应的 m/z 值进行检测，从而提高检测的灵敏度和准确性。例如，在检测聚氯乙烯微塑料时，可选择氯乙烯单体的特征离子进行检测，能够更准确地测定聚氯乙烯微塑料的含量。在实际分析中，可根据样品的性质和分析要求，灵活选择扫描模式。对于复杂样品的定性分析，可先采用全扫描模式进行初步筛查，然后再针对目标微塑料采用选择离子检测模式进行定量分析。

质量范围的确定也会影响质谱分析的结果。质量范围的选择应根据微塑料的种类和可能产生的热解产物、挥发性添加剂的分子量来确定。对于常见的微塑料，如聚乙烯、聚丙烯等，其热解产物主要为低碳数的烯烃类化合物，分子量相对较小，质量范围可设置为 30～500 amu（原子质量单位）。对于含有复杂添加剂或结构较为特殊的微塑料，可能需要适当扩大质量范围，以确保能够检测到所有相关的离子信息。例如，在检测含有阻燃剂的微塑料时，由于阻燃剂的分子量较大，质量范围可能需要设置为 50～1 000 amu。如果质量范围设置过小，可能会遗漏一些重要的离子信息，导致无法准确鉴定微塑料的种类；而质量范围设置过大，则会增加数据处理的难度，同时也可能会引入更多的噪声干扰。因此，在确定质量范围时，需要充分了解微塑料的成分和可能产生的热解产物，通过预实验或参考相关文献，合理设置质量范围，以获得准确、有效的质谱数据。

微塑料的定性分析主要通过将样品的质谱图与已知微塑料标准品的质谱图或标准谱图库中的图谱进行比对来实现。每种微塑料都有其独特的化学结构，在质谱分析中会产生特征性的离子峰和碎片离子峰，这些峰的质荷比、相对丰度以及峰之间的比例关系构成了微塑料的质谱指纹图谱。例如，聚乙烯微塑料的质谱图中，主要特征离子峰为乙烯（$m/z = 28$）、丙烯（$m/z = 42$）等烯烃类离子峰，且这些离子峰的相对丰度具有一定的规律。在实际分析中，将样品的质谱图与标准谱图库中的聚乙烯质谱图进行比对，如果两者的特征离子峰和相对丰度高度匹配，则可初步判断样品中存在聚乙烯微塑料。同时，还可以结合气相色谱的保留时间信息，进一步提高定性分析的准确性。因为不同微塑料在气相色谱柱中的保留时间不同，通过保留时间和质谱图的双重确认，可以更准确地鉴定微塑料的种类。

在定量分析方面，常用的方法有外标法和内标法。外标法是通过制备一系列已知浓度的微塑料标准品，进行 TED-GC-MS 分析，建立特征离子峰面积与微塑料浓度之间的标准曲线。在相同的分析条件下，对未知样品进行分析，根据未知样品中特征离子的峰面积，从标准曲线中计算出微塑料的含量。例如，在检测水体中的聚苯乙烯微塑料时，可制备一系列不同浓度的聚苯乙烯标准品，经过 TED-GC-MS 分析后，以特征离子峰面积为纵坐标、标准品浓度为横坐标，绘制标准曲线。然后对水样中的微塑料进行分析，根据水样中聚苯乙烯微塑料特征离子的峰面积，在标准曲线上查找对应的浓度，从而得到水样中聚苯乙烯微塑料的含量。内标法则是在样品和标准品中加入一定量的内标物质，内标物质与微塑料在分析过程中的行为相似，通过比较内标物和微塑料特征离子的峰面积比，结合标准品中已知的微塑料浓度，建立校正曲线，从而实现对样品中微塑料的准确定量。内标法能够有效校正分析过程中进样量、仪器响应等因素的波动，以提高定量分析的准确性，尤其适用于复杂基质样品中微塑料的定量分析。例如，在检测土壤中的微塑料时，由于土壤样品中含有大量的杂质，可能会对微塑料的检测产生干扰，此时采用内标法可以更好地消除这些干扰，以提高定量分析的准确性。

④数据分析

在 TED-GC-MS 测定微塑料的过程中，数据分析是获取准确结果的关键环节，主要包括定性分析和定量分析两个方面。

定性分析是确定微塑料种类的重要步骤，主要通过与标准谱库比对来实现。目前，常用的标准谱库有美国国家标准与技术研究院（National Institute of Standards and Technology，NIST）质谱库、Wiley 质谱库等。这些谱库中包含了大量已知化合物的质谱图信息，涵盖了各种常见微塑料及其热解产物和挥发性添加剂的质谱特征。在实际分析中，将样品的质谱图与标准谱库中的图谱进行比对时，通常采用相似度匹配算法。例如，NIST 质谱库的检索算法会计算样品质谱图与库中图谱的相似度得分，相似度得分越高，表明样品与该库中化合物的匹配程度越高。一般来说，当相似度得分大于80%时，可初步认为样品与库中对应的化合物具有较高的相似性。以聚乙烯微塑料为例，其热解产物主要为乙烯、丙烯等烯烃类化合物，在质谱图中会出现相应的特征离子峰，如乙烯的特征离子峰质荷比（m/z）为 28，丙烯的特征离子峰 m/z 为 42。将样品的质谱图与 NIST 质谱库中聚乙烯的标准质谱图进行比对，若样品质谱图中出现了与标准质谱图中乙烯、丙烯等特征离子峰质荷比相同且相对丰度比例相似的峰，同时相似度得分较高，即可初步判断样品中存在聚乙烯微塑料。此外，还可以结合气相色谱的保留时间信息进一步确认微塑料的种类。不同微塑料在气相色谱柱中的保留时间不同，通过质谱图和保留时间的双重确认可以提高定性分析的准确性。

定量分析是测定微塑料含量的关键步骤，主要基于峰面积或峰高进行计算。在基于峰面积的定量分析中，以外标法为例，首先需要制备一系列已知浓度的微塑料标准品，这些标准品的浓度范围应涵盖样品中可能存在的微塑料浓度。然后对这些标准品进行 TED-GC-MS 分析，得到标准品中微塑料特征离子的峰面积。以微塑料浓度为横坐标、特征离子峰面积为纵坐标，绘制标准曲线。在相同的分析条件下，对未知样品进行 TED-GC-MS 分析，得到样品中微塑料特征离子的峰面积。根据样品的峰面积，在标准曲线上查找对应的浓度，从而计算出样品中微塑料的含量。例如，在检测土壤中的聚苯乙烯微塑料时，制备浓度为 0.1 μg/mL、0.5 μg/mL、1 μg/mL、5 μg/mL、10 μg/mL 的聚苯乙烯标准品，经过 TED-GC-MS 分析后，得到各标准品中聚苯乙烯特征离子（如苯乙烯单体，$m/z = 104$）的峰面积。绘制标准曲线后，对土壤样品进行分析，若测得土壤样品中聚苯乙烯特征离子的峰面积为 3 000，通过标准曲线计算得出对应的聚苯乙烯微塑料浓度为 2.5 μg/mL。在基于峰高的定量分析中，其原理与基于峰面积的定量分析类似，只是以微塑料特征离子的峰高代替峰面积进行标准曲线的绘制和样品含量的计算。然而，在实际应用中，基于峰面积的定量分析通常更为准确，因为峰面积受仪器响应波动等因素的影响相对较小，能够提供更稳定的定量结果。同时，为了提高定量分析的准确性，还需要定期对仪器进行校准，以确保仪器响应的稳定性和线性度。此外，在分析复杂样品时，可能需要采用内标法或标准加入法等方法来校正基质效应等因素对定量结果的影响。

3）热萃取-解吸-气相色谱-质谱法测定微塑料的优点

①高灵敏度与高分辨率

TED-GC-MS 在测定微塑料时，展现出高灵敏度与高分辨率的特性，这使其在微塑料检测领域具备显著优势。

在灵敏度方面，TED-GC-MS 能够检测到极低浓度的微塑料，这对于环境样品中微塑料的检测至关重要。环境中的微塑料通常以极低的浓度存在，传统检测方法往往难以准确检测。而 TED-GC-MS 则凭借其先进的热萃取解吸技术，能够有效地将微塑料中的挥发性成分释放出来，并通过气相色谱和质谱的高灵敏度检测，实现对低浓度微塑料的准确测定。有研究表明，在对海洋水样进行检测时，TED-GC-MS 能够检测到浓度低至

0.01 μg/L 的微塑料，而传统的光学显微镜检测方法在相同条件下，检出限通常为 1 μg/L，TED-GC-MS 的灵敏度相较于传统方法提高了 100 倍。这种高灵敏度使得 TED-GC-MS 能够发现环境中极其微量的微塑料污染，为微塑料污染的早期检测和防控提供了有力的技术支持。

在分辨率方面，TED-GC-MS 能够清晰地区分结构相似的微塑料。不同种类的微塑料，其化学结构可能存在细微差异，传统检测方法很难对这些结构相似的微塑料进行准确区分。TED-GC-MS 通过气相色谱的高分离效率，能够将微塑料热解产生的复杂混合物中的各个组分有效分离，再结合质谱的高分辨率分析，能够精确地确定微塑料的化学结构和成分，从而实现对结构相似微塑料的准确识别。例如，聚乙烯和聚丙烯这两种微塑料，它们的化学结构相似，仅在分子链的组成上存在差异。在 TED-GC-MS 分析中，聚乙烯热解产生的主要产物为乙烯、丙烯等，而聚丙烯热解产生的主要产物除了乙烯、丙烯外，还含有较多的丁烯等物质。通过对这些热解产物的精确分析，TED-GC-MS 能够准确地区分聚乙烯和聚丙烯微塑料，避免了传统方法可能出现的误判。

TED-GC-MS 的高灵敏度和高分辨率特性，使其在微塑料检测中具有极高的准确性和可靠性。在对复杂环境样品进行检测时，其能够准确地识别和定量微塑料，这为微塑料污染的研究和治理提供了精确的数据支持。

②能够检测复杂基质中的微塑料

TED-GC-MS 在检测复杂基质中的微塑料方面表现出卓越的能力，众多研究案例充分证实了其有效性和优势。

在土壤样品检测中，研究人员运用 TED-GC-MS 技术对农业土壤中的微塑料进行分析。土壤作为一种复杂的基质，含有大量的矿物质、有机物、微生物等成分，这些成分可能会对微塑料的检测产生干扰。但 TED-GC-MS 技术通过独特的热萃取解吸过程，能够有效地将微塑料从复杂的土壤基质中分离出来。在热解吸过程中，微塑料中的挥发性添加剂和热解产物会从微塑料基体中释放出来，而土壤中的大部分矿物质和稳定的有机物则不会在该温度条件下挥发，从而避免了基质干扰。通过对热解吸产物的气相色谱-质谱分析，研究人员成功检测出土壤中聚乙烯、聚丙烯等常见微塑料的存在，并准确地测定了其含量。研究结果表明，在某农业土壤样品中，聚乙烯微塑料的含量达到了 50 μg/kg，聚丙烯微塑料的含量为 30 μg/kg。

在生物组织样品检测方面，TED-GC-MS 技术同样展现出强大的优势。有研究利用该技术对鱼类组织中的微塑料进行检测。鱼类组织富含蛋白质、脂肪等生物大分子，且微塑料在生物组织中的含量通常较低，检测难度较大。TED-GC-MS 技术通过热萃取解吸，能够将微塑料从生物组织中提取出来，并对其进行分析。在分析过程中，热解吸产生的挥发性物质经过气相色谱的分离，有效地避免了生物组织中其他成分的干扰。质谱分析则能够准确地识别微塑料的种类和成分。研究发现，从某海域采集的鱼类样品，其肝脏和肠道组织中均被检测到了聚苯乙烯微塑料，含量分别为 10 μg/g 和 15 μg/g。

TED-GC-MS 技术能够克服基质干扰，主要基于以下原理和优势：在热萃取解吸过程中，通过控制温度程序，使微塑料在特定温度下释放出挥发性成分，而基质中的大部分干扰物质在该温度范围内不会挥发，从而实现了微塑料与基质的初步分离。气相色谱的高分离效率能够进一步将微塑料热解产物与基质中可能存在的少量挥发性干扰物质分离。不同化合物在气相色谱柱中的保留时间不同，微塑料热解产物能够与干扰物质在色谱柱中有效分离，从而避免干扰物质对质谱分析的影响。质谱仪具有高灵敏度和高选择性的特点，能够准确地识别微塑料热解产物的特征离子，即使在复杂基质存在的情况下，也能通过对特征离子的分析准确地确定微塑料的种类和成分。

综上所述，TED-GC-MS 技术在检测复杂基质中的微塑料时，凭借其独特的热萃取解吸、气相色谱分离和质谱分析原理，能够有效地克服基质干扰，准确地检测出微塑料的种类和含量，为研究微塑料在复杂环境中的分布和生态效应提供了可靠的技术支持。

③可提供全面的化学信息

TED-GC-MS 在微塑料检测中具有独特优势，不仅能够精准确定微塑料的种类，还能深入分析其添加剂、降解产物等化学信息，这为微塑料的研究提供了全面而丰富的数据支持。

在确定微塑料种类方面，TED-GC-MS 通过对微塑料热解产物的分析，能够准确地识别不同类型的微塑料。例如，聚乙烯、聚丙烯、聚氯乙烯等常见微塑料，在热解过程中会产生具有特征性的热解产物。聚乙烯热解主要产生乙烯、丙烯等烯烃类化合物，聚丙烯热解除了产生乙烯、丙烯外，还会有较多的丁烯等产物，而聚氯乙烯热解则会产生氯乙烯单体等特征产物。通过对这些热解产物进行质谱分析，再与标准谱库进行比对，能够准确判断微塑料的种类。在对某河流底泥样品的分析中，研究人员利用 TED-GC-MS 技术，通过对热解产物的分析，成功鉴定出其中存在的聚乙烯和聚丙烯微塑料，为了解该河流底泥中的微塑料污染状况提供了关键信息。

对于添加剂的分析，TED-GC-MS 能够检测出微塑料中常见的增塑剂、抗氧化剂、阻燃剂等添加剂。增塑剂邻苯二甲酸酯类是微塑料中广泛使用的添加剂，能够增加塑料的柔韧性和可塑性。在塑料制品的回收利用中，利用 TED-GC-MS 技术检测到回收塑料颗粒中含有邻苯二甲酸二（2-乙基己基）酯等增塑剂，这对于评估回收塑料的质量和安全性具有重要意义。抗氧化剂，如受阻酚类化合物，能够防止微塑料在加工和使用过程中发生氧化降解。在对老化微塑料样品的分析中，利用TED-GC-MS可检测到其中含有抗氧化剂2,6-二叔丁基-4-甲基苯酚（2,6-Di-Tert-Butyl-4-Methylphenol，BHT），这为研究微塑料的老化机制提供了重要线索。阻燃剂多溴联苯醚类能够提高微塑料的阻燃性能，在对电子垃圾拆解场地周边土壤样品的分析中发现，利用TED-GC-MS检测到土壤中的微塑料含有多溴联苯醚类阻燃剂，这揭示了电子垃圾拆解活动对周边环境微塑料污染的影响。

在降解产物分析方面，利用TED-GC-MS可以对微塑料在自然环境中降解产生的产物进行分析，从而深入了解微塑料的降解过程和机制。在模拟海洋环境中微塑料降解的实验中，利用TED-GC-MS技术分析发现，聚乙烯微塑料在光照和微生物的作用下，降解产生了低分子量的烷烃、烯烃以及一些含氧有机化合物，这些结果为研究海洋环境中微塑料的降解途径和生态影响提供了重要数据。通过对不同阶段微塑料降解产物的分析，还可以推测微塑料在环境中的降解程度和稳定性，从而为评估微塑料对生态系统的长期影响提供科学依据。

在实际研究中，TED-GC-MS的这一优势得到了充分体现。在对某沿海湿地生态系统中微塑料的研究中，研究人员通过TED-GC-MS技术不仅确定了湿地土壤和水体中存在的微塑料种类，包括聚乙烯、聚丙烯、聚苯乙烯等，还检测到了微塑料中含有的多种添加剂，如增塑剂DEHP、抗氧化剂BHT等，以及微塑料降解产生的一些小分子化合物。这些化学信息，为深入研究微塑料在沿海湿地生态系统中的来源、迁移转化规律以及对生态系统的影响提供了有力支持，有助于制定更加有效的环境保护措施，以减少微塑料对生态系统的危害。

④分析速度较快

TED-GC-MS在分析速度方面相较于其他一些检测方法具有明显优势，这主要体现在其样品处理和检测流程的高效性上。

在样品处理环节，TED-GC-MS技术具有独特的优势。以检测水体中的微塑料为例，传统的显微镜检测方法需要对样品进行烦琐的过滤、分离、染色等预处理。在过滤过程中，为了确保微塑料的有效截留，需要选择合适孔径的滤膜，这一过程不仅耗时，而且对操作人员的技术要求较高。完成过滤后，还需对滤膜上的微塑料进行分离，将其从其他杂质中提取出来，这一步骤往往需要借助镊子等工具进行人工操作，效率较低。而TED-GC-MS技术采用热萃取解吸的方式，能够将整个含有微塑料的样品（如过滤后的滤纸）直接放入热解吸装置中进行处理。这种方式大大简化了样品处理流程，减少了操作步骤，从而节省了大量的时间。研究表明，使用传统显微镜检测方法处理一个水样，仅样品预处理时间就可能长达数小时，而采用 TED-GC-MS 技术，样品处理时间可缩短至 30 min。

在检测流程方面，TED-GC-MS 技术同样展现出高效性。气相色谱的分离速度较快，能够在较短时间内将微塑料热解产物和挥发性添加剂分离为单个组分。以常见的 30 m 长的毛细管气相色谱柱为例，在合适的温度程序和载气流量条件下，微塑料热解产物的分离时间一般为 15～30 min。质谱作为检测的关键环节，其扫描速度也非常快，能够快速对分离后的组分进行离子化和质量分析。在全扫描模式下，质谱可以在每秒内扫描多个质荷比范围，获取大量的质谱信息。选择离子监测模式，由于只针对特定质荷比的离子进行监测，扫描速度更快，能够更快速地检测到目标微塑料的特征离子。

将 TED-GC-MS 技术与其他检测方法进行对比，这种技术优势更加明显。例如，FTIR 技术虽然在微塑料定性分析方面具有一定的优势，但在分析速度上相对较慢。FTIR 分析需要对样品进行逐点扫描，对于复杂的微塑料样品，扫描时间可能长达数小时。拉曼光谱技术在检测微塑料时，也存在扫描速度较慢的问题，特别是对于大面积样品分析，需要花费较长时间进行数据采集和处理。而 TED-GC-MS 技术能够在较短的时间内完成从样品处理到检测分析的全过程，大大提高了分析效率。在实际应用中，对于批量样品的检测，TED-GC-MS 技术能够在一天内完成数十个样品的分析，而采用 FTIR 或拉曼光谱技术，相同数量的样品分析可能需要数天。

综上所述，热萃取-解吸-气相色谱-质谱法在分析速度方面具有显著优势，其高效的样品处理和检测流程，能够大大缩短分析时间，提高检测效率，可满足对大量样品快速分析的需求，从而为微塑料污染的检测和研究提供了有力的技术支持。

4）热萃取-解吸-气相色谱-质谱法测定微塑料的缺点

①仪器设备昂贵

TED-GC-MS 在微塑料检测中具有显著优势，但仪器设备昂贵这一缺点也不容忽视。TED-GC-MS 系统由热萃取解吸装置、气相色谱仪和质谱仪等多个核心部件组成，这些仪器的购置成本高昂。一台普通的气相色谱仪价格通常在 10 万～50 万元人民币之间，而质谱仪的价格更是高达 50 万～200 万元人民币，热萃取解吸装置的价格也在 10 万～30 万元人民币。对于一些配置更高、功能更复杂的 TED-GC-MS 系统，其价格甚至会超过 500 万元。

除了购置成本外，仪器的维护和运行成本也相当高。气相色谱仪和质谱仪需要定期进行维护保养，包括更换色谱柱、清洗离子源、校准仪器等。一根高质量的气相色谱柱价格在数千元到上万元不等，且使用寿命有限，一般在使用一定次数或时间后就需要更换。质谱仪的离子源容易受到污染，需要定期清洗，每次清洗都需要耗费一定的时间和成本。此外，仪器运行过程中还需要消耗大量的载气、吸附剂等耗材。载气（如氦气）的价格相对较高，以常见的40 L钢瓶氦气为例，价格在1 000～3 000元之间，且随着使用会不断消耗。吸附剂也需要定期更换，每次更换的成本在数千元左右。

高昂的仪器设备成本对研究和检测工作带来了多方面的限制。对于一些科研机构和实验室来说，尤其是资金相对匮乏的小型实验室和发展中国家的科研单位，难以承担如此高昂的仪器购置费用，这使得他们在开展微塑料检测研究时面临巨大的困难，限制了相关研究的开展和深入。在实际检测工作中，高昂的运行成本也使得一些检测机构在进行大规模样品检测时需要谨慎考虑成本效益。由于检测成本高，可能无法对大量样品进行检测，从而影响了检测结果的代表性和准确性。

为了降低成本，可采取一些可能的途径。在仪器购置方面，科研机构和实验室可以通过联合采购的方式，与其他单位共同出资购买TED-GC-MS设备，实现资源共享，降低单个单位的购置成本。一些高校和科研机构已经开展了类似的合作，共同建立大型仪器共享平台，以提高仪器的使用效率。在仪器维护方面，加强操作人员的培训，提高其操作技能和维护意识，能够减少仪器故障的发生，延长仪器的使用寿命，从而降低维护成本；建立完善的仪器维护管理制度，定期对仪器进行保养和维护，及时发现并解决潜在问题，也有助于降低维护成本。在耗材使用方面，可以通过优化实验条件，减少耗材的浪费。在设置热萃取解吸参数时，通过实验优化找到最佳参数，减少不必要的载气消耗。还可以探索使用更经济实惠的替代耗材，在保证检测效果的前提下，寻找价格相对较低的载气和吸附剂等。

②样品前处理复杂

利用TED-GC-MS法测定微塑料时，样品前处理过程较为复杂，包括多个步骤，每个步骤都存在引入误差的风险，这对检测结果的准确性产生了显著影响。

以土壤样品为例，在去除杂质步骤中，使用密度分离法时，若溶液的密度调配不准确，可能导致微塑料与杂质分离不彻底；在使用饱和氯化钠溶液进行密度分离时，若溶液浓度偏低，密度小于目标值，可能会使部分密度稍大的微塑料无法有效漂浮，随杂质沉降，从而造成微塑料的损失，导致检测结果偏低。有研究表明，当饱和氯化钠溶液的密度比标准值低0.05 g/cm³时，土壤样品中聚乙烯微塑料的回收率从90%降至70%。在氧化消化法中，若氧化剂的浓度过高或反应时间过长，可能会对微塑料的结构造成破坏，影响后续的分析。在使用过氧化氢处理土壤样品时，若过氧化氢浓度从30%提高到

50%，反应时间从 12 h 延长至 24 h，聚丙烯微塑料的表面会出现明显的氧化痕迹，热解产物的种类和相对丰度会发生变化，导致质谱分析时无法准确识别微塑料的种类。

在富集微塑料的步骤中，过滤法存在滤膜选择不当和过滤操作不规范的问题。若选择的滤膜孔径过大，可能会使部分小粒径的微塑料透过滤膜，造成微塑料的漏检；若孔径过小，又可能会导致过滤速度过慢，甚至堵塞滤膜。在检测水样中的微塑料时，若选择孔径为 100 μm 的滤膜，对于粒径小于 100 μm 的微塑料，检测率仅为 50%。过滤操作过程中，若真空度不稳定，可能会使微塑料在滤膜上分布不均匀，从而影响后续的热萃取解吸效果。离心法中，离心转速和时间的选择也至关重要。若离心转速过低或时间过短，微塑料则无法充分沉降，导致富集效果不佳；若离心转速过高或时间过长，可能会使微塑料受到机械损伤。在处理土壤样品悬浮液时，当离心转速从 5 000 转/分钟降至 3 000 转/分钟、离心时间从 15 min 缩短至 10 min 时，微塑料的回收率从 85% 降至 60%。

为了减少误差，可采取一系列改进措施：在样品前处理过程中，操作人员应经过严格的培训，熟练掌握各种操作技能，以确保操作的准确性和一致性；使用高精度的仪器设备进行溶液配制和密度测量，定期对仪器进行校准和维护，以保证仪器的准确性；在进行密度分离时，可使用密度计精确测量溶液密度，以确保其符合要求；对于复杂样品，可采用多种前处理方法相结合的方式，先使用密度分离法去除大部分杂质，再使用氧化消化法进一步去除残留的有机物，以提高样品的纯度和检测结果的准确性；在处理土壤样品时，先通过密度分离法去除大部分矿物质等杂质，再使用过氧化氢进行氧化消化，可有效提高微塑料的回收率和检测的准确性。还应加强对样品前处理过程的质量控制，每批样品都应设置空白对照和加标回收实验，以便及时发现和纠正可能存在的误差。

③对操作人员要求高

利用 TED-GC-MS 测定微塑料对操作人员的专业知识和技能提出了较高要求。操作人员不仅需要熟悉 TED-GC-MS 仪器的基本原理和操作方法，还需掌握微塑料相关的专业知识。

在仪器操作方面，操作人员要熟练掌握热萃取–解吸设备、气相色谱仪和质谱仪的操作流程。以热萃取–解吸设备为例，需要准确设置温度、时间、气流等参数。在分析土壤样品中的微塑料时，若操作人员对温度参数设置不合理，初始温度设置过高，这可能会导致微塑料中的低沸点挥发性添加剂在短时间内被大量释放，无法实现有效分离和检测；升温速率设置过快，会使微塑料热解过程难以控制，产生复杂的热解产物，从而影响后续的分析。在气相色谱仪操作中，要正确选择色谱柱，根据微塑料的种类和分析要求，合理设置温度程序和载气流量。在分析聚氯乙烯微塑料时，若操作人员选择了不适合的非极性色谱柱，聚氯乙烯热解产物中的极性化合物无法得到有效分离，导致色谱峰重叠，无法被准确识别和定量。在质谱仪操作中，要根据微塑料的特点选择合适的离子源和扫描模式，准确设置质量范围等参数。操作人员在检测含有多种添加剂的微塑料时，如果选择的质量范围过窄，可能会遗漏一些添加剂的特征离子，导致无法全面分析微塑料的化学成分。

微塑料相关的专业知识同样重要，操作人员需要了解微塑料的种类、结构、性质，以及它们在环境中的迁移转化规律。在分析海洋生物体内的微塑料时，操作人员若不了解微塑料在生物体内的富集机制，可能无法准确判断微塑料的来源和对生物的影响；对微塑料的降解产物和添加剂的性质和特征缺乏了解，也会影响质谱分析中对相关离子峰的识别和判断。

操作人员的技术水平对检测结果的准确性和可靠性影响显著。技术水平较高的操作人员能够准确地进行样品前处理、仪器操作和数据分析，从而获得准确可靠的检测结果。在对某河流底泥样品进行微塑料检测时，经验丰富的操作人员能够严格按照操作规程进行样品前处理，有效去除杂质，富集微塑料，在仪器操作中能准确设置参数，使微塑料的热解产物和挥发性添加剂得到充分分离和检测，在数据分析时能够准确地识别和定量微塑料，使检测结果的误差较小。而技术水平较低的操作人员可能会因为操作不当，导致检测结果出现偏差。样品前处理过程可能会引入杂质或造成微塑料的损失；在仪器操作中，参数设置不合理会导致分离效果不佳，检测灵敏度降低；在数据分析时，可能会误判微塑料的种类和含量。在对某土壤样品进行检测时，操作人员在样品前处理过程中未完全去除杂质，导致杂质干扰了微塑料的检测，使检测结果出现偏差，微塑料的含量被高估。

为了提高操作人员的技术水平，可采取以下措施：对操作人员进行定期培训，邀请专业的技术人员进行授课，讲解 TED-GC-MS 仪器的原理、操作方法和维护要点，以及微塑料检测的最新研究进展和技术规范；提供实践操作机会，让操作人员在实际工作中不断积累经验，提高操作技能；建立考核机制，对操作人员的技术水平进行定期考核，确保其能够熟练掌握 TED-GC-MS 技术，准确地进行微塑料检测。

④存在一定的检测局限性

TED-GC-MS在微塑料检测中虽具有显著优势，但也存在一定的局限性。

在大尺寸微塑料检测方面，TED-GC-MS 存在一定难度。该方法主要基于微塑料的热解吸和挥发性成分分析，而大尺寸微塑料由于其质量较大、热传递相对较慢，在热萃取解吸过程中，难以保证整个样品均匀受热，导致热解吸不完全。在分析粒径大于 5 mm

的大尺寸微塑料时，部分微塑料内部的挥发性添加剂和热解产物无法充分被释放，从而影响检测结果的准确性。大尺寸微塑料在样品前处理过程中也可能会对仪器设备造成一定的损坏，如在过滤过程中，大尺寸微塑料可能会堵塞滤膜，影响过滤效率和质量；在热萃取解吸过程中，大尺寸微塑料可能会导致热解吸装置加热不均匀，甚至损坏加热元件。

在添加剂检测方面，TED-GC-MS 也存在一定的限制。该方法虽然能够检测出微塑料中常见的添加剂，但对于一些含量极低或与微塑料基体结合紧密的添加剂，检测效果并不理想。某些新型添加剂，由于其化学结构特殊，在热解吸过程中可能会发生分解或转化，无法产生特征性的离子峰，从而难以被准确检测和识别。在检测含有新型阻燃剂的微塑料时，该阻燃剂在热解吸过程中被分解成多种复杂的产物，这使得在质谱分析中难以确定其具体成分。

TED-GC-MS 对某些特殊微塑料的检测也存在挑战。对于一些具有特殊化学结构或物理性质的微塑料，如含有大量交联结构的微塑料，其在热解吸过程中难以被分解成小分子化合物，导致检测灵敏度降低。在检测交联聚乙烯微塑料时，由于其交联结构的存在，热解吸产生的挥发性成分较少，质谱信号较弱，给检测带来了困难。一些表面带有特殊涂层或改性的微塑料，其涂层或改性部分可能会干扰微塑料本身的热解吸和质谱分析过程，从而影响检测结果的准确性。

表6-4为三种微塑料成分分析方法的优缺点比较。

表6-4　三种微塑料成分分析方法的优缺点比较

检测技术	优点	局限性
傅里叶变换红外光谱法	不会出现假阳性数据；无损分析；可检测>20 μm的塑料颗粒	需要人工或半自动进行测量；样品必须在光谱分析之前干燥；仪器昂贵；识别所有粒子费时费力；表面接触分析
拉曼光谱法	不会出现假阳性数据；无损分析；可以识别极小的微塑料，在湿样品中表现更好；非接触分析；可检测>1 μm的塑料颗粒	仪器昂贵；识别所有粒子费时费力；受添加剂和色素化学品干扰
色谱分析法	高聚物类型及添加剂可以同时分析；为某些聚合物类型的化学鉴定提供了光谱法的替代方法	具有破坏性；仪器运行和数据处理方面需要花费更多的时间和精力

6.3.1.4　微塑料成分鉴定的其他方法的探索

（1）新技术应用

拉曼光谱法和质谱法在微塑料成分鉴定中的应用，正逐渐成为该领域的新兴技术。拉曼光谱法通过测量样品的分子振动信息，可以确定微塑料的种类和分布情况，而质谱法则通过质谱分析来鉴定微塑料的具体成分。

拉曼光谱法的优势在于其对非极性官能团有更好的响应性，可以测量固体样品，且不受样品中水分子的干扰，能直接对湿样品进行检测。此外，拉曼光谱法的检测时间较长，信噪比较低，而使用激光作为光源也可能导致背景聚合物降解问题。拉曼光谱法的检出限最低可达 $1\ \mu m$，能检出的粒径范围更小，且分析过程中不破坏样品结构，所需的样品量很少，对水的干扰不明显。

质谱法则通过测定样品分子的质量和结构，以质谱图的形式来显示样品的化学成分和结构。质谱法具有高灵敏度、高分辨能力，能在分子水平上进行分析，是鉴定微塑料成分的重要工具。然而，质谱法的缺点在于设备成本高，操作复杂，且对样品的前处理要求较高。

随着科技的进步，拉曼光谱法和质谱法的结合使用，以及其他一些新兴技术的应用，都在不断提高微塑料的检测效率和准确性。例如，表面增强拉曼光谱、光纤增强拉曼光谱等技术的应用，大大提高了拉曼光谱的信号强度，从而极大地提高了检测灵敏度。这些新兴技术的应用，不仅能更准确地鉴定微塑料的成分，还能为研究微塑料的来源、迁移、转化等提供重要信息。

总的来说，拉曼光谱法和质谱法在微塑料成分鉴定中的应用，不仅提高了检测的准确性和灵敏度，也为微塑料的研究和管理提供了新的思路和方法。未来，随着这些新兴技术的不断发展和完善，我们有理由相信，微塑料的研究将会取得更大的突破。

（2）高通量分析技术

微塑料作为一种新兴的环境污染物，其成分和来源的准确鉴定对于环境监管和健康风险评估至关重要。传统的微塑料鉴定方法，如目视观察、X射线衍射、X射线荧光光谱（X-ray fluorescence spectrometer，XRF）等，往往局限于较大尺寸的微塑料，并且对小尺寸的微塑料识别能力有限。因此，开发高通量、高效率的分析技术对于微塑料的快速识别和分类具有重要意义。

高通量分析技术结合了光谱和成像技术的方法，为微塑料的成分鉴定提供了新的思路。例如，激光诱导击穿光谱（laser-induced breakdown spectroscopy，LIBS）作为一种快速、无损的分析技术，可以非破坏性地获取微塑料中的元素组成信息。LIBS技术通过聚焦高能量的激光束打击样品，使样品在瞬间蒸发，产生的高温高压环境能激发出元素的特征 X 射线，通过检测这些特征 X 射线的能量，可以确定样品中元素的种类和含量。这种技术的检测速度快、操作简单，可以实现高通量分析，从而为微塑料的成分鉴定提供新的可能。

另外，拉曼光谱–显微镜联用技术（micro-raman）也为微塑料的成分鉴定提供了新的工具。这种技术不仅能够提供微塑料表面官能团的信息，还能观察到局部的微观形貌，从而为微塑料的成分和来源提供更为详细的信息。

Pyr–GC–MS技术作为一种破坏性的分析方法，虽然具有样品用量小、可定性定量分析等优点，但其破坏性限制了其在高通量分析中的应用。因此，如何在保证分析效率的同时，减少样品的破坏，是该技术发展的一个重要方向。

综上所述，高通量分析技术在微塑料成分鉴定中具有巨大的潜力。随着这些技术的不断发展，未来有望实现对微塑料的成分进行快速、准确、非破坏性的鉴定，从而为环境保护和人类健康提供有力的科学支持。

6.3.2　微塑料形貌的表征方法

6.3.2.1　利用光学显微镜识别

通常情况下，经过消解与分离的样品，最终会通过过滤的方法被截留在滤膜上，将滤膜置于光学显微镜（如体视显微镜）下观察并初步辨识微塑料，其标准包括：颗粒不能被人为分离、具有清晰可辨识的颜色、无可见的细胞或有机物结构。拍照并通过相关软件（如 Image J 等）观察并记录疑似微塑料样品的形状、颜色、粒径、数量等。观察记录后，收集并保存相关样品以供进一步分析。

光学显微镜作为科学研究中不可或缺的工具，在微塑料形态特征的初步探索中发挥着重要作用。通过光学显微镜，研究者可以直观地观察到微塑料颗粒和纤维的形状、大小、颜色等，从而为后续的深入研究提供基础数据。通过光学显微镜可以快速简便地识别出潜在微塑料的粒径、颜色和形状。然而，由于分辨率不足，一些浅色透明或无典型形状的较小颗粒（<100 μm）很难通过光学显微镜鉴定。此外，该方法过度依赖于操作

人员的主观观察，受限于人眼识别、背景干扰以及待测颗粒形状和颜色的辨识度等因素的影响，通过光学显微镜下计数得到的微塑料数量误差较大，并且随着待测微塑料尺寸的减小，误差率会显著提高。一般来说，利用光学显微镜对粒径大于1 mm的微塑料的辨识度较高。

以下将从原理与操作、优势与局限性以及实际应用三个方面，详细探讨光学显微镜在微塑料观察中的应用。

（1）光学显微镜的基本原理

光学显微镜利用光学原理，通过透镜系统将光线聚焦，使微小的物体放大并投影到观察者的视野中。其基本原理包括光的折射、反射和聚焦等。当光线通过显微镜的物镜时，会发生折射并聚焦在样品上，形成放大的图像。然后，这个放大的图像再通过目镜进一步放大，最终呈现在观察者的眼睛中。通过调整显微镜的放大倍数和焦距，可以清晰地观察到不同尺寸的微塑料颗粒。

（2）操作步骤

1）微塑料样品的制备

载玻片的制备：将筛选、消解和分离处理后的微塑料样品置于载玻片上，是观察前的关键步骤。为了确保观察的清晰度和准确性，需要注意以下几点：

①样品分散

在载玻片上滴加少量溶剂（如甘油、乙醇等），将微塑料样品均匀分散在溶剂中。这有助于避免样品在观察过程中发生团聚或重叠的现象。

②盖玻片压实

使用盖玻片轻轻压实样品，确保样品平整且不易移动。压实过程中，应避免用力过大导致样品破裂或变形。

③标记与记录

在载玻片的边缘标记样品的来源、处理日期等信息，以便后续的观察和分析。同时，记录预处理过程中的关键参数，如清洗次数、过滤孔径、干燥时间等，以便在需要时进行追溯。

2）微塑料样品的观察

①显微镜的选择与调整

在选择显微镜时，应根据样品的尺寸、形状和透明度等因素进行选择。对于较小的微塑料颗粒，可能需要使用高倍显微镜或电子显微镜来观察。

放大倍数调整：通过调整显微镜的放大倍数，可以清晰地观察到微塑料的形态特征，如形状、边缘、纹理等。放大倍数的选择应根据样品的尺寸和观察目的进行调整。

焦距调整：焦距的调整对于获得清晰的图像至关重要。通过旋转微调旋钮，可以逐渐调整焦距，直到观察到清晰的图像为止。在调整焦距时，应注意避免过度旋转导致图像失真或模糊。

②染色与标记技术

为了提高对微塑料的识别能力，研究可以结合染色或标记技术。这些技术通过改变微塑料的颜色或荧光特性，使其在显微镜下更容易被识别。

荧光染色：使用荧光染料对微塑料进行染色，可以使其在紫外光激发下发出特定的荧光。荧光的颜色和强度与微塑料的成分和结构有关，因此，可以用于区分不同类型的微塑料。荧光染色的步骤包括选择合适的荧光染料、调整染色浓度和时间等。

标记技术：除了荧光染色外，还可以使用其他标记技术，如免疫标记、化学标记等。这些技术通过特异性识别微塑料表面的官能团或蛋白质等结构，产生可测量的信号，从而实现对微塑料的准确识别和分类。

③显微镜的调整

在使用光学显微镜观察微塑料时，还需要注意显微镜的调整，以确保图像的质量和准确性。

物镜与目镜位置调整：确保物镜和目镜处于正确的位置，避免图像失真或模糊。在更换物镜或目镜时，应轻轻旋转并固定到位，以避免损坏镜头或影响观察效果。

焦距微调：在观察过程中，可能需要对焦距进行微调以获得更清晰的图像。微调时应缓慢旋转微调旋钮，避免过度调整导致图像失真。

照明调整：适当的照明对于获得清晰的图像至关重要。应根据观察目的和样品特性调整显微镜的照明强度和角度，以确保图像的质量和对比度。

④显微镜的校准

为了确保观察结果的准确性，需要定期对显微镜进行校准。校准的内容包括放大倍数的验证、测量尺寸的校准等。

放大倍数验证：使用已知尺寸的校准样品（如微球、标尺等）进行放大倍数的验证。通过比较校准样品的实际尺寸与显微镜下的测量尺寸，可以验证放大倍数的准确性。如果发现放大倍数存在偏差，应调整或校准显微镜的放大系统。

测量尺寸校准：对于需要测量尺寸的微塑料样品，应使用校准后的显微镜进行测量。

校准过程中，应确保测量工具的准确性和精度，避免测量误差对研究结果造成影响。同时，应记录校准过程中的关键参数和数据，以便后续分析和验证。

（3）光学显微镜的优势

光学显微镜在微塑料观察中具有诸多优势。首先，其操作简便、成本低廉且易于普及。这使得研究者能够轻松地使用光学显微镜进行微塑料的初步探索，无须投入大量的资金和时间。其次，光学显微镜能够提供足够的放大倍数，使观察者能够直观地看到微塑料的形态特征。这有助于研究者了解微塑料的形状、大小、颜色等关键信息，为后续的研究提供基础数据。

此外，光学显微镜还具有广泛的应用领域。除了微塑料观察外，它还可以用于观察细胞、细菌、病毒等微小生物体，以及材料科学、地质学等领域的研究。这使得光学显微镜成为科学研究中不可或缺的工具之一。

（4）光学显微镜的局限性

尽管光学显微镜在微塑料观察中具有诸多优势，但也存在一些局限性。首先，其分辨率受到光衍射效应的限制。由于光的衍射效应，光学显微镜无法观察到纳米级的微塑料颗粒，这限制了其在更小尺度上的应用范围。

其次，目视计数法可能会受到尺寸限制和干扰物的影响。在观察微塑料时，研究者通常需要通过目视计数法来统计微塑料的数量。然而，微塑料的尺寸较小且形状不规则，以及样品中可能存在的杂质和干扰物，目视计数法可能会导致计数结果不准确。为了提高识别的准确性，通常需要结合其他技术，如染色或标记技术，以及更高级的显微成像技术。

此外，光学显微镜还受到光源和观察环境的影响。例如，光源的强度和稳定性会影响图像的清晰度和对比度；观察环境的温度和湿度也可能会对样品的形态和稳定性产生影响。因此，在使用光学显微镜观察微塑料时，需要注意控制这些因素，以确保观察结果的准确性。

（5）实际应用

1）微塑料的形态特征分析

光学显微镜在微塑料的形态特征分析中发挥着重要作用。通过观察微塑料的形状、大小、颜色等特征，研究者可以初步了解微塑料的来源、类型以及可能的环境影响。例如，不同来源的微塑料可能具有不同的形状和颜色特征；不同类型的微塑料（如聚乙烯、聚丙烯等）也可能在形态上存在差异。这些信息有助于研究者进一步了解微塑料在环境中的分布和迁移规律。

2）微塑料的定量研究

虽然目视计数法存在一定的局限性，但结合光学显微镜和其他技术，研究者仍然可以对微塑料进行定量研究。例如，可以使用荧光显微镜结合荧光染料对微塑料进行染色和计数，或者使用图像分析软件对显微镜下的图像进行自动识别和计数。这些方法可以提高计数的准确性和效率，为微塑料的定量研究提供有力的支持。

3）微塑料的环境风险评估

光学显微镜还可以用于微塑料的环境风险评估。通过观察微塑料在环境中的分布和形态变化，研究者可以评估其对生态系统的影响程度。例如，如果微塑料在环境中广泛分布且形态多样，可能意味着其对生态系统的潜在风险较高；如果微塑料的数量和形态相对稳定，则可能表明其对生态系统的风险相对较低。这些信息有助于制定针对性的环境保护措施和减少微塑料污染的策略。

4）与其他技术的结合应用

为了克服光学显微镜的局限性并提高其应用能力，研究者通常会将其与其他技术相结合。例如，可以使用电子显微镜（如扫描电子显微镜、透射电子显微镜等）对微塑料进行更高分辨率的观察；或者使用光谱分析技术（如红外光谱、拉曼光谱等）对微塑料的化学成分进行鉴定。这些技术的结合应用可以提供更全面、更准确的信息，从而为微塑料的研究提供更加深入和细致的视角。

6.3.2.2　利用扫描电子显微镜检查

对于微纳米级尺寸（>0.5 nm）的微塑料样品，可以通过扫描电子显微镜（scanmng-electronmicroscope，SEM）进行观察。SEM可以在几乎不损伤和污染原始样品的情况下，获得目标样品的微观图像。在对微塑料进行检测时，需要对样品进行前处理，首先要清洁微塑料样品的表面，可以将样品放入丙酮溶液中，超声清洁至少15 min；之后将样品固定在铝柱上，并用碳带固定，以金、铂、金和钯的合金、银和钯的合金等做薄层覆盖，薄层厚度为20～50 nm，镀膜方式包括真空镀膜、离子溅射和离子束镀膜，最后在高电压下进行显微镜检查。SEM可以观察到清晰、高分辨率的颗粒图像，但是不能作为判断颗粒是否为塑料材质的依据，也无法得知聚合物成分的具体信息。

SEM作为一种先进的显微成像技术，以其高分辨率和强大的放大能力，在观察微塑料的表面形态和微观结构方面展现出了独特的优势。通过SEM技术，研究者可以深入到微塑料的微观世界，揭示其表面形态、微观结构以及可能的环境变化痕迹，为微塑料的环境影响评估和治理提供科学依据。以下将从SEM的原理与操作、优势与局限性以及实际应用三个方面进行详细探讨。

（1）SEM的基本原理

SEM的基本原理是利用聚焦的电子束在样品表面进行扫描，当电子束与样品表面相互作用时，会激发出多种信号，包括二次电子、背景散射电子、俄歇电子等。这些信号携带着样品表面的成分信息，被探测器收集并转换成电信号。然后，这些电信号经过放大和处理后，形成图像，供研究者观察和分析。

在SEM中，电子束的聚焦和扫描是通过电磁透镜和扫描线圈实现的。电子束的加速电压通常在几千伏到几十千伏之间，通过调整加速电压和电子束的扫描速度，可以实现对样品表面的高分辨率观察。同时，SEM还配备了多种探测器，用于收集不同类型的信号，以满足不同的研究需求。

（2）操作步骤

1）微塑料样品的预处理
①预处理的重要性
在观察微塑料时，样品的预处理是一个至关重要的步骤。微塑料的导电性通常较差，这会影响电子束在样品表面的扫描效果，导致图像质量下降，甚至无法获得清晰的图像。因此，在观察前，对样品进行适当的预处理，以增强其导电性，是确保SEM观察效果的关键。

②常用的预处理方法
镀金：镀金是一种常用的增强样品导电性的方法。通过将微塑料样品置于镀金液中，利用电化学原理在样品表面沉积一层金膜，从而提高样品的导电性。镀金后的样品不仅导电性增强，而且表面光滑，有利于电子束的扫描和图像的获取。

镀碳：镀碳是另一种常用的增强样品导电性的方法。与镀金相比，镀碳的成本更低，操作也更简单。通过将微塑料样品置于真空环境中，利用碳源（如石墨）在高温下蒸发并在样品表面沉积一层碳膜，从而增强样品的导电性。镀碳后的样品同样具有良好的导电性和观察效果。

喷涂导电涂料：喷涂导电涂料是一种简单快捷的增强样品导电性的方法。通过将导电涂料均匀喷涂在微塑料样品表面，形成一层导电层，从而提高样品的导电性。导电涂料应根据样品的特性和观察需求来选择。

③预处理过程中的注意事项

选择合适的预处理方法：在选择预处理方法时，应根据样品的特性、观察需求以及实验条件进行综合考虑。例如，对于形状复杂或易碎的微塑料样品，可能更适合采用喷涂导电涂料的方法；而对于需要高分辨率观察的样品，则可能需要采用镀金或镀碳的方法。

控制预处理条件：在预处理过程中，应严格控制条件，如温度、时间、浓度等，以确保预处理效果的一致性和稳定性。例如，在镀金或镀碳过程中，应控制镀液的浓度和温度，以及镀膜的厚度和时间；在喷涂导电涂料时，应控制涂料的浓度和喷涂量，以及喷涂的均匀性和覆盖率。

避免污染和损伤：在预处理过程中，应尽量避免样品受到污染和损伤。例如，在镀金或镀碳过程中，应防止镀液中的杂质进入样品；在喷涂导电涂料时，应防止涂料过度堆积或形成气泡等缺陷。

2）微塑料样品的观察

①SEM 的观察原理

SEM 是一种利用电子束扫描样品表面并收集产生的二次电子、背散射电子等信号来形成图像的高分辨率显微镜。由于电子束的波长比可见光短得多，因此，SEM 具有比光学显微镜更高的分辨率和放大倍数。同时，SEM 还可以提供样品的表面形貌、微观结构以及元素组成等信息。

②观察参数的调整

扫描速度和加速电压：扫描速度和加速电压是影响 SEM 观察效果的重要参数。扫描速度越快，图像获取的时间越短，但图像的分辨率和清晰度可能会降低；加速电压越高，电子束的穿透能力越强，但也可能会导致样品表面损伤和图像质量下降。因此，在观察过程中，应根据样品的特性和观察需求调整扫描速度和加速电压等参数。

放大倍数和焦距：放大倍数和焦距是影响 SEM 图像清晰度和细节表现的关键因素。通过调整 SEM 的放大倍数和焦距，可以清晰地观察到微塑料的表面形态和微观结构。在调整过程中，应注意避免过度放大导致图像失真或模糊；同时，也要确保焦距的调整可使图像达到最佳清晰度。

③图像处理功能的应用

SEM 通常配备有图像处理功能，如增强、平滑、锐化等操作。这些功能可以帮助研究者提高图像的质量和可读性，从而更好地分析和理解微塑料的形态和结构特征。例如，通过增强操作可以提高图像的对比度和亮度；通过平滑操作可以减少图像中的噪声和干扰；通过锐化操作可以突出图像中的细节和边缘特征。

3）SEM的操作与维护

①操作过程中的注意事项

确保工作环境稳定：SEM的工作环境对其性能和稳定性至关重要。在操作前，应确保SEM的工作环境稳定，避免温度、湿度等环境因素的波动对仪器性能的影响。例如，应保持SEM所在房间的温度和湿度在适宜范围内；同时，也要避免阳光直射和强磁场干扰等不利因素。

定期校准SEM参数：为了确保SEM的准确性和稳定性，需要定期对其各项参数进行校准。例如，应定期校准SEM的放大倍数、焦距、分辨率等关键参数；同时，也要对SEM的电子束扫描速度和加速电压等参数进行定期检查和调整。校准可以确保SEM的性能稳定可靠，从而提高观察结果的准确性和可靠性。

操作技能的专业性：SEM的操作相对复杂，且需要专业技能的人员进行。因此，在操作过程中需要严格按照操作规程进行，避免误操作导致仪器损坏或观察结果不准确。同时，也需要不断学习和掌握新的操作技能和方法，以适应微塑料研究的不断发展和变化。

②维护与保养

日常清洁：在日常使用中，应定期对SEM进行清洁和维护。例如，应定期清理SEM的样品台、镜头和探测器等部件上的灰尘和污垢；同时，也要保持SEM内部的清洁和干燥。日常清洁可以延长SEM的使用寿命并保持其性能稳定。

定期维护：除了日常清洁外，还需要定期对SEM进行更深入的维护和保养。例如，应定期对SEM的真空系统、冷却系统、电源系统等关键部件进行检查和维护；同时，也要对SEM的软件系统进行更新和升级。定期维护可以确保SEM的性能和稳定性能够长期保持。

故障处理：在使用过程中，如果SEM出现故障或异常情况，应及时进行处理和维修。例如，如果SEM的图像质量下降或无法正常工作，应首先检查SEM的电源、真空系统、镜头等部件是否正常；如果无法解决问题，则需要联系专业维修人员进行维修和调试。及时处理故障，可以确保SEM的正常运行和观察结果的准确性。

（3）SEM的优势

SEM在观察微塑料方面具有诸多优势。首先，其高分辨率和强大的放大能力使得研究者能够清晰地观察到微塑料的表面形态和微观结构，包括表面的粗糙度、裂纹、孔洞等细节特征。这些特征对于了解微塑料的来源、类型以及可能的环境变化具有重要意义。

其次，SEM还可以与能量色散X射线联用（SEM-EDS/EDX），同时对微塑料进行表面形貌鉴定和元素组成分析。这种方法不仅可以揭示微塑料的表面形貌特征，还可以了解其化学成分和元素组成，从而为微塑料的识别、分类和来源追溯提供有力支持。

此外，SEM还具有操作简便、适用范围广等优点。它不仅可以用于观察微塑料，还可以用于观察其他类型的微小颗粒和表面结构，如纳米材料、生物细胞等。这使得SEM成为科学研究中不可或缺的工具之一。

（4）SEM的局限性

尽管SEM在观察微塑料方面具有诸多优势，但也存在一定的局限性。首先，它对样品的导电性要求较高。微塑料的导电性通常较差，这会影响电子束在样品表面的扫描效果，导致图像质量下降。因此，在观察前需要对样品进行预处理，以增强其导电性，这会增加操作的复杂性和成本。

其次，SEM的成像过程会受到电子束与样品相互作用的影响，可能会产生一定的图像畸变和伪影，这些畸变和伪影可能会干扰研究者对微塑料表面形态和微观结构的准确判断。因此，在使用SEM进行观察时，需要注意对图像进行校正和处理，以提高其准确性和可读性。

此外，SEM设备的成本较高，且需要专业的人员进行操作和维护，这使得SEM在一些资源有限的研究机构中难以被普及和应用。因此，在推广SEM技术时，需要考虑这些因素，并采取相应的措施来降低其成本，并提高其易用性。

（5）实际应用

1）微塑料的形态特征分析

SEM在微塑料的形态特征分析中发挥着重要作用。通过观察微塑料的表面形态和微观结构，研究者可以了解微塑料的形状、大小、颜色等特征，以及表面的粗糙度、裂纹、孔洞等细节特征。这些信息有助于研究者识别微塑料的类型和来源，并评估其可能对环境带来的影响。

例如，一些研究表明，不同来源的微塑料在表面形貌和微观结构上存在差异。通过SEM观察，可以清晰地看到这些差异，从而为微塑料的来源追溯提供有力支持。此外，SEM还可以用于观察微塑料在环境中的变化过程，如老化、降解等，从而为评估其环境影响提供科学依据。

2）微塑料的元素组成分析

SEM与能量色散X射线联用（SEM-EDS/EDX）可以同时对微塑料进行表面形貌鉴定和元素组成分析。这种方法不仅可以揭示微塑料的表面形貌特征，还可以了解其化学成分和元素组成，这对于了解微塑料的来源、类型以及可能的环境变化具有重要意义。

例如，通过SEM-EDS/EDX分析，可以检测微塑料中可能含有的添加剂、污染物等。这些信息有助于研究者评估微塑料的环境风险和潜在的健康影响。同时，通过比较不同来源的微塑料的元素组成差异，还可以为追溯微塑料的来源提供有力支持。

3）微塑料的环境风险评估

SEM技术还可以用于微塑料的环境风险评估。通过观察微塑料在环境中的分布、数量，以及表面形态和微观结构的变化情况，可以评估其对生态系统的影响程度。例如，如果微塑料在环境中广泛分布且数量众多，且表面形态和微观结构发生变化（如老化、降解等），则可能意味着其对生态系统的潜在风险较高。

此外，SEM技术还可以与其他技术相结合，如荧光显微镜、红外光谱等，从而对微塑料进行更全面的分析。这些技术的结合应用可以提供更丰富、更准确的信息，为微塑料的环境风险评估提供更加深入和细致的研究视角。

6.3.2.3　透射电子显微镜观察

透射电子显微镜（transmission electron microscope，TEM）作为一种高分辨率的显微成像技术，以其独特的成像原理和分析能力，在微塑料研究领域展现出了巨大的潜力。通过TEM技术，研究者可以深入微塑料的内部，揭示其精细的结构特征和化学成分，从而为微塑料的环境影响评估、来源追溯以及治理提供科学依据。以下将从TEM的原理与操作、优势与局限性，以及实际应用三个方面进行详细介绍。

（1）TEM的基本原理

TEM的基本原理是利用加速的电子束穿过样品，当这些高速运动的电子与样品中的原子发生相互作用时，会发生散射和衍射等现象。这些散射和衍射的电子携带着样品内部的结构和化学成分信息，被探测器收集并转换成电信号。然后，这些电信号经过放大和处理后形成图像，供研究者观察和分析。

在TEM中，电子束的加速和聚焦是通过电磁透镜系统实现的。电子束的加速电压通常在几十千伏到几百千伏之间，通过调整加速电压和电磁透镜的参数，可以实现对电子束的精确控制。同时，TEM还配备了多种探测器，如明场探测器、暗场探测器、能谱分析仪等，用于收集不同类型的信号，以满足不同的研究需求。

（2）操作步骤

1）微塑料样品的制备

①制备的重要性

在观察微塑料时，样品的制备是一个至关重要的步骤。由于TEM要求电子束能够穿透样品并形成清晰的图像，因此，微塑料样品的制备需要满足特定的要求，以确保电子束能够顺利穿透样品并携带足够的样品信息。合理的样品制备，可以获得高质量的TEM图像，从而可以更准确地分析微塑料的内部结构和化学成分。

②超薄切片技术

超薄切片技术是制备微塑料样品的关键步骤之一。切片的厚度通常在几十纳米到几百纳米之间，以确保电子束能够顺利穿透并携带足够的样品信息。超薄切片技术通常包括切片、染色和固定等步骤。

切片：切片过程需要使用高精度的切片设备，如金刚石刀片或离子束切片机。金刚石刀片因其高硬度和锋利度，能够确保切片的平整度和厚度均匀性。离子束切片机则利用高能离子束对样品进行精确切割，适用于制备更薄、更复杂的样品。在切片过程中，需要严格控制切片速度和切片厚度，以避免样品变形或损伤。

染色：染色过程通常使用重金属离子（如铅、铀等）对样品进行染色。重金属离子能够增强样品对电子的散射能力，从而提高图像的对比度。染色过程需要严格控制染色剂的浓度和染色时间，以确保染色效果的一致性和稳定性。同时，还需要注意避免染色剂对样品的污染和损伤。

固定：固定过程是将切片固定在特定的载体上，以便在TEM中进行观察。常用的载体包括玻璃片、硅片或金属片等。固定过程需要确保切片与载体牢固结合，以避免在观察过程中切片脱落或移位。同时，还需要注意避免固定剂对样品的污染和损伤。

③制备过程中的注意事项

样品选择：在选择微塑料样品时，需要考虑其来源、类型、尺寸和形态等因素。不同类型的微塑料具有不同的结构和化学成分，因此，需要选择具有代表性的样品进行制备和观察。同时，还需要注意避免样品中的杂质和污染物对观察结果的影响。

制备条件：在制备过程中，需要严格控制温度、湿度和光照等条件。高温、高湿度和强光照等不利因素可能会导致样品变形、损伤或污染。因此，需要在适宜的条件下进行制备和观察。

质量控制：为了确保制备过程的质量和稳定性，需要对切片进行质量控制。可以通过测量切片的厚度、观察切片的平整度和均匀性等方式进行质量控制。同时，还需要对染色和固定过程进行质量控制，以确保染色效果和固定效果的稳定性和一致性。

2）微塑料样品的观察

①TEM的观察原理

TEM是一种利用电子束穿透样品并形成图像的高分辨率显微镜。由于电子束的波长比可见光短得多，因此，TEM具有比光学显微镜更高的分辨率和放大倍数。通过调整电子束的加速电压和聚焦等参数，可以清晰地观察到微塑料的内部结构。

②观察参数的调整

加速电压：加速电压是影响TEM分辨率和穿透能力的关键因素。通过调整加速电压，可以控制电子束的能量和穿透深度，从而优化图像的清晰度和对比度。在观察微塑料时，需要根据样品的厚度和成分选择合适的加速电压。

聚焦：聚焦是影响TEM图像清晰度的另一个重要因素。通过调整聚焦参数，可以使电子束在样品上形成清晰的焦点，从而获得高质量的图像。在观察过程中，需要不断调整聚焦参数以适应不同放大倍数和焦距的需求。

③观察内容的分析

内部结构特征：通过TEM可以清晰地看到微塑料的内部结构特征，如晶格结构、纳米颗粒分布等。这些特征对于了解微塑料的组成、结构和性能具有重要意义。例如，通过观察晶格结构可以了解微塑料的晶体类型；通过观察纳米颗粒的分布，可以了解微塑料中添加剂或污染物的分布和形态。

化学成分分析：利用TEM的能谱分析仪可以对样品进行化学成分分析。通过测量样品中元素的特征X射线的能量和强度，可以了解微塑料的元素组成和化学键类型等信息。这些信息对于了解微塑料的来源、降解过程和生态效应等具有重要意义。

3）TEM的操作与维护

①操作过程中的注意事项

工作环境稳定：为了确保TEM的性能和稳定性，需要保持其工作环境的稳定。这包括控制温度、湿度和电磁干扰等因素。高温、高湿和强电磁干扰可能会导致TEM性能下降或产生故障。因此，需要在适宜的环境下进行操作和维护。

参数校准：为了确保TEM的准确性和稳定性，需要定期对其各项参数进行校准。这包括加速电压、聚焦参数、能谱分析仪的灵敏度等。通过校准可以确保TEM的性能符合标准要求，从而提高观察结果的准确性和可靠性。

操作规程：在使用TEM进行观察时，需要遵循操作规程。这包括正确地安装样品、调整参数、观察和分析等。同时，还需要注意避免误操作或不当使用导致设备损坏或观察结果不准确。

②维护与保养

日常清洁：为了保持TEM的清洁和卫生，需要定期对其进行日常清洁。这包括清洁样品台、镜头和探测器等部件上的灰尘和污垢，清洁真空系统和冷却系统等部件上的油渍和水分等。通过日常清洁可以延长TEM的使用寿命，并保持其性能稳定。

定期维护：除了日常清洁外，还需要定期对TEM进行更深入的维护和保养。这包括检查真空系统的密封性和稳定性，检查冷却系统的温度和流量等参数，检查电源系统和控制系统的稳定性和可靠性等。通过定期维护可以及时发现并解决问题，以确保TEM的正常运行和观察结果的准确性。

故障处理：在使用过程中，如果TEM出现故障或异常情况，需要及时进行处理和维修。这包括检查故障的原因和位置，更换损坏的部件或组件，调整参数和设置等。及时处理故障，可以恢复TEM的正常运行，并避免对观察结果造成影响。

(3) TEM 的优势

TEM在观察微塑料方面具有诸多优势。首先，其高分辨率和强大的分析能力使得研究者能够清晰地观察到微塑料的内部结构和化学成分。这些结构特征和化学成分对于了解微塑料的来源、类型，以及可能的环境变化具有重要意义。

其次，TEM还可以与能谱分析技术相结合，以实现对微塑料颗粒的化学成分分析。通过能谱分析仪对样品进行扫描和分析，可以了解微塑料的元素组成、化学键类型以及可能存在的污染物等信息。这些信息有助于研究者评估微塑料的环境风险和潜在的健康影响。

此外，TEM还具有操作简便、适用范围广等优点。它不仅可以用于观察微塑料，还可以用于观察其他类型的微小颗粒和内部结构，如纳米材料、生物细胞等。这使得TEM成为科学研究中不可或缺的工具之一。

（4）TEM的局限性

尽管TEM在微塑料观察方面具有诸多优势，但也存在一定的局限性。首先，它对样品的制备要求较高。由于需要进行超薄切片处理，且操作相对复杂，这增加了样品的制备成本和难度。同时，切片过程可能会对样品的原始结构造成一定的破坏或变形，从而影响观察结果的准确性。

其次，TEM的成像过程会受到电子束与样品相互作用的影响，可能会产生一定的图像畸变和伪影。这些畸变和伪影可能会干扰研究者对微塑料内部结构的准确判断。因此，在使用TEM进行观察时，需要注意对图像进行校正和处理，以提高其准确性和可读性。

此外，TEM设备的成本较高，且需要专业技能的人员进行操作和维护，这使得TEM在一些资源有限的研究机构中难以被普及和应用。因此，在推广TEM技术时，需要考虑这些因素，并采取相应的措施来降低其成本，提高其易用性。

同时，由于TEM的样品制备过程较为烦琐且可能会对样品造成破坏，因此，在实际应用中需要谨慎选择。在选择是否使用TEM进行观察时，需要综合考虑研究需求、样品特性以及成本等因素。

（5）实际应用

1）微塑料的内部结构分析

TEM在微塑料的内部结构分析中发挥着重要作用。通过观察微塑料的内部结构特征，如晶格结构、纳米颗粒分布等，可以了解微塑料的制备工艺和可能的环境变化痕迹。这些信息有助于研究者识别微塑料的类型和来源，并评估其可能对环境造成的影响。

例如，一些研究表明，不同来源的微塑料在内部结构上存在差异。通过TEM观察，可以清晰地看到这些差异，从而为追溯微塑料的来源提供有力支持。此外，TEM还可用于观察微塑料在环境中的老化过程，如晶格结构的破坏、纳米颗粒的脱落等，从而为评估其环境稳定性提供科学依据。

2）微塑料的化学成分分析

TEM与能谱分析技术相结合，可以实现微塑料颗粒的化学成分分析。通过能谱分析仪对样品进行扫描和分析，可以了解微塑料的元素组成、化学键类型，以及可能存在的污染物等信息。这些信息对于评估微塑料的环境风险和潜在的健康影响具有重要意义。

例如，一些研究表明，微塑料中可能含有重金属、有机污染物等有害物质。通过TEM-能谱分析技术，可以检测这些有害物质的存在和含量，从而为微塑料的环境风险评估提供科学依据。同时，通过比较不同来源的微塑料的化学成分差异，还可以为追溯微塑料的来源提供有力支持。

3）微塑料的环境风险评估

TEM技术还可以用于微塑料的环境风险评估。通过观察微塑料在环境中的分布、数量，以及内部结构的变化情况，可以评估其对生态系统的影响程度。例如，如果微塑料在环境中广泛分布且数量众多，且内部结构发生变化（如晶格结构的破坏、纳米颗粒的脱落等），可能意味着其对生态系统的潜在风险较高。

此外，TEM技术与其他技术（如荧光显微镜、红外光谱等）结合，可以对微塑料进行更全面的分析。这些技术的结合应用可以提供更丰富、更准确的信息，从而为微塑料的环境风险评估提供更加深入的视角。

6.3.2.4　激光光散射技术

激光光散射技术可以用来测量溶液中大分子颗粒的粒径及分布状况，因此，也被应用于微塑料，特别是纳米塑料尺度的表征。塑料颗粒具有非水溶性，通常是将分离纯化后的待测样品分散在含有0.1%的十二烷基硫酸钠的溶液中，测量溶液的散射光强度，进而计算出待测样品颗粒的大小和粒径分布状况。需要指出的是，激光光散射技术所测量的样品粒径为其水力半径（hydraulic radius）而非样品的真实大小。此外，激光光散射技术无法检测样品的颜色和具体成分，因而需要做进一步的分析。

（1）激光光散射技术的原理

激光光散射技术利用激光束照射被测颗粒（如微塑料），颗粒会对激光产生散射作用。散射光的角度、强度等参数与颗粒的尺寸、形状、折射率等物理性质密切相关。通过分析散射光的特性，可以推导出颗粒的尺寸信息。这一原理使得激光光散射技术成为测定微塑料尺寸的有效手段。

（2）操作步骤

激光光散射技术测定微塑料尺寸的操作步骤通常包括制备样品、仪器设置、数据收集与分析等。以使用激光粒度仪测定微塑料尺寸为例，具体操作步骤如下：

制备样品：在目标区域范围内，均匀划分采样点，采用合适的取样方法（如五点取样法）取得土壤、水体或纺织品等样品。将样品进行预处理，如密度分离、过滤、烘干等，以提取微塑料颗粒。

仪器设置：打开激光粒度仪，根据微塑料的特性和测定需求，调整激光波长、散射角等参数，确保仪器处于稳定状态，准备进行测定。

数据收集：将预处理后的样品置于激光粒度仪的测量室内，启动仪器进行测定。仪器将发射激光束照射微塑料颗粒，并收集散射光信号。通过内置的数据采集系统，记录散射光的角度、强度等参数。

数据分析：利用激光粒度仪的软件系统，对收集到的散射光信号进行分析处理。通过算法模型，将散射光参数转化为微塑料的尺寸分布信息。根据测定结果，对微塑料的尺寸进行分级统计和评估。

（3）激光光散射技术测定微塑料的优点

1）高灵敏度与高精度

激光光散射技术在检测微量微塑料方面展现出卓越的能力，能够探测到极低浓度的微塑料，这一特性使其在环境监测和研究中具有重要价值。在某海洋微塑料污染监测项目中，研究人员采用激光光散射技术对海水样本进行检测。海水样本中微塑料的浓度极低，传统检测方法难以准确识别和定量分析。然而，利用激光光散射技术，通过调整仪器参数，如选择合适的激光波长和探测器灵敏度，成功检测到了浓度低至 0.01 mg/m³ 的微塑料。在实际检测过程中，仪器能够捕捉到微塑料颗粒对激光的微弱散射信号，并通过先进的信号处理算法对这些信号进行放大和分析，从而准确地确定微塑料的存在和浓度。

土壤微塑料检测同样体现了激光光散射技术对微量微塑料的高灵敏度检测能力。土壤中微塑料的含量通常较低，且分布不均匀，检测难度较大。某研究团队在对农田土壤进行检测时，使用激光光散射技术，通过对土壤样本进行预处理，去除杂质和干扰物质，然后利用激光光散射仪对样本进行检测。结果显示，该技术能够检测到土壤中含量低至百万分之一的微塑料，这为研究土壤微塑料污染提供了准确的数据支持。在检测过程中，激光光散射仪能够快速扫描样本，对微小的微塑料颗粒产生的散射光进行实时检测和分析，即使微塑料颗粒的数量极少，也能被准确地检测到。

激光光散射技术对微量微塑料的检测能力，得益于其先进的光学原理和高精度的检测仪器。该技术利用微塑料在激光照射下产生的散射光特性，通过精确测量散射光的强度、角度和频率等参数，实现对微塑料的高灵敏度检测。与传统检测方法相比，激光光散射技术不受微塑料颗粒颜色、形状和透明度等因素的影响，能够更准确地检测到微量微塑料的存在。这使得在环境监测、食品安全检测等领域，激光光散射技术能够及时发现微塑料污染，为采取相应的治理措施提供依据。

粒径与成分分析的准确性。在粒径分析方面，激光光散射技术具有极高的准确性。以某科研团队对工业废水中微塑料的检测为例，该团队使用激光粒度仪对废水中的微塑料进行粒径分析。通过对散射光强度和角度分布进行精确测量，利用米氏散射理论模型进行反演计算，得到了微塑料的粒径分布。结果显示，对于粒径在 $0.1\sim10\ \mu m$ 范围内的微塑料，激光光散射技术测量的粒径误差小于 5%。在测量过程中，激光粒度仪能够同时测量多个角度的散射光强度，通过对这些多角度数据进行综合分析，从而有效提高了粒径测量的准确性。与传统的显微镜测量方法相比，激光光散射技术不仅能够快速地获取大量微塑料颗粒的粒径信息，而且测量结果更加准确、可靠，避免了显微镜测量中人为因素和样本制备差异导致的误差。

在成分分析方面，激光光散射技术同样表现出色。例如，在对某塑料制品生产车间空气中微塑料的检测中，研究人员利用激光光散射技术与光谱分析相结合的方法，对微塑料的成分进行分析。通过测量散射光的光谱特征，并与已知微塑料的光谱数据库进行比对，准确地识别出空气中微塑料的主要成分，包括聚乙烯、聚丙烯和聚苯乙烯等。在分析过程中，激光光散射技术能够使微塑料产生特定的散射光谱，这些光谱特征与微塑料的分子结构和化学键密切相关。通过对光谱进行精细分析，可以准确地确定微塑料的化学成分，从而为追溯微塑料的来源和评估其对环境的影响提供重要依据。与传统的化学分析方法相比，激光光散射技术具有非侵入性、快速分析的优点，能够在不破坏样品的情况下，快速准确地获取微塑料的成分信息。

激光光散射技术在粒径与成分分析方面的准确性，为微塑料的研究和治理提供了有力的支持。通过准确的粒径分析，可以了解微塑料在环境中的迁移和转化规律，从而评估其对生态系统的影响；通过准确的成分分析，可以追溯微塑料的来源，制定有针对性的污染治理措施。这使得激光光散射技术在微塑料检测领域具有重要的实践意义和广阔的应用前景。

2）快速检测与高效分析

检测速度比传统方法更具有优势。在传统的微塑料检测方法中，显微镜法是较为常用的一种方法。科研人员使用显微镜对土壤样品中的微塑料进行检测时，需要先对土壤样品进行预处理，制成薄片后，在显微镜下逐一对微塑料颗粒进行观察和计数。由于显微镜的视野范围有限，每次只能观察样品中的一小部分，对于大量的样品，需要耗费大量的时间和精力。例如，检测一份含有 100 个微塑料颗粒的土壤样品，使用显微镜法可能需要数小时甚至更长的时间。这不仅效率低下，而且容易导致操作人员疲劳，从而影响检测结果的准确性。

激光光散射技术则展现出了显著的检测速度优势。以某环境监测机构对河流中微塑料的检测为例,该机构采用激光粒度仪对河流样品进行检测。将经过预处理的河流样品注入激光粒度仪的样品池中,仪器能够在短时间内完成对样品的扫描和分析。在实际操作中,激光粒度仪可以在几分钟内完成一次测量,并且能够同时获取大量微塑料颗粒的粒径信息。相比之下,传统的显微镜法需要逐个观察微塑料颗粒,检测速度远远低于激光光散射技术。

在检测效率方面,激光光散射技术的优势还体现在其能够实现自动化检测。一些先进的激光光散射仪配备了自动化进样系统和数据分析软件,操作人员只需将样品放入仪器中,设置好相关参数,仪器就能够自动完成检测和数据分析过程。这种自动化检测方式大大减少了人工操作的时间和工作量,提高了检测效率。例如,某实验室使用配备自动化进样系统的激光光散射仪对海洋微塑料样品进行检测,一天内可以完成数十个样品的检测;而使用传统的显微镜法,同样数量的样品可能需要数天才能完成检测。

激光光散射技术在检测速度上的优势,使得在面对大量环境样品时,人们能够快速获取微塑料的相关信息,为及时了解微塑料污染状况提供了有力支持。这种快速检测能力对于环境监测、食品安全检测等领域具有重要意义,能够帮助相关部门及时采取措施,以应对微塑料的污染问题。

批量样品处理的高效性。在某大型海洋微塑料污染监测项目中,研究团队需要对来自不同海域的数百个海水样品进行微塑料检测。采用激光光散射技术,整个检测流程高效有序。首先,将采集到的海水样品进行预处理,通过过滤、消解等步骤去除杂质,富集微塑料。然后,将预处理后的样品放入配有自动化进样系统的激光粒度仪中。该仪器能够按照预设的程序,自动对样品进行检测,每次检测仅需几分钟。在检测过程中,仪器会实时采集散射光信号,并将数据传输到计算机中。

数据分析阶段,可利用专业的数据处理软件对采集到的数据进行快速处理和分析。软件能够自动识别微塑料的粒径分布、浓度等信息,并生成详细的检测报告。通过这种方式,研究团队在短时间内完成了数百个海水样品的检测和分析工作,准确地掌握了不同海域的微塑料的污染状况。

相比之下,若采用传统的显微镜法进行检测,不仅需要大量的人力进行样品的观察和计数,而且检测速度缓慢,难以在规定的时间内完成如此大规模的检测任务。在该项目中,使用显微镜法检测一个样品可能需要花费 30 min 以上,而使用激光光散射技术,一个样品的检测时间缩短至 5 min。这使得检测效率大幅提高,能够及时为海洋环境保护提供数据支持。

在实际检测中，激光光散射技术还可以通过优化操作流程和参数设置，进一步提高批量样品处理的效率。在样品预处理环节，可以采用自动化的样品处理设备，减少人工操作时间，提高样品处理的一致性；在仪器操作过程中，合理设置检测参数，如激光功率、测量时间等，可以在保证检测准确性的同时，提高检测速度。

激光光散射技术在处理批量样品时，以其快速的检测速度、高效的数据分析能力和自动化的操作流程，展现出了卓越的优势，能够满足大规模微塑料检测的需求，为微塑料污染的研究和治理提供了有力的技术保障。

3) 非破坏性与样品适用性广

激光光散射技术在检测微塑料时，具有对样品无损伤的显著优势。在某塑料产品质量检测项目中，研究人员需要对塑料制品中的微塑料添加剂进行检测。传统的化学分析方法，如酸解、燃烧等，虽然能够分析微塑料的成分，但会对样品造成不可逆的破坏，导致样品无法再用于其他测试或后续生产。而采用激光光散射技术，研究人员可以在不破坏塑料制品完整性的前提下，对其中的微塑料进行检测。通过将激光照射到塑料制品表面，微塑料颗粒对激光产生散射，仪器能够准确地测量散射光的特性，从而获取微塑料的粒径、浓度等信息。

这种非破坏性检测不仅保护了样品的完整性，还为后续的研究和应用提供了更多可能性。在对某珍稀海洋生物体内微塑料的检测中，研究人员利用激光光散射技术，在不伤害生物的情况下，从其组织样本中检测微塑料。由于海洋生物的珍稀性，传统的破坏性检测方法可能会对生物造成伤害，影响其生存和研究价值。而激光光散射技术的非破坏性特点，使得研究人员能够在获取微塑料信息的同时，最大程度地保护海洋生物，为研究海洋生物与微塑料的相互作用提供了宝贵的样本。

在环境监测领域，非破坏性检测也具有重要意义。在对历史建筑表面的微塑料污染进行检测时，历史建筑的特殊性，不允许对其表面进行破坏性检测。激光光散射技术能够在不损伤建筑表面的情况下，快速检测微塑料的污染情况，从而为制定保护措施提供依据。这种非破坏性检测方法避免了对样品的物理和化学破坏，使得检测结果能更真实地反映样品的原始状态，提高了检测的可靠性和科学性。

激光光散射技术在检测不同类型样品中的微塑料时展现出了广泛的适用性和独特优势。在水体样品检测中，无论是海洋、河流还是湖泊的水样，激光光散射技术都能发挥重要作用。海洋水体中含有大量的盐分和复杂的生物群落，传统检测方法容易受到干扰。而激光光散射技术能够穿透水体，准确检测其中微塑料的粒径和浓度。在某海洋生态研

究项目中，研究人员利用激光粒度仪对海水样品进行检测，通过对散射光的分析，成功
获取了海水中不同粒径的微塑料的分布情况，为研究海洋微塑料污染对海洋生态系统的
影响提供了关键数据。

在土壤样品检测方面，激光光散射技术同样表现出色。土壤中含有丰富的有机物、
矿物质和微生物，成分复杂。某研究团队在对农田土壤进行微塑料检测时，采用激光光
散射技术，通过对土壤样品进行预处理，去除杂质后，利用激光光散射仪对土壤中的微
塑料进行检测。结果显示，该技术能够准确检测出土壤中不同类型和粒径的微塑料，为
研究土壤微塑料污染对农作物生长的影响提供了有力支持。

在大气样品检测中，激光光散射技术也具有独特优势。大气中的微塑料颗粒较小且
分布分散，传统检测方法难以准确捕捉。某环境监测机构利用激光光散射技术，通过对
大气中的微塑料进行采样和检测，能够快速获取微塑料的粒径和浓度信息。该技术采用
高灵敏度的探测器，能够捕捉到微塑料对激光的微弱散射信号，为研究大气微塑料污染
对空气质量和人体健康的影响提供了重要数据。

对于生物样品，如动植物组织，激光光散射技术也能实现有效检测。在对鱼类组织
中的微塑料进行检测时，研究人员利用激光光散射技术，在不破坏组织细胞结构的前提
下，检测出微塑料的存在和含量。这种检测方法能够为研究微塑料在生物体内的积累和
传递提供重要信息，有助于评估微塑料对生态系统和人类健康的潜在风险。

激光光散射技术适用于多种类型样品的微塑料检测，不受样品成分和性质的限制，
能够为不同领域的微塑料研究提供全面、准确的检测数据，具有广阔的应用前景。

（4）激光光散射技术测定微塑料的缺点

1）仪器设备成本高昂

设备购置与维护费用高。激光光散射仪器的购置成本通常较高，以常见的激光粒度
仪为例，国产的优质激光粒度仪价格一般在10万～30万元（人民币，下同）之间，而进
口的高性能激光粒度仪价格则可能高达50万～100万元。如某知名品牌的进口激光粒度
仪，其配置了先进的光学系统和高精度的探测器，能够实现对微塑料粒径的精确测量，
价格达到80万元。多角度激光光散射仪的价格更为昂贵，由于其结构复杂，需要配备多
个角度的探测器和精密的光学部件，进口的多角度激光光散射仪价格通常在100万～300
万元之间。某品牌的高端多角度激光光散射仪，具备18个以上的检测角度，能够提供全
面的散射光信息，其售价高达250万元。

除了购置成本外，激光光散射仪的维护费用也不容忽视。仪器的维护包括定期的清

洁、校准和零部件更换等。激光光散射仪的光学部件容易受到灰尘、水蒸气等的污染，需要定期使用专业的清洁剂和工具进行清洁，以确保光路的畅通和散射光信号的准确采集。每年的清洁维护费用在1万～3万元。校准是保证仪器测量准确性的关键步骤，一般需要每年进行一次校准，校准费用根据仪器的类型和复杂程度而定，通常在2万～5万元之间。

在零部件更换方面，激光光源是激光光散射仪器的核心部件之一，其使用寿命有限，一般为2～5年。激光光源的更换成本较高，进口的激光光源价格在5万～10万元。探测器等其他关键零部件也可能需要定期更换，探测器的更换成本通常在2万～8万元之间。此外，仪器的软件升级和技术支持也需要一定的费用，每年的软件升级和技术支持费用在1万～2万元。

对于小型研究机构和企业而言，高昂的仪器设备成本无疑是巨大的经济负担。某小型环境监测实验室，其年度科研经费预算仅为50万元左右，而购买一台性能较好的激光光散射仪就可能会花费其大部分预算，导致在其他方面的研究投入受到严重限制。在设备购置后，每年的维护费用也会进一步增加实验室的运营成本，使得小型研究机构在使用激光光散射技术进行微塑料检测时面临重重困难。

即使是大型研究机构和企业，虽然在资金方面相对雄厚，但在同时开展多个研究项目和业务活动时，购买和维护激光光散射仪器，也会对其资金分配产生较大的影响。某大型科研院所，在进行多个环境监测项目的同时，需要购置多台激光光散射仪以满足不同项目的需求。这不仅需要一次性投入大量资金用于设备购置，而且后续的维护费用也会持续消耗资金。在资金有限的情况下，购置和维护激光光散射仪可能会导致在其他重要科研设备和技术研发方面的投入减少，从而影响整体科研工作的开展。

这种高昂的成本限制了激光光散射技术在微塑料检测领域的广泛应用。许多研究机构和企业由于无法承担设备成本，不得不选择其他成本较低但检测效果相对较差的方法，这在一定程度上阻碍了微塑料检测技术的发展和推广。为了降低成本，一些研究机构尝试通过共享设备、租赁设备等方式来使用激光光散射仪，但这些方式也存在一定的局限性，如设备使用时间受限、设备维护责任划分不明确等问题，因此，这些方式仍然无法从根本上解决成本高昂的问题。

2）检测结果易受干扰

环境因素对检测结果的影响。环境因素对激光光散射技术检测微塑料的结果有着显著影响。温度变化会改变微塑料的物理性质，进而影响检测结果。当温度升高时，微塑料的分子热运动加剧，可能导致其形状发生微小变化，从而改变散射光的特性。在高温环境下，一些热塑性微塑料可能会发生软化或变形，使得其散射光的强度和角度分布发生改变。研究表明，温度每升高 10 ℃，微塑料的散射光强度可能会发生 5%～10% 的变化，这对于精确检测微塑料的粒径和浓度会产生较大干扰。为了避免温度的影响，检测过程应尽量保持环境温度的稳定，可使用恒温装置将检测环境温度控制在 25 ℃±1 ℃ 的范围内，以减少温度对微塑料物理性质的影响，从而提高检测结果的准确性。

湿度也是一个重要的环境因素。在高湿度环境下，微塑料表面可能会吸附水分，形成水膜。这层水膜会改变微塑料的光学特性，影响散射光的传播和检测。水膜的存在会使微塑料的折射率发生变化，从而导致散射光的强度和相位发生改变。实验数据显示，当相对湿度从 30% 增加到 80% 时，微塑料的散射光强度可能会下降 10%～20%，同时散射光的角度分布也会发生明显变化。为了降低湿度的影响，可在检测前对样品进行干燥处理，使用干燥剂或干燥箱将样品的含水量控制在一定范围内。在检测过程中，可使用湿度控制设备将环境湿度控制在 40%～60% 的范围内，以减少水分对微塑料光学特性的干扰。

光照条件同样会对检测结果产生影响。环境中的杂散光可能会与微塑料的散射光相互干扰，增加检测信号的噪声，降低检测的准确性。特别是在户外检测或光照较强的实验室环境中，杂散光的干扰更为明显。为了避免光照的影响，应选择在相对较暗的环境中进行检测，关闭不必要的光源，减少环境光的干扰。在仪器设备方面，可采用遮光罩或屏蔽装置，防止杂散光进入检测系统，从而提高散射光信号的纯度和稳定性。同时，在数据处理过程中，可采用滤波等方法去除杂散光引起的噪声，提高检测结果的准确性。

样品中杂质的干扰及解决方法。样品中存在的杂质会对激光光散射技术检测微塑料产生严重干扰。在水体样品中，天然有机物（如腐殖酸、富里酸等）会与微塑料共存。这些天然有机物具有复杂的分子结构和光学特性，它们在激光照射下也会产生散射光，与微塑料的散射光相互重叠，导致检测信号混乱，难以准确识别微塑料的散射光特征。研究发现，当水体中天然有机物的浓度达到一定程度时，微塑料的检测准确率可能会下降 30%～50%。为了去除天然有机物的干扰，可采用絮凝沉淀、超滤等方法对样品进行预处理。絮凝沉淀法是向水样中加入絮凝剂，使天然有机物形成沉淀，然后通过过滤去除沉淀，从而降低天然有机物的含量。超滤法则是利用超滤膜的筛分作用，将天然有机物等大分子物质截留，而让微塑料和小分子物质通过，从而实现对样品的净化。

在土壤样品中，矿物质颗粒是常见的杂质。土壤中的石英、长石等矿物质颗粒，其粒径和形状与微塑料有一定的相似性，且在激光照射下也会产生散射光，容易被误判为微塑料。当土壤中矿物质颗粒含量较高时，可能会导致微塑料的检测结果出现较大偏差，误判率为40%～60%。为了减少矿物质颗粒的干扰，可采用化学分离法对样品进行处理。例如，利用盐酸、氢氟酸等化学试剂与矿物质发生化学反应，将矿物质溶解，而微塑料则不与这些试剂反应，从而实现微塑料与矿物质的分离；也可以利用密度分离法，根据微塑料和矿物质密度的差异，添加合适的密度调节剂，使微塑料和矿物质在溶液中分层，进而达到分离的目的。

微生物也是样品中常见的干扰杂质。在水体和土壤样品中，细菌、藻类等微生物大量存在。这些微生物在激光照射下同样会产生散射光，干扰微塑料的检测结果。微生物的生长和代谢活动还可能会改变微塑料的表面性质，进一步影响散射光的特性。为了消除微生物的干扰，可采用灭菌处理的方法。在样品采集后，立即对样品进行高温灭菌或化学灭菌处理，杀灭微生物，避免其对检测结果产生影响；在检测过程中，可设置空白对照，对比灭菌前后样品的检测结果，评估微生物对检测结果的干扰程度，从而对检测结果进行校正。

3）技术复杂性与操作要求高

①技术原理的复杂性

激光光散射技术的原理涉及复杂的光学理论和物理模型，理解和掌握这些原理具有较高的难度。从基本光学原理来看，光散射现象本身就较为复杂，它包含了瑞利散射和米氏散射等多种情况。瑞利散射适用于散射粒子尺寸远小于入射光波长的情况，其散射光强度与波长的四次方成反比，且散射光在各个方向上的分布具有特定规律，在垂直于入射光的方向上强度最强。而米氏散射则适用于散射粒子尺寸与入射光波长相当或更大的情况，其散射光强度与波长的关系不再遵循简单的规律，散射光在不同方向上的强度分布更为复杂，且与散射粒子的折射率、吸收系数以及粒子形状等因素密切相关。在实际的检测中，微塑料的粒径范围广泛，从纳米级到微米级都有，这就需要根据不同粒径范围选择合适的散射理论进行分析，从而增加了原理理解和应用的难度。

微塑料与激光的相互作用原理也十分复杂。微塑料的光学特性，如折射率、吸收系数等，取决于其化学成分和结构。不同类型的微塑料，如聚乙烯、聚丙烯、聚氯乙烯等，其分子结构中化学键的种类和排列方式不同，导致它们具有不同的光学性质。微塑料的结晶度、孔隙结构等也会对其光学特性产生显著影响。当激光照射到微塑料上时，微塑料中的电子云会在激光电场的作用下发生振荡，形成电偶极子，进而产生散射光。散射光的强度、角度分布和频率等特性与微塑料的粒径、形状、成分等密切相关，要准确理解和分析这些关系，需要掌握量子力学、电磁学等知识。

基于光散射的微塑料检测原理同样涉及复杂的数学模型和算法。在检测过程中，需要通过测量散射光信号，如散射光强度、角度分布、频率变化等，来解析微塑料的粒径、形状、成分等特性。这就需要利用米氏散射理论、光散射反演算法等进行的计算和分析。米氏散射理论的计算过程涉及大量的数学公式和参数，需要对散射粒子的光学参数、散射角度等进行精确测量和计算。光散射反演算法则是从测量得到的散射光信号中反推微塑料的特性，这是一个复杂的非线性问题，需要运用数值计算方法和优化算法来求解。掌握这些数学模型和算法需要具备扎实的数学基础和专业的光学知识，这对于操作人员来说具有较高的难度。

②预处理过程的复杂性

为了获得准确的测定结果，需要对样品进行烦琐的预处理过程，如密度分离、过滤、烘干等，从而增加了测定难度和时间成本。

6.3.3 微塑料理化性质的表征方法

6.3.3.1 微塑料表面性质的检测方法

（1）表面官能团检测

用FTIR法可以研究微塑料表面官能团的存在和性质。微塑料可以在环境中长期存在，在其随时间推移的老化和降解过程中，尤其是当其表面形成生物膜时，通过FTIR光谱可以观察到羰基（$1715\ cm^{-1}$）、酯基（$1740\ cm^{-1}$）、乙烯基（$1650\ cm^{-1}$）、双键（$908\ cm^{-1}$）等官能团的组分变化和含量特点。已有研究应用FTIR法，对微塑料样品中酮羰基、酯羰基、双键等官能团的变化进行测量，从而为研究微塑料的降解机制提供参考。

（2）表面亲疏水性

疏水性是生物降解研究中的一个重要性质，微塑料表面的亲疏水性直接影响着微生物在聚合物表面的定植程度。疏水性通常由表面与探测液体（如水）的接触角决定，表面越亲水，与水的接触角越小，通常用光学接触角计测量塑料表面的接触角。将微升体积大小的水滴放在样品上，利用相机和图像处理软件确定接触角，通常每个表面总共测5～6次，取接触角测量的平均值，进而衡量微塑料表面的亲疏水程度。

（3）表面形态

大多数微塑料在环境中经历了长时间的风化作用，风化后的微塑料会表现出与原始微塑料不同的特性，微生物群落在微塑料表面生长发展，也会影响微塑料的表面形貌。微塑料表面形貌特征对于识别微塑料来源，分析其在环境中的存留时间和了解其表面生物作用等具有重要意义。当前，探究微塑料表面形貌及其精细结构的变化通常需要在高倍（50～10 000倍）显微镜下进行。

1）SEM观察

SEM可以直观地观察微塑料颗粒的表面特征。该技术通过聚焦电子束扫描样品表面，能够提供样品的高分辨率图像，颗粒表面纹理的高分辨率有助于区分微塑料和有机颗粒。SEM技术可以与其他技术联用，改进为扫描电子显微镜能量色散X射线分析和环境扫描电子显微镜能量色散X射线分析等，从而实现对微塑料表面的定性分析。

2）原子力显微镜（atomic forcemicroscope，AFM）观察

这是一种利用原子、分子间的相互作用力观察物体表面微观形貌的新型实验技术。该设备具有一根纳米级的探针，它被固定在可灵敏操控的微米级弹性悬臂上。当探针靠近样品时，其顶端原子与样品表面原子间的作用力会使悬臂弯曲，探针偏离原来的位置。扫描样品时根据探针的偏离量或振动频率重建三维图像，从而间接获得样品表面的形貌。

应用于微塑料微观表面形貌观察时，AFM具有许多优点。与电子显微镜只能提供二维图像不同，AFM可以提供精细的三维表面图。同时，AFM不会对样品造成不可逆转的损伤，在测试前不需要对样品做任何特殊处理，如镀导电层等。另外，电子显微镜需要在高真空条件下运行，而AFM在常压下甚至在液体环境下都可以正常工作。与SEM相比，AFM的缺点在于成像范围小、速度慢，且受探针的影响较大。

6.3.3.2　微塑料结晶度的检测方法

结晶度表征聚合物中结晶部分占全部聚合物的比例。探究微塑料结晶度的改变，对于认识微塑料在环境中的迁移以及降解过程具有重要意义。

差示扫描量热法（difrentialscanningcalorimetry，DSC）是指在相同的程控温度变化下，用补偿器测量样品与参比物之间的温差保持为零时所需热量对温度的依赖关系的一种方法。聚合物熔化即反映了聚合物结晶部分的热行为，聚合物熔融热与结晶度成正比，结晶度越高，熔融热越大。这样，结晶度可以定义为：当聚合物百分之百结晶的熔融热已知时，聚合物实际熔融热与百分之百结晶时的熔融热的比值，即为结晶度。公式表示

为 $\dfrac{\Delta H_{\mathrm{DSC}}}{\Delta H_{100\%结晶理论热焓}} \times 100\%$。通过测试微塑料的DSC曲线，就可以得到熔融曲线和基线包围的面积，并将其换算成热量，即为微塑料样品中结晶部分的熔融热。100%结晶理论热焓可通过查阅文献得到。

DSC测试使用样品量少，测试时间短，软件处理计算方便，成为测试高分子材料结晶度最常用的方法。需要注意的是，当聚合物熔融时，除了结晶部分熔化吸热外，非结晶部分也会吸收部分热量，因此，在理论上，熔融热并非完全属于结晶部分。

6.3.3.3 微塑料机械性能的表征方法

微塑料在进行野外暴露或实验室实验后，其机械性能会发生改变。应用通用机械测试系统（universalmobile telecommunications system，UMTs）可以测定微塑料的抗拉强度、应变能、伸长率等机械性能。但是，由于野外暴露以及实验室实验的时间通常不够长，自然环境条件和微生物定植对于微塑料的影响可能只是表面的；而局部表面损伤对整个样品的影响较小，因此，通常用于机械性能测量的批量测试方法的分辨率会降低。

6.3.3.4 微塑料的降解检测

在微塑料野外放样、采样的实验中，可以检测所选用的实验微塑料的消耗情况。虽然微生物对微塑料的消耗提供了同化的证据，但这一过程缓慢而使检测变得非常困难。

通过重量分析法确定样品的质量变化，或者测量样品释放的二氧化碳量的改变，可以反映微塑料在环境条件作用下的降解变化过程。上述两种方法也常被用于估算微生物消耗塑料聚合物的研究中。称重的方法不能用于吸水性强的聚合物，在清洁样品后，可以用精密天平对样品进行称重，进而探究微塑料降解前后的质量变化。二氧化碳变化量的测量，通常应用于检测化学成分已知的单种微塑料。假设微生物可以将微塑料作为唯一的碳源使用，通过呼吸作用使其最终转化为二氧化碳，因此，该方法可以用作探究微生物降解微塑料过程的间接测量。由于可以连续监测系统中的二氧化碳排放量，因此，它不仅可以确定塑料的总消耗量，还可以确定其降解速率。

6.3.4 新兴技术:拓展微塑料检测的新领域

微塑料作为一类新兴的环境污染物，因其尺寸微小、分布广泛且难以降解，对生态环境和人类健康构成了严重威胁。为了有效应对微塑料的污染问题，科研人员在不断探索和开发新的检测技术。本节将详细探讨微流控技术、纳米技术、生物标志物与生物检测技术，以及大数据与人工智能技术在微塑料检测领域的应用，以期为微塑料的环境管理和政策制定提供科学依据。

6.3.4.1　微流控技术：精准操控下的微塑料检测

微流控技术是一种基于微小通道和微流体的分析方法，近年来在微塑料检测领域展现出了巨大的潜力。该技术通过微型通道和微型结构的精确控制，能够实现对微塑料进行快速、高效富集和分离，从而提高检测的准确性和灵敏度。

（1）微流控系统的构建与工作原理

微流控系统通常由微型通道、泵、阀、检测器等组件构成。其中，微型通道是微流控系统的核心部分，其尺寸通常在微米至纳米级别，可以实现对微塑料颗粒的有效操控。泵和阀则用于控制流体的流动速度和方向，以实现微塑料颗粒的富集和分离。检测器则用于对富集后的微塑料颗粒进行定性或定量分析。

微流控技术的工作原理主要是基于流体的层流效应和扩散效应。在微型通道中，由于通道尺寸的限制，流体呈现层流状态，即流体在通道中平行流动，互不干扰。这种层流状态有利于微塑料颗粒的富集和分离。同时，由于扩散效应的存在，微塑料颗粒在通道中会发生扩散和迁移，从而实现对不同尺寸和形态的微塑料颗粒进行分离。

（2）微流控技术在微塑料检测中的应用

在微塑料检测中，微流控技术主要应用于微塑料颗粒的富集、分离和检测。通过设计不同的微型结构和流速条件，可以实现对不同尺寸和形态的微塑料颗粒的分离和富集。例如，利用微筛网结构可以实现对微塑料颗粒的筛选和富集；利用微流控芯片中的电场或磁场可以实现对微塑料颗粒的定向迁移和分离。

此外，微流控技术还可以与其他技术，如光谱分析、显微成像等相结合，形成一体化的检测系统。例如，通过结合荧光光谱分析，可以实现对微塑料颗粒的自动、快速定性和定量分析。这种方法不仅操作简便、样品和试剂用量少，而且能够快速提供大量的检测数据，适用于高通量处理。

（3）微流控技术的优势与挑战

微流控技术在微塑料检测中的优势主要体现在以下几个方面：一是高灵敏度，能够实现对微塑料颗粒的微量检测；二是高精度，能够实现对微塑料颗粒的精确操控和分离；三是高通量，能够同时处理多个样品，提高检测效率。

然而，微流控技术在微塑料检测中也面临一些挑战。例如，微型通道的堵塞问题、微塑料颗粒在通道中的扩散和迁移规律尚不完全清楚等。这些问题需要科研人员进一步深入研究和探索，以完善微流控技术在微塑料检测中的应用。

6.3.4.2　纳米技术：高灵敏度和高选择性的微塑料检测

纳米技术在微塑料检测中的应用是一个重要的创新点。利用纳米材料和纳米传感器，可以实现对微塑料的高灵敏度和高选择性检测，从而为微塑料的控制和减排提供新的思路和方法。

（1）纳米材料的特性及其在微塑料检测中的应用

纳米材料具有独特的物理化学性质，如大的比表面积、高的表面能和良好的生物相容性等。这些性质使得纳米材料在微塑料检测中表现出优异的性能。例如，利用纳米金或纳米银等贵金属纳米粒子，可以构建高灵敏度的比色传感器。当微塑料颗粒与纳米粒子接触时，会引起纳米粒子表面等离子共振效应的变化，从而导致溶液颜色发生变化。通过检测这种颜色变化，可以实现对微塑料的快速检测。

此外，纳米技术还可以用于开发新型的样品前处理方法，如纳米过滤和纳米吸附等。这些技术能够显著提高微塑料的富集效率和检测的准确性。例如，利用纳米过滤膜可以实现对微塑料颗粒的有效截留和富集；利用纳米吸附材料可以实现对微塑料颗粒的高效吸附和分离。

（2）纳米传感器的构建与工作原理

纳米传感器是基于纳米材料元件构建的，具有颗粒小、结合特异性强和灵敏度高的特点。在微塑料检测中，纳米传感器通常通过特定的识别产生可检测的信号变化。这种信号变化可以是光信号、电信号或化学信号等。

纳米传感器的构建通常包括两个关键步骤：一是识别元件的制备，即选择与微塑料颗粒具有特异性结合能力的纳米材料或生物分子作为识别元件；二是信号转换元件的制备，即将识别元件与信号转换元件相结合，形成完整的纳米传感器。

纳米传感器的工作原理主要是基于识别元件与微塑料颗粒之间的相互作用。当识别元件与微塑料颗粒结合时，会引起信号转换元件的信号变化。通过检测这种信号变化，可以实现对微塑料的快速、准确检测。

(3) 纳米技术的优势与前景

纳米技术在微塑料检测中的优势主要体现在高灵敏度和高选择性上。通过优化纳米材料的尺寸、形状和表面性质，可以实现对不同种类和形态的微塑料颗粒的选择性检测。此外，纳米传感器还具有易于制备和修饰的优点，可以与其他技术相结合，形成一体化的检测系统。

未来，随着纳米技术的不断发展和完善，纳米传感器在微塑料检测领域将发挥更加重要的作用。科研人员将继续优化纳米传感器的性能，以提高其稳定性和准确性；同时，研究人员也将不断拓展纳米传感器的应用范围，将其应用于更多类型的微塑料检测中。

6.3.4.3　生物标志物与生物检测技术：基于生物响应的微塑料检测

生物标志物与生物检测技术的发展为微塑料检测带来了新的视角。通过研究微塑料与生物体的相互作用，可以开发出基于生物响应的微塑料检测方法。这些方法具有操作简便、灵敏度高和适用范围广等优点。

(1) 微塑料对生物体的影响及生物标志物的产生

微塑料在环境中的存在会对生物体产生一定的影响。例如，微塑料颗粒可以吸附有毒物质并随食物链传递至高级生物体内；同时，微塑料颗粒的尖锐边缘还可能对生物体的组织造成损伤。这些影响会导致生物体产生特定的生物标志物。

生物标志物是指生物体在受到外界刺激或损伤时产生的特定分子或细胞变化的标志。在微塑料污染的环境中，生物体可能会产生特定的酶、蛋白质或基因表达等生物标志物。通过检测这些生物标志物，可以间接地了解微塑料的存在与否和污染程度。

(2) 基于生物标志物的微塑料检测方法

基于生物标志物的微塑料检测方法通常包括两个步骤：一是生物标志物的提取和纯化；二是生物标志物的检测和分析。

在生物标志物的提取和纯化过程中，需要选择合适的提取方法和纯化条件，以确保生物标志物的完整性和稳定性。常用的提取方法包括酶解法、超声波法和化学法等，常用的纯化方法包括离心、过滤和色谱法等。

在生物标志物的检测和分析过程中，可以利用各种生物分析技术进行检测。例如，利用酶联免疫吸附试验（enzyme-linked immunosorbent assay，ELISA）可以检测生物体内特定的酶或蛋白质的含量；利用基因芯片技术可以检测生物体内特定基因的表达水平。这些生物分析技术具有高度的特异性和灵敏度，能够实现对微塑料的准确检测。

（3）基于生物传感器的微塑料检测方法

除了基于生物标志物的检测方法外，还可以利用微生物或细胞对微塑料的吸附和代谢特性开发出基于生物传感器的微塑料检测方法。这些生物传感器具有高度的特异性和灵敏度，能够实现对微塑料的快速、准确检测。

例如，利用荧光标记的微生物或细胞可以构建基于荧光共振能量转移（fluorescence resonance energy transfer，FRET）的生物传感器。当荧光标记的微生物或细胞与微塑料颗粒结合时，会引起荧光信号的变化。通过检测这种荧光信号的变化，可以判断微塑料的存在与否和浓度。

此外，还可以利用电化学传感器或光学传感器等对微塑料进行检测。这些传感器通常基于特定的识别元件与微塑料颗粒之间的相互作用原理进行构建。通过优化传感器的性能和检测条件，可以实现对微塑料的高灵敏度和高选择性的检测。

6.3.4.4 大数据与人工智能技术：数据驱动下的微塑料检测与管理

随着大数据和人工智能技术的发展，未来的微塑料检测将更加依赖于数据分析和模型预测。通过建立微塑料分布和迁移的数学模型，并结合历史数据和实时监测数据，可以预测微塑料的分布趋势，评估潜在风险。

（1）大数据技术在微塑料检测中的应用

大数据技术在微塑料检测中的应用主要体现在数据收集、整合和分析上。通过收集大量的微塑料检测数据，包括不同环境介质中的微塑料浓度、种类和形态等，可以构建微塑料的数据库和信息系统。这些数据库和信息系统可以为科研人员提供丰富的数据资源，从而支持微塑料的环境风险评估和生态效应研究。

在数据整合和分析过程中，需要利用数据挖掘和机器学习等技术对数据进行处理和挖掘。数据挖掘技术可以发现数据之间的关联性和规律性；机器学习技术可以建立预测模型，对微塑料的分布和迁移趋势进行预测。这些预测结果可以为微塑料的环境管理和政策制定提供科学依据。

（2）人工智能技术在微塑料检测中的应用

人工智能技术在微塑料检测中的应用主要体现在图像识别和机器学习算法上。通过训练机器学习算法，可以实现对微塑料的自动识别和分类。例如，利用卷积神经网络（convolutional neural networks，CNN）等深度学习算法，可以对显微镜成像下的微塑料颗粒进行自动识别和计数。这种方法不仅提高了检测效率，还减少了人为误差的影响。

此外，人工智能技术还可以与地理信息系统（geographic information system，GIS）和遥感技术相结合，以实现对微塑料的远程监测和预警。通过GIS技术可以将微塑料的检测数据与地理位置信息相结合，形成可视化的分布图；通过遥感技术可以实现对大范围区域的微塑料进行监测和预警。这些技术的应用为微塑料的环境管理和政策制定提供了有力的技术支持。

6.4 微塑料检测中的质量控制

微塑料检测中的质量控制是确保实验结果准确性和可靠性的关键措施。通过严格的质量控制，可以防止实验过程中因污染、操作失误或设备问题导致的错误，从而确保检测结果的有效性。此外，质量控制还能提升实验的可重复性，为科学研究和环境污染防治提供可靠的数据支持。

质量控制在微塑料检测中具有以下作用：确保检测结果的准确性，减少实验误差；了解并分析工作中所发生的变化及其发展趋势；及时发现实验中的异常情况并查找原因；通过统计分析方法判断分析结果的准确性；防止潜在污染对实验结果的影响，以提高实验的精确度。

微塑料检测中质量控制措施主要包括以下几个方面：

（1）防止外源污染

在实验过程中，需严格避免外来微塑料的污染，例如，避免使用塑料制品，并采取措施以减少空气中微塑料的污染。实验中，工作人员应佩戴乳胶手套和穿棉质实验服进行操作，同时确保玻璃实验用品在使用前经过清洁和干燥处理。

（2）实验区域和设备的清洁与消毒

实验所用的玻璃仪器和工具需用纯水或去离子水反复润洗，并在使用前进行彻底清洁。实验时需采用超净工作台进行操作，实验过程中限制人员走动，并确保操作台的清洁（例如使用乙醇擦拭消毒）。

（3）试剂和样品的处理

试剂需经过过滤处理（如使用 1.0 μm 玻璃纤维滤膜），以确保试剂的纯净性。样品的处理需严格控制，例如，固体样品在进行吹扫前需根据含量是否高于 1 mg/kg，来决定是否使用甲醇浸泡。

（4）空白对照和污染检测

实验中需设置空白对照（如每组处理设置 2~3 个空白对照），以检测实验过程中的污染情况，并确保数据的准确性和可靠性。

（5）数据分析和仪器精确度

在测定指标时需避免样品间的交叉污染，以确保试剂、量具的准确度及仪器的精确度，并通过内部质量控制（如留样复测、加标回收实验等）和外部质量控制（如能力验证、实验室间比对等）来验证检测结果的可靠性。数据的质量（包括准确性、精确性和可比性）需通过执行严格的质量控制程序来保证。

（6）遵循标准操作规范

实验操作需参照相关标准或手册，如《环境水质监测质量保证手册》或《化妆品卫生规范》，以确保实验过程的规范性和结果的可靠性。

通过对这些质量控制措施的严格执行，可以有效减少实验误差和外源污染，从而提高微塑料分离实验的准确性和可靠性。

6.5 微塑料检测标准

6.5.1 国际标准

在国际上，多个组织和机构积极投身于微塑料检测标准的制定工作，其中美国材料与试验协会（American Society for Testing and Material，ASTM）和德国标准化学会（German Standardization Institute，DIN）发布的标准具有重要影响力。

ASTM 制定的微塑料检测标准在全球范围内得到了广泛应用。以《利用热解-气相色谱/质谱法鉴定高至低悬浮固体水体中微塑料颗粒和纤维的聚合物类型和数量的标准测试法》（ASTM D8401）为例，该标准详细规定了利用热解-气相色谱/质谱法对水环境中微塑料进行检测的具体流程。在样品采集环节，针对不同类型的水体，如河流、湖泊、海洋等，明确了合适的采样工具和采样量。对于河流采样，推荐使用合适孔径的浮游生物网，以一定的流速在不同深度进行拖网采样，以确保采集到具有代表性的水样。在样品前处理阶段，采用过滤、离心等方法对水样中的微塑料进行富集和分离，将水样通过特定孔径的滤膜进行过滤，使微塑料颗粒截留到滤膜上，然后采用适当的溶剂对滤膜上的杂质进行清洗，以提高微塑料的纯度。在分析测试过程中，对热解-气相色谱/质谱仪的参数设置、色谱柱的选择、质谱扫描范围等都给出了明确的技术指标。例如，热解温度需根据不同塑料的热稳定性进行合理设置，一般在 500 ℃～800 ℃之间，以确保塑料能够充分热解为小分子碎片；色谱柱应选择能够有效分离不同热解产物的类型，如毛细管柱等；质谱扫描范围要覆盖常见塑料热解产物的质荷比范围，以便准确识别微塑料的聚合物类型。该标准适用于各种水体中微塑料的检测，无论是高悬浮固体含量的污水，还是低悬浮固体含量的清洁水体，都能按照此标准进行准确检测。

DIN 也发布了一系列与微塑料检测相关的标准，如 DIN/TS 10068:2022《食品中微塑料的测定分析方法》，该标准主要针对食品中微塑料的检测。在样品处理方面，根据食品的类型和质地采用不同的处理方法。对于液态食品，如果汁、牛奶等，先通过离心分离的方式将微塑料与食品基质初步分离，然后再进行进一步的富集和净化；对于固态食品，如肉类、蔬菜等，需要先进行粉碎、匀浆等处理，然后用合适的溶剂提取微塑料。在检测方法上，该标准推荐了多种技术手段，包括显微镜观察、光谱分析等，并对每种方法的操作步骤和质量控制要求进行了详细规定。在使用显微镜观察时，要对显微镜的放大倍数、观察视野等进行严格控制，以确保能够准确地识别和计数微塑料颗粒；在光谱分析中，要对光谱仪的校准等环节进行质量把控，以保证检测结果的准确性。这些标准的应用范围涵盖了各类食品，从生鲜食材到日常加工食品，都能依据该标准进行微塑料检测，为食品安全监管提供了技术支持。

此外，国际标准化组织（International Organization for Standardization，ISO）也在积极推动微塑料检测标准的制定。ISO 24187:2023《环境中微塑料的分析原理》系统概述了在不同环境基质中分析微塑料时应遵循的原则，其中包括微塑料粒径分类以及在采样、前处理和分析测试时使用的设备种类。按照国际标准定义，5 mm～1 μm 粒径范围的塑料被定义为微塑料，标委会在此粒径范围内，将微塑料细分为大颗粒微塑料（1～5 mm）和微塑料（1～1 000 μm），并建议在微塑料粒径范围内再进行尺寸细化分级。该标准为全球微塑料检测标准的统一和规范提供了重要的指导框架，促进了不同国家和地区在微塑料检测领域的交流与合作。

6.5.2　国内标准

在国内，微塑料检测标准的发展历程紧密围绕我国日益严峻的微塑料污染问题以及不断提升的环境监测需求而逐步在推进。早期，我国对微塑料污染的研究相对较少，检测标准也几乎处于空白状态。随着对微塑料污染危害认识的不断加深，以及国际上对微塑料检测研究的兴起，我国开始重视微塑料检测标准的制定工作。

2017年，辽宁省海洋水产科学研究院起草发布了《DB21/T 2751—2017 海水中微塑料的测定傅里叶变换显微红外光谱法》，这是我国较早的微塑料检测地方标准之一。该标准针对海水中微塑料的检测，详细规定了样品采集、前处理、傅里叶变换显微红外光谱分析，以及结果计算与表示等一系列流程。在样品采集方面，明确了使用合适的浮游生物网在不同海域深度进行采样，以确保采集到具有代表性的海水样品。在样品前处理过程中，通过过滤、萃取等方法对海水中的微塑料进行分离和富集，然后利用傅里叶变换显微红外光谱仪对微塑料进行定性和定量分析。该标准的发布，为我国海水中微塑料的检测提供了重要的技术依据，推动了我国海洋微塑料检测工作的开展。

随后，我国陆续发布了一系列与微塑料检测相关的标准。2021年，国家市场监督管理总局、国家标准化管理委员会发布了《GB/T 40146—2021 化妆品中塑料微珠的测定》，该标准专门针对化妆品中塑料微珠这一特定类型的微塑料进行检测。在检测方法上，采用了显微镜观察与红外光谱分析相结合的方式。首先，通过显微镜对化妆品样品进行初步观察，筛选出疑似塑料微珠的颗粒，然后利用红外光谱仪对这些颗粒进行进一步分析，以确定其是否为塑料微珠及塑料的种类。该标准的实施，对于规范化妆品行业中塑料微珠的使用和检测，保障消费者的健康具有重要意义。

中国团体标准也在微塑料检测标准体系中发挥了重要作用。如 T/CSTM 00563—2022《景观环境用水中微塑料的测定 傅里叶变换显微红外光谱法》，该标准针对景观环境用水中的微塑料检测，详细规定了从样品采集、前处理到傅里叶变换显微红外光谱分析的全过程。在样品采集时，考虑到景观环境用水的特点，规定在不同位置、不同深度进行多点采样的方法，以提高样品的代表性。在分析过程中，对傅里叶变换显微红外光谱仪的参数设置、图谱分析等都给出了明确的要求，以确保检测结果的准确性和可靠性。T/CSUS 32—2021《污水中微塑料的测定 显微拉曼光谱法》则针对污水中微塑料的检测，采用显微拉曼光谱法，详细规定了样品的采集、处理和分析方法。该标准在样品前处理环节，通过离心、过滤等方法对污水中的微塑料进行分离和富集，然后利用显微拉曼光谱仪对微塑料进行定性和定量分析，从而为污水中微塑料的检测提供了有效的方法。

我国现有的微塑料检测标准具有一定的特点：在检测方法上，多采用光谱分析法，如傅里叶变换显微红外光谱法、显微拉曼光谱法等，这些方法具有较高的准确性和灵敏度，能够对微塑料进行有效的定性和定量分析；在适用范围上，标准涵盖了多种环境介质和产品，包括海水、景观环境用水、污水、化妆品等，体现了我国对不同领域的微塑料污染检测的重视。

然而，现有标准也存在一些不足之处：部分标准的适用范围相对较窄，仅针对特定的环境介质或产品中的微塑料检测，对于其他复杂环境样品中的微塑料检测缺乏通用性。土壤、大气等环境介质中微塑料的检测标准还不够完善，难以满足全面监测微塑料污染的需求。而且不同标准之间的协调性和一致性有待提高，部分标准在样品采集、前处理和分析方法等方面存在差异，导致不同实验室之间的检测结果难以直接比较，影响了数据的准确性和可靠性。现有标准对于纳米级微塑料的检测方法和技术指标还不够明确，由于纳米级微塑料的特殊性质，目前的标准难以满足对其准确检测的要求。

6.5.3　现有标准对比分析

国内外微塑料检测标准在多个方面存在差异，这些差异对检测结果有着重要影响。

在检测方法的选择上，国际标准（如 ASTM D8401）侧重于热解-气相色谱/质谱法，利用该方法对水环境中的微塑料进行检测时，能够准确鉴定微塑料的聚合物类型和数量。这种方法基于塑料在高温下热解成小分子碎片，然后通过气相色谱分离这些碎片，并利用质谱进行检测和分析，具有较高的灵敏度和准确性，能够检测复杂环境水样中低浓度的微塑料。国内标准则多采用傅里叶变换显微红外光谱法和显微拉曼光谱法。以 DB21/T 2751—2017《海水中微塑料的测定标准》为例，该标准采用傅里叶变换显微红外光谱法，通过测量微塑料对红外光的吸收特性，来确定微塑料的种类和化学组成。这种方法能够直观地观察微塑料的形态和结构，对于微塑料的定性分析具有重要意义，但在检测低浓度微塑料时，灵敏度相对较低。

不同的检测方法对检测结果的准确性和灵敏度会产生不同影响。热解-气相色谱/质谱法虽然灵敏度高，但设备昂贵，操作复杂，需要专业的技术人员和实验室条件，且在样品前处理过程中可能会因为热解不完全或杂质干扰等问题，导致检测结果出现偏差。傅里叶变换显微红外光谱法和显微拉曼光谱法操作相对简单，设备成本较低，但对于一些粒径较小或含量较低的微塑料，可能会出现检测不到或误判的情况。在检测含有大量有机物的水样时，微塑料的红外吸收光谱可能会与有机物的光谱重叠，从而影响微塑料的准确鉴定。

在样品采集和前处理方面，国际标准和国内标准也存在差异。国际标准在样品采集时，对于不同环境介质的采样方法和采样量有详细且严格的规定，以确保采集到的样品具有代表性。对于海洋水样的采集，会根据不同的海域深度、季节、潮汐等因素，选择合适的采样工具和采样位置，以保证采集的水样能够反映该海域微塑料的真实污染情况。在样品前处理过程中，应注重去除杂质和干扰物质，以提高检测的准确性。通过多次离心、过滤等操作，尽可能减少样品中的有机物、微生物等杂质对微塑料检测的影响。国内标准在样品采集和前处理方面，虽然也有相应的规定，但在一些细节上可能不够完善。国内部分标准对于采样时的环境因素考虑不够全面，导致采集的样品代表性不足。在样品前处理过程中，对于一些复杂样品的处理方法不够成熟，可能会影响微塑料的回收率和检测结果的准确性。

样品采集和前处理的差异会直接影响检测结果的可靠性。如果样品采集不具有代表性，那么检测结果就无法准确反映环境中微塑料的真实污染状况。在分析某河流微塑料污染情况时，若采样点只选择在河流的表层，而忽略了河流底部和中层的水样，可能会导致检测结果低估该河流微塑料的污染程度。样品前处理过程中，如果杂质去除不彻底，可能会干扰微塑料的检测，导致检测结果出现偏差。当样品中存在大量有机物时，可能会掩盖微塑料的信号，使检测结果出现假阴性或假阳性的情况。

在适用范围上，国际标准通常具有更广泛的通用性，能够适用于不同国家和地区的环境样品检测。ASTM D8401 适用于各种水体中微塑料的检测，无论是高悬浮固体含量的污水，还是低悬浮固体含量的清洁水体，都能按照此标准进行检测。国内标准则多针对特定的环境介质或产品，如 GB/T 40146—2021 主要针对化妆品中塑料微珠的测定，T/CSTM 00563—2022 主要适用于景观环境用水中微塑料的检测。

适用范围的差异使得在不同场景下选择合适的检测标准变得尤为重要。如果在海洋微塑料检测中使用针对化妆品中塑料微珠的检测标准，可能无法准确检测出海洋环境中复杂多样的微塑料类型和含量。不同标准适用范围的差异也给跨区域、跨介质的微塑料污染研究带来了困难，不利于数据的整合和比较。在进行全球海洋微塑料污染研究时，不同国家和地区采用的检测标准的适用范围不同，导致数据难以被统一分析，这影响了对全球海洋微塑料污染状况的全面了解。

6.6　微塑料检测的发展趋势和面临的挑战

6.6.1　微塑料检测技术面临的挑战

（1）检测灵敏度与分辨率受限

微塑料尺寸范围广泛，从微米级到纳米级，部分塑料颗粒直径甚至不足 100 nm。现有检测技术在检测极小尺寸的微塑料时，灵敏度和分辨率难以满足需求。例如，传统的光学显微镜虽然操作简便、成本较低，但受光学衍射极限限制，难以准确识别和计数小于 1 μm 的微塑料颗粒；SEM 虽能提供较高分辨率的图像，可检测纳米级颗粒，但制样过程复杂，且存在电子束对样品造成损伤的风险，从而影响检测结果的准确性。此外，环境样品中微塑料含量通常极低，在复杂基质干扰下，低浓度微塑料的精准检测成为难题，极易导致漏检或误检。

（2）样品前处理复杂且缺乏统一标准

环境样品成分复杂，如水体中含有大量悬浮物、有机物，土壤中存在矿物质、腐殖质等，这些物质会干扰微塑料的检测。目前，样品前处理方法多样，包括过滤、分离、消解等，但每种方法都存在局限性。以消解处理为例，常用的化学消解试剂可能会破坏微塑料结构，导致微塑料损失或形态改变；物理分离方法，如密度分离，因不同微塑料和环境基质的密度存在重叠，难以实现微塑料的完全分离。而且，不同研究机构和检测实验室采用的前处理流程差异较大，缺乏统一规范的操作标准，使得检测结果缺乏可比性，阻碍了全球微塑料污染数据的整合与分析。

（3）检测技术成本高且效率低

部分先进的微塑料检测技术，如飞行时间二次离子质谱、傅里叶变换红外光谱成像技术等，虽能提供微塑料的化学组成、结构等详细信息，但设备价格昂贵，购置成本高达数百万元甚至上千万元，维护和运行成本也居高不下，这限制了其在更多检测机构和科研单位的普及及应用。此外，这些技术检测流程烦琐，单个样品检测耗时较长，难以满足大量环境样品快速检测的需求。例如，采用傅里叶变换红外光谱成像技术对复杂环境样品中的微塑料进行逐点分析时，获取完整数据往往需要数小时甚至数天时间，严重影响了微塑料污染检测的时效性。

（4）检测技术对混合微塑料的识别能力不足

环境中的微塑料通常是多种聚合物材料的混合物，不同聚合物的物理化学性质相近，现有检测技术在准确识别混合微塑料的组成成分和比例时面临困难。例如，拉曼光谱技术虽能对微塑料进行无损检测和化学鉴定，但在检测混合微塑料时，光谱信号会相互干扰，导致谱图解析困难，难以准确区分和定量不同聚合物组分。这使得研究人员难以全面了解微塑料的来源和环境行为，无法为微塑料污染防治提供精准的决策依据。

6.6.2　微塑料检测技术的展望

（1）新技术研发与创新

未来，微塑料检测技术将朝着高灵敏度、高分辨率、快速便捷和低成本的方向发展。纳米技术、生物技术等新兴技术的融合应用有望带来突破。例如，基于纳米探针的检测技术，利用纳米材料对微塑料的特异性吸附和信号放大作用，可显著提高检测灵敏度；生物传感器技术，通过设计对特定微塑料具有识别能力的生物分子探针，实现微塑料的快速、特异性检测。此外，人工智能和机器学习技术将被广泛应用于微塑料检测数据的处理和分析，它们能够快速识别复杂谱图和图像中的微塑料特征，从而提高检测效率和准确性。

（2）检测标准的完善与统一

随着微塑料研究的深入，国际社会将更加重视检测标准的制定和统一。各国科研机构和标准化组织将加强合作，共同制定涵盖不同环境介质、不同检测技术的微塑料检测标准规范。从样品采集、前处理方法、仪器参数设置到数据分析流程，都将形成统一标准，以确保全球微塑料检测数据的一致性和可比性。这将为微塑料污染的全球检测、风险评估和治理效果评价提供坚实的数据基础。

（3）便携式检测设备的发展

为满足微塑料污染现场快速检测的需求，便携式检测设备将成为研究热点。目前，已有部分便携式傅里叶变换红外光谱仪、拉曼光谱仪投入使用，但在检测性能和功能上仍需进一步优化。未来，便携式检测技术将不断提高检测灵敏度和准确性，简化操作流程，实现微塑料在水体、土壤、大气等环境现场的实时、原位检测。这将有助于及时掌握微塑料污染动态，为突发污染事件的应急响应和环境监管提供有力支持。

（4）多技术联用与综合检测平台的构建

单一检测技术难以全面获取微塑料的物理化学信息，多技术联用将成为未来的发展趋势。例如，将显微镜技术与光谱技术相结合，既能观察微塑料的形貌特征，又能分析其化学组成；将分离技术与质谱技术联用，可实现混合微塑料的高效分离和准确鉴定。同时，构建集成多种检测技术的综合检测平台，实现对微塑料从宏观形貌到微观结构，从定性分析到定量检测的全方位、多层次分析，将为深入研究微塑料的环境行为和生态效应提供更强大的技术支撑。

参考文献

[1] PRATA J C, DA COSTA J P, GIRAO A V, et al. Identifying a quick and efficient method of rem oving organic matter without damaging microplastic samples [J]. The Science of the Total Environment, 2019, 686(10): 131-139.

［2］杨天宇,么强,梁超,等.微塑料检测分析技术研究进展［J］.应用化工,2023,52(6): 1-8.

［3］ENDERS K, KPPLER A, BINIASCH O, et al. Tracing microplastics in aquatic environments based on sediment analogies［J］. Scientific Reports. 2019:1－15.

［4］OLESEN,STEPHANSEN,ALST,et al. Microplastics in a Stormwater Pond［J］. Water, 2019,11(7):1466.

［5］NAN B,SU L,KELLAR C,et al. Identification of microplastics in surface water and Australian freshwater shrimp Paratya australiensis in Victoria, Australia ［J］. Environmental Pollution,2019,259: 113865.

［6］苗开珍,孟娇龙,姜雪峰.塑料废弃物污染及降解的研究进展［J］.华东师范大学学报(自然科学版),2023 (01):170-176.

［7］ FULLER S, GAUTAM A. A Procedure for Measuring Microplastics using Pressurized Fluid Extrac tion［J］.Environmental science&technology,2016,50(11):5574-5780.

第7章 微塑料污染的预防和治理

7.1 政府层面

7.1.1 多维度努力与成效

(1) 国际层面：各国政府出台政策法规

面对日益严峻的微塑料污染情况，国际组织和各国政府纷纷采取行动，出台了一系列政策和法规，旨在减少微塑料的产生和排放，保护生态环境和人类健康。

国际组织方面：2022年3月，第五届联合国环境大会续会通过了《终止塑料污染决议（草案）》，计划到2024年达成一项具有国际法律约束力的协议，以推动全球治理塑料污染，这一决议为全球塑料污染治理提供了重要的框架和方向，彰显了国际社会共同应对塑料污染挑战的决心。国际海事组织也在积极行动，在国际海事组织防止和应对污染分委会第十一次会议上通过了《海运塑料颗粒集装箱推荐措施》通函，对塑料颗粒的海运提出了具体的推荐措施，以减少塑料颗粒在运输过程中的泄漏，从而降低微塑料对海洋环境的污染风险。

各国政府也出台了相应的政策法规。欧盟在微塑料治理方面走在世界前列，2023年9月25日，欧盟委员会发布公告，对欧盟关于化学品注册、评估、授权和限制（registration, evaluation, authorisation and restriction of chemicals, REACH）法规附件十七进行修改，限制微塑料本身及其相关产品在欧盟范围内的投放。新增的附件十七第七十八条规定，合成聚合物微粒不得单独作为物质，或为实现某种特性而故意添加到混合物中〔且添加浓度大于或等于0.01%（按重量计）〕投放市场，这一限制措施预计可为欧盟减少70%的微塑料污染，并在未来20年内累计减少约50万吨微塑料垃圾。2023年10月16日，欧盟委员会提出了关于防止塑料颗粒损失以减少微塑料污染的法规提案。2024年12月17日，欧盟理事会通过了关于防止塑料颗粒（用于制造塑料产品的工业原材料）流失到环境中的法规立场（总体方针），该法规适用于在欧盟处理塑料颗粒数量超过5吨的经济运营商、在欧盟运输塑料颗粒的欧盟和非欧盟承运人等，涵盖了塑料颗粒生产、运输、储存等全产业链，旨在通过规范各环节的操作，减少塑料颗粒的泄漏，从源头上控制微塑料的产生。

美国、日本、阿根廷、英国、加拿大、韩国、智利、葡萄牙等国家针对海洋废弃物、海洋漂浮物、海洋微塑料等问题进行专项立法。2015年，美国前总统奥巴马签署了禁止在化妆品中添加任何微塑料颗粒的法案，这是全球首个针对微塑料污染的立法举措。葡萄牙在2021年发布法令，禁止分销、消费或使用微珠浓度等于或大于0.01%（重量）的化妆品和洗涤剂产品，这进一步体现了葡萄牙对微塑料污染的重视。

为应对微塑料污染，各国采取了一系列治理措施和行动。在塑料垃圾回收利用方面，许多国家加大了对塑料垃圾回收设施的投入，提高回收技术水平，鼓励企业和公众参与塑料垃圾回收。德国建立了完善的塑料垃圾回收体系，通过押金制度等方式，提高塑料瓶的回收率；一些企业也积极研发新型的塑料回收技术，如化学回收技术，能够将塑料垃圾转化为高质量的塑料原料，实现塑料的循环利用。源头减量也是重要的治理措施之一，通过推广使用可降解的塑料、减少一次性塑料制品的使用等方式，从源头上减少微塑料的产生。

（2）我国法律法规政策逐步在完善

我国也高度重视塑料污染治理，早在2001年，我国就出台政策停止生产一次性发泡塑料餐具。2008年起实施"限塑令"，禁止生产、销售、使用厚度小于0.025 mm的塑料购物袋，并在商品零售场所实行塑料购物袋有偿使用制度；而同样的政策，英国、法国、意大利和美国分别是在2015年、2016年、2018年和2017年开始实施的，基本比我国晚了10年。2020年出台的新的塑料污染治理政策，将源头减量政策扩展到塑料微珠添加、一次性不可降解塑料吸管淘汰等更多一次性塑料制品的领域；近年来，陆续发布的《关于进一步加强塑料污染治理的意见》《"十四五"塑料污染治理行动方案》等政策文件，对塑料污染治理进行了全面部署，从生产、流通、消费、回收利用、末端处置等全链条入手，加强塑料污染治理。

　　从材料本身来看，塑料与钢铁、有色金属等其他材料一样，具有很好的可回收利用性，只有当废弃塑料实现了有效回收和处置，塑料污染问题才会得以解决。因此，我国积极采取措施，加大废弃塑料的回收利用力度。早在1989年，我国就出台了加强重点交通干线、流域及旅游景区塑料包装废物管理的政策文件，防止塑料包装废弃物在河流、湖泊及沿岸堆积。通过多年的努力，我国逐步构建起覆盖全社会的废塑料回收利用体系。据有关行业协会测算，2021年，我国废塑料回收量约为1 900万吨，材料化回收率达到31%，是全球平均水平的1.74倍，并且实现了100%本国材料化回收利用。而同期，美国、欧盟、日本的本土材料化回收率分别为5.31%、17.18%和12.50%。此外，我国积极推动对暂时不能材料化利用的塑料垃圾进行能源化回收，能源化利用率达到45.70%。

　　我国立足本土废塑料回收利用和处置体系，较好地解决了塑料污染问题，并帮助其他国家和地区积极应对塑料垃圾带来的威胁。仅2011—2020年，我国就累计实现了1.7亿吨各类废塑料的材料化回收利用，成为全球最大的废塑料循环利用经济体，成为引领全球塑料循环经济发展的中坚力量。作为共同牵头国之一，我国牵头修订了《巴塞尔公约》塑料废物修正案，推进了国际塑料污染治理进程。2019年以来，我国政府还不断加大对发展中国家塑料污染应对能力的培训力度，将塑料循环经济、塑料污染治理等纳入援外培训项目，累计培训了来自30多个发展中国家的1 000多名政府官员，为提升各国塑料污染治理能力做出了积极贡献。

　　我国的塑料污染治理实践可以为全球塑料污染治理提供借鉴。第一，塑料本身并不能与污染物画等号，塑料污染的本质是塑料使用和废弃后的环境泄漏。第二，开展塑料污染全生命周期治理是有效预防塑料环境泄漏的重要手段。我国通过在源头限制塑料微珠添加和特定一次性不可降解塑料制品生产，推动消费过程一次性塑料制品替代，加强废弃后塑料回收和处置利用，构建起覆盖塑料全生命周期的治理体系，建立了生产者、使用者、排放者责任分担和协同共治体系，从而确保塑料污染治理取得实效。第三，完善的塑料废弃物末端收集和处置体系是塑料污染防治的关键环节，因为这可以直接防止塑料废弃物泄漏到环境中，是塑料污染治理最应优先采取的措施。第四，各种替代产品的使用和推广需要开展科学对比分析，包括各类替代产品的技术可行性、经济性、可推广性、适用性、综合环境影响等，并在此基础上有序推进，否则不仅无益于塑料污染治理，还会给经济系统和生态系统带来新的影响。

　　我国也在逐步重视微塑料污染防治。2007年，我国启动了海洋垃圾的监测工作；2016年，将海洋微塑料正式纳入监测范围。2019年，海洋微塑料监测结果显示，我国渤海和东海近海海域表层水体微塑料的平均密度与国际同类调查结果相比处于中低水平。

此外，国家发展改革委、生态环境部等部门联合发布了多项政策文件，提出要加强塑料及微塑料污染治理的科技支撑，加强江河、湖海塑料垃圾及微塑料污染机理、监测、防治技术和政策的研究。

（3）地方政策的创新实践

在地方层面，一些城市也根据自身实际情况，出台了有针对性的微塑料防治政策。例如，部分沿海城市加强了对海洋微塑料的检测和清理力度，建立了定期的巡查和清理机制。同时，一些地方政府还鼓励企业和公众参与微塑料回收活动，通过经济激励和宣传教育等手段提高公众的环保意识。2022年1月，河南省公布了《河南省城市生活垃圾分类管理办法》，并于2022年3月1日起施行。其中，第十六条规定，依法禁止生产、销售和使用不可降解的一次性塑料制品；第十九条规定，餐饮服务提供者和餐饮配送服务提供者不得主动向消费者提供一次性筷子、调羹等餐具。

7.1.2　面临的困境

（1）政策法规体系不完善

缺乏专门性立法：目前，多数国家尚未出台一部全面、系统的针对微塑料污染治理的专门法律。微塑料污染涉及塑料生产、使用、废弃等多个环节，在现有法规体系下，多是依靠分散于不同领域的相关法律条款进行管理，如塑料污染防治相关法规中部分涉及微塑料的内容，但缺乏对微塑料从定义、监管范围到管控措施等全方位的规范，导致治理工作缺乏有力的法律依据。这使得在面对复杂的微塑料污染问题时，治理工作难以形成有效合力。

政策连贯性和前瞻性不足：已有的微塑料管理政策在时间维度上缺乏连贯性，政策目标与实施计划缺乏长期规划，不同时期的政策之间可能会出现衔接不畅甚至冲突的情况；并且，人们对微塑料污染发展趋势预判不够准确，未能充分考虑到随着塑料产业的发展、新塑料制品的出现以及微塑料污染途径的多样化，提前制定具有前瞻性的政策措施，使得政策在应对新兴微塑料污染问题时显得滞后。

责任主体界定模糊：微塑料污染治理涉及多个部门和众多利益相关方，如环保部门、市场监管部门、塑料生产企业、塑料制品使用商家以及消费者等。但现行的政策法规中，各责任主体的具体职责划分不够清晰，导致在实际管理过程中，容易出现部门之间相互推诿、责任落实不到位的现象，从而影响治理效率。例如，在塑料废弃物的回收处理环节，环保部门、环卫部门和企业在责任认定和工作衔接上存在模糊地带，使得废旧塑料回收利用率低下，这间接地加剧了微塑料污染。

（2）标准体系不健全

检测标准不统一：在微塑料检测方面，不同国家、地区以及研究机构采用的检测方法和标准存在差异。从采样方法来看，对于不同环境介质（如水体、土壤、大气、生物体内等）中微塑料的采样点位设置、采样频率、采样器具规格等缺乏统一规范，导致采样数据缺乏可比性；在分析检测技术上，显微镜观察法、光谱分析法、色谱分析法等多种方法并行，每种方法的检测精度、适用范围、数据处理方式各不相同，难以形成一致的检测结果，这给全面掌握微塑料污染状况带来困难。

产品标准缺失：塑料制品中微塑料的含量、种类等缺乏明确的产品标准。目前，除了少数塑料制品，如化妆品中禁止添加微塑料颗粒等规定外，大部分塑料制品，尤其是日常使用的大量塑料制品，没有关于微塑料的相关质量标准。这使得市场上的塑料制品在微塑料控制方面处于无序状态，企业缺乏生产规范，消费者也难以辨别产品是否存在微塑料污染风险。

降解标准不完善：可降解塑料被视为缓解微塑料污染的重要途径之一，但其降解标准却存在诸多不完善之处。现有的降解标准对降解条件（如温度、湿度、微生物环境等）的规定不够细化，不同标准之间对可降解塑料的降解率、降解时间要求不一致，导致市场上可降解塑料制品质量参差不齐。一些声称可降解的塑料产品，在实际环境中可能无法达到预期的降解效果，仍然会产生微塑料污染。

（3）政策法规与标准执行不力

监管资源不足：微塑料污染治理工作需要大量的人力、物力和财力投入，但目前相关监管部门普遍面临监管资源不足的问题。在人员配备上，缺乏专业的微塑料检测、执法人员，现有人员对微塑料污染相关知识和监管要求掌握不够深入；检测设备和技术手段落后，难以满足对不同环境介质中的微塑料进行大范围、高精度检测的需求；执法经费短缺，限制了日常巡查、专项整治等监管活动的开展，导致许多违法违规行为难以被及时发现。

处罚力度不够：对于违反微塑料管理政策法规的行为，处罚力度相对较轻，难以形成有效的威慑力。在塑料生产环节，部分企业违规生产含有微塑料的产品，或未按照规定对塑料废弃物进行处理，但处罚往往只是责令整改、小额罚款等，企业违法成本远低于其违规收益，这使得一些企业违规行为屡禁不止；在消费环节，对随意丢弃塑料制品、不遵守垃圾分类规定等行为的处罚力度不足，无法有效引导公众养成良好的环保习惯。

公众参与度低：公众作为微塑料污染的源头和治理的重要参与者，其参与度直接影响政策法规与标准的执行效果。然而，目前公众对微塑料污染的认识普遍不足，缺乏主动参与微塑料污染治理的意识和行动。许多公众不清楚微塑料的危害，在日常生活中仍然过度使用一次性塑料制品、随意丢弃塑料垃圾，且对政府推行的相关治理措施缺乏配合，如不积极参与垃圾分类等，使得政策法规在末端执行过程中大打折扣。

（4）国际合作与信息共享的挑战

微塑料污染是全球性问题，需要各国共同努力来解决。然而，目前国际合作在应对微塑料污染方面仍存在诸多挑战。一方面，不同国家和地区之间的经济发展水平、科技实力和资源禀赋存在差异，导致其在微塑料研究和管理方面的投入和能力不同；另一方面，由于微塑料污染的复杂性和跨国界性，需要各国共同制定统一的标准和措施来应对。

此外，信息共享也是国际合作的重要一环。然而，目前全球范围内对于微塑料污染的数据和信息仍缺乏统一的管理和共享机制，这使得各国在应对微塑料污染时难以获取全面、准确的数据和信息。因此，需要加强国际合作和信息共享机制的建设，推动各国在微塑料研究和管理方面的交流与合作。

7.1.3 未来展望：推动政策法规完善与政府主导作用发挥

（1）构建完善的政策法规体系

出台专门立法：国家层面应尽快启动微塑料污染防治专门立法工作。从塑料全生命周期出发，明确微塑料的定义、分类及监管范围。详细规定从塑料原材料生产、塑料制品加工制造、产品流通销售、使用消费到废弃处理各个环节中针对微塑料的管控措施，如限定塑料制品中微塑料的初始含量、规范生产工艺以减少微塑料产生等。同时，设立独立的微塑料污染治理执法机构或明确专门的执法队伍，赋予其充分的执法权力，以保障法律的有效执行。

强化政策连贯性与前瞻性：制订长期的微塑料管理战略规划，明确不同阶段的政策目标与实施路径。定期对政策进行评估与修订，依据塑料产业发展动态、微塑料污染研究新成果以及国际治理经验，及时调整政策内容。鼓励开展前瞻性研究，对可能出现的新型微塑料污染源、污染途径提前预判，制定针对性的预防政策，如针对新兴纳米塑料等潜在的污染物，提前布局监管政策。

明确责任主体：通过立法和政策文件，清晰划分各部门在微塑料污染治理中的职责。环保部门负责总体统筹、环境检测与执法监督，市场监管部门管控塑料制品生产销售环节的质量标准，工信部门推动塑料产业绿色转型，住建部门优化塑料废弃物收集、运输与处理体系等。建立部门间协调联动机制，定期召开联席会议，加强信息共享与工作协同。同时，明确企业作为污染治理的主体责任，对生产、使用微塑料相关产品的企业，实行污染责任延伸制度，要求其承担产品废弃后微塑料污染治理责任；明确消费者在减少塑料使用、做好垃圾分类等方面的义务，并通过宣传教育提高其责任意识。

（2）健全标准体系

统一检测标准：组织科研机构、行业专家制定统一的微塑料检测标准规范。对于不同环境介质，明确采样方法，包括采样点位的科学布局（如在水体监测中，综合考虑河流、湖泊、海洋不同区域的水动力条件、污染源分布等因素确定采样点）、采样频率的设定（依据环境介质的流动性、微塑料污染变化规律等确定），以及采样器具的标准化（规定采样网目尺寸、材质等）。规范分析检测技术，确定各类检测方法的适用范围、精度要求及数据处理流程，建立质量控制体系，定期开展实验室间比对，确保检测数据的准确性和可比性，为全面、精准掌握微塑料污染状况提供支撑。

制定产品标准：针对各类塑料制品，制定微塑料相关质量标准。明确不同用途的塑料制品中微塑料的允许含量上限、种类限制，如食品包装用塑料制品应严格限制微塑料含量，防止其迁移至食品中危害人体健康。对于添加微塑料作为特殊功能成分的产品，规定并明确标识要求，使消费者能够清晰地了解产品中微塑料的相关信息。建立产品认证制度，对符合微塑料标准的塑料制品颁发认证标志，引导市场消费，促进企业生产符合标准的产品。

完善降解标准：细化可降解型塑料降解标准中的降解条件，综合考虑不同地区自然环境的差异，如温度、湿度、土壤酸碱度、微生物群落等因素，制定多种环境场景下的降解测试方法与标准。统一降解率、降解时间等关键指标要求，规定可降解型塑料在自然环境或特定模拟环境下达到一定降解程度所需的时间范围。加强对降解产物的安全性评估，建立降解产物检测标准，确保可降解型塑料在降解过程中不会产生二次微塑料污染或其他有害副产物，保障可降解型塑料真正实现绿色环保功能。

（3）加强政策法规与标准的执行力度

充实监管资源：加大对微塑料污染治理的资金投入，用于购置先进的检测设备，如高分辨率显微镜、质谱联用仪等，提升对微塑料的检测能力；加强人员培训，定期组织监管人员参加微塑料污染治理专业培训课程，邀请专家授课，内容涵盖微塑料相关政策法规、检测技术、执法要点等，培养一批专业素养高的检测与执法队伍；设立专项执法经费，保障日常巡查、专项整治行动顺利开展，确保微塑料污染相关违法违规行为能够被及时发现、有效查处。

加大处罚力度：修订相关法律法规，提高对违反微塑料管理政策法规行为的处罚标准。对于违规生产含超标微塑料产品的企业，除高额罚款外，还可采取停产整顿、吊销生产许可证等严厉措施；对随意丢弃塑料制品、未按规定进行垃圾分类导致微塑料污染环境的个人，实施罚款、社区服务等处罚措施。建立企业违法违规行为信用记录档案，将严重违法企业列入失信名单，限制其市场准入、信贷融资等，提高企业违法成本，形成强大威慑力，促使企业和个人自觉遵守微塑料管理规定。

提高公众参与度：加强宣传教育，通过多种渠道普及微塑料污染知识。利用电视、广播、网络平台制作专题节目、科普视频，介绍微塑料的来源、危害及防治方法；在学校、社区、企事业单位举办科普讲座、环保活动，发放宣传手册，提高公众对微塑料污染的认知水平。鼓励公众参与微塑料污染治理监督举报，设立举报奖励制度，对发现并举报违法违规生产、销售含微塑料产品或随意丢弃塑料垃圾等行为的公众给予物质奖励，激发公众参与热情。同时，倡导绿色生活方式，鼓励公众减少使用一次性塑料制品，积极参与垃圾分类，形成全社会共同参与微塑料污染治理的良好氛围。

（4）加强国际合作

建立统一数据库：由联合国环境规划署牵头，联合各国政府、科研机构及国际环保组织，搭建涵盖全球微塑料污染数据的综合性数据库。明确数据采集标准，规范数据格式，统一记录微塑料在水体、土壤、大气等不同环境介质中的分布、浓度、类型等关键信息。各国定期上传本国微塑料污染检测数据、研究成果及政策法规动态，打破信息壁垒，实现全球微塑料污染信息的实时共享。

构建信息交流机制：设立线上线下相结合的常态化信息交流渠道。定期举办国际微塑料污染防治研讨会、论坛等活动，邀请各国专家、政府代表及企业参与，分享各国在微塑料污染检测、治理技术研发、政策制定等方面的经验与成果。同时，利用线上平台，如国际微塑料污染防治协作网站、社交媒体群组等，实现日常信息快速交流与沟通，促进各国相互学习、共同进步。

制定国际统一标准：组织全球相关领域的顶尖专家，共同研究制定微塑料污染防治国际标准。在检测标准方面，统一不同环境介质中微塑料的采样方法、分析检测技术及数据处理流程；在产品标准上，规范塑料制品中微塑料含量的限值、标识要求等；在降解标准中，明确可降解型塑料在全球不同环境条件下的降解测试方法、降解率及降解时间要求。制定的国际标准须具有科学性、通用性和可操作性。

实现标准互认：各国政府及相关机构要积极推动本国微塑料污染防治标准与国际标准接轨，并签署标准互认协议。对于符合国际标准的微塑料检测数据、产品认证结果、降解性能检测报告等，各国要予以承认，以减少因标准差异导致的贸易壁垒和重复检测，从而提高微塑料污染防治合作的效率，促进环保产品和技术的流通。

(5) 强化塑料管控和回收利用

推动产业绿色转型：推动塑料产业向绿色环保方向转型升级，鼓励企业加大对可降解材料的研发和生产投入。科研机构与企业须加强合作，共同攻克可降解材料的技术难题，提高其性能，并降低生产成本。政府可以通过税收优惠、财政补贴等手段，引导企业采用可降解材料替代传统塑料。例如，对生产可降解塑料制品的企业给予税收减免，对研发可降解材料的项目提供专项科研资金支持。同时，加强对可降解材料的质量监管，以确保其在自然环境中能够真正实现降解，避免出现"伪降解"产品。

构建完善的回收体系：建立覆盖全社会的塑料回收网络，提高塑料回收率。在城市和乡村合理布局回收站点，方便居民投放废弃塑料。加强对回收站点的管理，以确保回收的塑料得到妥善分类和储存。同时，开展垃圾分类宣传教育活动，提高居民的环保意识，引导居民积极参与塑料垃圾分类投放。例如，一些城市通过与社区合作，设立垃圾分类奖励机制，对积极参与垃圾分类的居民给予一定的物质奖励或积分，这些积分可用于兑换生活用品。此外，加强回收运输环节的管理，优化运输路线，提高运输效率，降低运输成本。

创新回收技术：加大对塑料回收技术的研发投入，创新回收方法，提高回收塑料的质量和附加值。物理回收技术方面，不断改进塑料粉碎、清洗、熔融等工艺，以提高回收塑料的纯度和性能。化学回收技术则致力于将塑料分解为单体或小分子化合物，以便重新合成新的塑料。例如，采用热解聚技术，将废弃塑料在高温下分解为原料，再通过化学合成制备新的塑料产品。此外，探索将回收塑料转化为能源的技术路径，如通过焚烧回收塑料产生热能用于发电，但要确保焚烧过程符合环保标准，以减少污染物的排放。

7.2　技术层面

7.2.1　治理技术的不断探索与创新

在微塑料治理技术方面，科研人员进行了大量探索和创新。

7.2.1.1　物理修复

针对微塑料难以分离和回收的问题，一些研究团队开发出了高效的微塑料分离技术。这些技术利用微塑料的物理或化学特性，如密度、磁性、电荷等，通过特定的分离装置将微塑料从复杂的环境中分离出来。分离后的微塑料可以进行资源化利用，如作为原料生产新的塑料制品或作为能源燃烧。物理修复主要是通过人工或机械方式将微塑料从环境中去除。这种方法具有直接、快速的特点，但在实际应用中面临着成本高、效率低、难以彻底清除等挑战。

（1）过滤与分离技术

过滤与分离技术是物理治理微塑料污染的重要方法，在水体和大气环境治理中发挥着关键作用。滤网通常被安装在河流、湖泊或海洋的入海口，通过拦截作用将水中的微塑料颗粒截留。然而，滤网的使用需要定期清理和维护，否则会造成堵塞，影响水流和水质。此外，滤网对微塑料的截留效率受到多种因素的影响，如水流速度、微塑料的尺寸和形状等。在水体微塑料治理方面，膜过滤技术应用广泛，微滤（microfiltration，MF）、超滤（ultrafiltration，UF）、纳滤（nanofiltration，NF）和反渗透（reverse osmosis，RO）等膜技术在去除微塑料方面表现出较高的效率。MF膜的孔径通常在 $0.1\sim10\ \mu m$ 之间，能够有效拦截较大尺寸的微塑料颗粒，对微塑料的去除率可达 $81.5\%\sim100\%$。一些污水处理厂采用MF膜对含有微塑料的污水进行处理，能够显著降低污水中微塑料的含量。然而，微塑料形貌尖锐，可能会磨损膜，导致部分微塑料逸出，使得MF膜的去除率难以达到100%。

UF膜的孔径在 $1\sim100\ nm$ 之间，相较于MF膜，其孔径更小，对微塑料的去除效果更好。UF膜对微塑料的去除率受膜材料特性、孔径、孔隙率、接触角、zeta电位和表面粗糙度等多种因素的影响。在实际应用中，通过优化膜材料和操作条件，可以提高UF膜对微塑料的去除效率。一些研究通过对UF膜进行表面改性，增加膜表面的亲水性，从而提高了膜对微塑料的吸附和截留能力。NF膜孔径为1～10 nm，工作压力为5～15 bar，通常用于去除废水中的多价态盐和有机分子。虽然NF膜在去除微塑料方面的研究相对较少，但其较高的脱盐性能和对小分子有机物的去除能力，使其在处理含有微塑料和其他污染物的水体方面具有一定的应用潜力。RO膜在高压（20 bar）和致密孔隙（1 nm）下工作，对微塑料的去除能力较强，但仍存在微塑料扩散现象，在RO渗透液中可能会检测到纤维状和碎片状的微塑料。

在大气微塑料治理方面，空气过滤技术是主要的治理手段。空气过滤器通过过滤介质对空气中的微塑料颗粒进行拦截，常见的过滤介质包括纤维滤纸、无纺布、玻璃纤维等。不同类型的空气过滤器对微塑料的去除效率有所差异，高效空气过滤（high efficiency particulate air，HEPA）器能够有效去除空气中粒径大于0.3 μm的微塑料颗粒，去除率可达99.97%。在一些工业生产车间和室内环境中，安装HEPA器可以显著降低空气中微塑料的浓度。静电除尘器则利用静电场对微塑料颗粒进行吸附和分离，具有处理风量大、效率高的特点。在一些大型工厂的废气排放处理中，静电除尘器能够有效去除废气中的微塑料颗粒，从而减少其对大气环境的污染。

过滤与分离技术在微塑料治理中具有操作简单、效率较高的优点，能够快速将微塑料从环境介质中分离出来。然而，该技术也存在一些局限性。对于水体中的微塑料，膜过滤技术容易出现膜污染问题，导致膜通量下降，需要定期清洗或更换膜组件，这增加了处理成本；过滤与分离技术难以去除纳米级别的微塑料，对于一些微小的微塑料颗粒，其去除效果有限。在实际应用中，需要根据微塑料的特性和环境介质的特点，选择合适的过滤与分离技术，并结合其他治理方法，以提高微塑料的去除效率。

(2) 吸附技术

吸附技术是利用吸附剂对微塑料进行吸附，从而实现微塑料与环境介质分离的一种治理方法。吸附剂具有较大的比表面积和表面活性位点，能够与微塑料发生物理或化学作用，从而将微塑料吸附在其表面。

影响吸附效果的因素很多，微塑料的性质、粒径、形状、表面电荷和化学组成等因素都会影响其与吸附剂之间的相互作用。粒径较小的微塑料更容易与吸附剂表面接触，从而提高吸附效率。表面带有电荷的微塑料与吸附剂之间的静电作用更强，吸附效果更好。环境条件，如温度、pH值、离子强度等也会对吸附效果产生影响。温度的变化会影响吸附过程的热力学和动力学，从而改变吸附容量和吸附速度。pH值的改变会影响吸附剂和微塑料表面的电荷性质，进而影响吸附效果。离子强度的增加可能会屏蔽吸附剂和微塑料表面的电荷，减弱静电作用，降低吸附效果。

吸附剂的性质也是影响吸附效果的关键因素之一。吸附剂的比表面积、孔径分布、表面电荷和化学官能团等都会影响其对微塑料的吸附能力。比表面积越大，吸附剂能够提供的吸附位点越多，吸附容量也就越大。表面带有与微塑料相反电荷的吸附剂，能够通过静电引力增强对微塑料的吸附作用。常见的吸附剂包括活性炭、纳米材料、生物炭和黏土矿物等。活性炭具有丰富的孔隙结构和高比表面积，能够通过物理吸附作用吸附微塑料。一些水体微塑料污染治理实验将活性炭添加到含有微塑料的水样中，经过一定时间的搅拌和吸附，水样中的微塑料浓度显著降低。黏土矿物，如蒙脱石、高岭土等，其表面带有电荷，能够与微塑料表面的电荷发生静电作用，从而实现对微塑料的吸附。研究表明，蒙脱石对聚乙烯微塑料具有较好的吸附性能，在一定条件下，其吸附量可达每克数毫克。

国内外学者在新型吸附材料方面取得了显著进展，为微塑料污染治理提供了新的途径。这些新型吸附材料不仅具有高效、环保、可重复利用等优点，而且在微塑料污染治理中具有广阔的应用前景。

1）金属有机框架材料（metal-organic frameworks，MOFs）

MOFs是一种由金属离子和有机配体通过自组装形成的多孔材料，具有高度有序的孔道结构和可调节的表面性质。MOFs的孔道尺寸和表面功能基团可以通过有机配体和金属离子的选择进行调控，从而实现对不同类型微塑料的特异性吸附。MOFs具有优异的吸附性能、结构可调性和高比表面积等特点，在气体分离、催化、药物传输等领域得到了广泛应用。近年来，MOFs在微塑料污染治理方面也展现出了巨大的潜力。

① MOFs的结构与性能

MOFs是由金属离子和有机配体通过配位键连接而成，形成具有三维网络结构的多孔材料。这些多孔结构使得MOFs具有极高的比表面积和孔隙率，从而提供了丰富的吸附位点。此外，MOFs的结构还可以通过改变金属离子和有机配体的种类、比例和连接方式等进行调控，以满足不同的应用需求。

② MOFs在微塑料污染治理中的应用

沈阳药科大学侯晓虹教授课题组研发的基于金属有机骨架材料的疏水 ZIF-8/SA 整体吸附剂，是MOFs在微塑料污染治理中的典型应用之一。该吸附剂利用ZIF-8（一种典型的 MOF）的疏水性和高比表面积，通过物理吸附和表面络合等方式，对水体中的微塑料进行高效去除。实验结果表明，该吸附剂对微塑料的去除性能卓越，且具有良好的稳定性和再生性。

除了疏水 ZIF-8/SA 整体吸附剂外，还有其他类型的 MOFs 也被用于微塑料污染治理。例如，一些研究者通过引入功能性有机配体，使 MOFs 具有特定的化学性质，从而提高对微塑料的吸附能力。此外，还有一些研究者将 MOFs 与其他材料（如纳米材料、生物材料等）复合，形成具有协同作用的复合吸附剂，进一步提高对微塑料的去除效率。

③ MOFs 的优势

MOFs 在微塑料污染治理中具有以下优势：

高效吸附：具有高比表面积与丰富吸附位点的优势。MOFs 作为一类由金属离子或金属簇与有机配体通过自组装形成的多孔晶体材料，拥有极高的比表面积（可达数千平方米/克）和多样化的孔隙结构。这种特性使得 MOFs 能够提供大量的吸附位点，从而有效捕获水体中的微塑料颗粒。相较于传统吸附材料，MOFs 的吸附效率更高，能够在较低浓度下有效去除微塑料，这对于环境中微塑料的低浓度污染治理尤为关键。此外，MOFs 的孔隙大小可通过设计合成进行调控，以实现对不同尺寸微塑料颗粒的选择性吸附，从而提高治理的精准度。

结构可调性：MOFs 的结构可调性是其另一大优势。通过改变金属离子（如锌、铜、铝等）和有机配体（如羧酸盐、咪唑盐等）的种类、比例，以及它们之间的连接方式，可以合成具有不同拓扑结构、孔隙大小和表面性质的 MOFs。这种结构上的多样性使得 MOFs 能够针对特定类型的微塑料或特定环境条件进行优化设计。例如，通过引入具有特定官能团的有机配体，可以增强 MOFs 对微塑料表面的亲和力，从而提高吸附效率。同时，结构可调性也为 MOFs 在复杂环境体系中的稳定应用提供了可能，如开发具有耐酸碱、耐高温等特性的 MOFs，以适应不同污染场景的治理需求。

可重复利用：MOFs 的可重复利用是其在微塑料污染治理中的另一亮点。MOFs 在完成吸附后，通过简单的物理（如加热）或化学（如溶剂洗涤）方法，可以有效去除吸附在 MOFs 表面的微塑料颗粒，恢复其吸附能力。这一过程不仅降低了治理成本，减少了新材料的消耗，还促进了资源的循环利用。相较于一次性使用的吸附材料，MOFs 的可重复利用性大大提高了其经济性和环境友好性，为长期、大规模的微塑料污染治理提供了可行方案。

④ MOFs 的挑战

然而，MOFs 在微塑料污染治理中也面临着一些挑战：

成本问题：尽管MOFs在微塑料污染治理中展现出巨大潜力，但其高昂的合成成本是当前制约其广泛应用的关键因素之一。MOFs的合成通常需要高质量的原料、严格的合成条件以及复杂的后处理步骤，这些都增加了生产成本。特别是对于大规模应用而言，成本问题尤为突出。因此，开发低成本、高效益的MOFs合成方法，如使用更经济的原料、简化合成流程、提高产率等，成为当前研究的重要方向。

稳定性问题：MOFs在水体中的稳定性是其实际应用中面临的另一大挑战。水体环境的复杂性（如pH值变化、离子强度、有机污染物共存等）可能对MOFs的稳定性造成影响，导致吸附性能下降甚至结构崩溃。此外，长期暴露于自然环境中的MOFs还可能发生老化、溶解等现象，影响其长期应用效果。因此，对MOFs在水体中的稳定性进行深入研究和评估，探索提高其稳定性的策略（如表面修饰、结构稳定化设计等），对于MOFs在微塑料污染治理中的实际应用至关重要。

生物安全性和生态效应未知：MOFs作为一类新型材料，其在环境中的长期生物安全性和生态效应尚不完全清楚。尽管MOFs在实验室条件下表现出良好的吸附性能，但其释放到自然环境后可能会对生态系统产生未知影响。例如，金属离子的溶出可能对水生生物造成毒性效应；有机配体的降解可能产生新的有机污染物；MOFs颗粒本身也可能被生物体误食，从而影响生物体的健康。因此，对MOFs的环境行为进行全面检测和评估，研究其对生物体和生态系统的潜在影响，并制定相应的风险管理措施，是确保MOFs安全应用于微塑料污染治理的前提。

⑤未来的发展方向

为了克服MOFs在微塑料污染治理中的困难，未来的研究应注重以下几个方面：

优化合成工艺：MOFs的合成成本高昂，主要源于复杂的合成过程、高纯度的原料需求以及严格的反应条件。未来研究应致力于优化MOFs的合成工艺，通过简化合成步骤、提高反应效率、减少副产物生成等手方法，降低生产成本。例如，可以采用连续流反应技术，利用微反应器实现MOFs的快速、连续合成，提高产率和纯度，同时减少溶剂和能源的消耗。此外，探索温和的合成条件，如低温、常压等条件下的合成方法，也是降低成本的有效途径。

开发新型低成本原料：原料成本是MOFs合成成本的重要组成部分。传统MOFs合成中使用的金属离子和有机配体往往价格昂贵，这限制了其大规模应用。因此，开发新型低成本原料成为降低MOFs成本的关键。一方面，可以寻找替代性的金属离子，如利用废旧电池、催化剂等工业废弃物中的金属元素作为原料，既降低了成本，又实现了资源的循环利用。另一方面，探索天然有机配体的应用，如利用植物提取物、生物质废弃物等作为有机配体来源，不仅可以降低成本，还能提高MOFs的生物相容性和环境友好性。

提高稳定性：MOFs在水体中的稳定性是其实际应用中的一大挑战。为了提高MOFs的稳定性，可以引入功能性基团，如羟基、羧基、氨基等。这些基团能够与水体中的离子或分子形成氢键、配位键等，从而增强MOFs的结构稳定性。同时，功能性基团的引入还能提高MOFs对微塑料的吸附能力，实现稳定性和吸附性的双重提升。例如，通过合成含有羧基的MOFs，可以显著提高其在酸性水体中的稳定性，同时增强其对微塑料的吸附亲和力。MOFs的结构对其稳定性有重要影响。通过改变MOFs的金属离子和有机配体的种类、比例以及连接方式，可以调控其孔隙大小和形状，从而实现对其稳定性的优化。例如，采用刚性更强的有机配体或形成更稳定的金属簇结构，可以提高MOFs的机械强度和化学稳定性。此外，设计具有多级孔结构的MOFs，可以在保持高比表面积的同时，提高其对微塑料颗粒的容纳能力和抗冲刷性能。

开展长期影响研究：MOFs作为一类新型材料，其在环境中的长期影响尚不完全清楚。为了确保MOFs在微塑料污染治理中的安全应用，必须开展长期的环境影响评估研究。这包括监测MOFs在自然环境中的降解过程、金属离子的溶出情况，以及对生物体和生态系统的潜在影响。通过建立长期监测站点，并收集和分析数据，可以评估MOFs在环境中的持久性、迁移转化规律，以及生物累积和毒性效应。

评估生物安全性和生态效应：生物安全性和生态效应评估是MOFs环境影响评估的重要组成部分。这包括研究MOFs对水生生物、土壤微生物以及高等植物的毒性作用，评估其对生态系统结构和功能的潜在影响。通过实验室模拟实验和野外实地研究相结合的方法，可以全面了解MOFs在环境中的行为模式和生态风险。同时，建立相应的风险评估模型，为MOFs的安全应用提供科学依据。

探索复合应用：纳米材料因其独特的物理化学性质，在环境污染物治理中展现出巨大潜力。将MOFs与纳米材料（如石墨烯、碳纳米管、金属氧化物等）复合，可以形成具有协同作用的复合吸附剂。这种复合吸附剂不仅继承了MOFs的高比表面积和丰富的吸附位点，还具备了纳米材料的优异的导电性、催化性或机械强度。通过优化复合比例和结构设计，可以实现对微塑料的高效去除和深度净化。生物材料因其良好的生物相容性和环境友好性，在环境保护领域具有广泛的应用前景。将MOFs与生物材料（如壳聚糖、纤维素、蛋白质等）复合，可以形成具有生物活性的复合吸附剂。这种复合吸附剂不仅提高了MOFs的稳定性和再生性能，还赋予了其生物降解性和生物识别能力。通过引入生物活性基团或酶催化位点，可以实现对微塑料的选择性吸附和生物降解，从而进一步提高去除效率。

2）纳米材料

纳米材料具有比表面积大、吸附能力强等优点，在微塑料污染治理中具有潜在的应用价值。近年来，纳米纤维、纳米颗粒等材料在去除水体中的微塑料方面取得了显著进展。

①纳米材料的结构与性能

纳米材料是指尺寸在纳米（$1 \sim 100$ nm）范围内的材料。由于其尺寸效应和表面效应，纳米材料具有极高的比表面积和丰富的表面官能团，从而表现出优异的吸附性能和反应活性。

②纳米材料在微塑料污染治理中的应用

纳米纤维和纳米颗粒是纳米材料在微塑料污染治理中的两种主要形式。纳米纤维可以通过静电纺丝等方法制备，具有纤维状结构和良好的机械性能。纳米颗粒则可以通过化学合成、物理研磨等方法制备，具有球形或不规则形状。

在去除水体中的微塑料方面，纳米纤维和纳米颗粒主要通过静电吸附、表面络合等方式发挥作用。静电吸附是指纳米材料表面的电荷与微塑料表面的电荷相互作用，从而实现微塑料的去除；表面络合则是指纳米材料表面的官能团与微塑料表面的官能团发生化学反应，形成化学键，从而实现微塑料的去除。

实验结果表明，纳米纤维和纳米颗粒对水体中的微塑料具有显著的去除效果。例如，一些研究者利用纳米纤维膜对水体中的微塑料进行过滤，发现其去除效率高达90%。此外，还有一些研究者利用纳米颗粒对水体中的微塑料进行吸附，发现其吸附容量和去除效率均优于传统吸附材料。

③纳米材料的优势

高效吸附：纳米材料的一个显著优势在于其具有高比表面积。由于纳米尺度下的尺寸效应，纳米材料拥有远超宏观材料的比表面积，这使得它们能够提供更多与微塑料接触的位点。此外，纳米材料的表面往往富含各种官能团，如羟基、羧基、氨基等，这些官能团不仅增强了纳米材料的亲水性和分散性，还为其提供了与微塑料发生物理或化学吸附的"锚点"。因此，纳米材料能够高效地从水体中吸附微塑料，尤其是那些尺寸较小、难以通过传统方法去除的微塑料颗粒。

易于制备：纳米材料的制备工艺相对简单且多样化，这为它们的大规模应用提供了可能。化学合成法是常用的纳米材料制备方法之一，通过精确控制反应条件，可以合成具有特定形貌、尺寸和组成的纳米材料。物理研磨法则利用机械力将大块材料研磨成纳米级颗粒，虽然这种方法制备的纳米材料在形貌和尺寸上可能不如化学合成法精确，但其成本低、操作简单，适合大规模生产。此外，静电纺丝等新型合成方法也为纳米材料的制备提供了更多选择。这些多样化的合成方法使得纳米材料能够根据实际需求进行定制，从而满足微塑料污染治理的不同需求。

可重复利用：纳米材料在吸附微塑料后，可以通过简单的再生处理恢复其吸附性能，从而实现可重复利用。常见的再生处理方法包括加热、溶剂洗涤、酸碱处理等。这些方法能够有效地去除吸附在纳米材料表面的微塑料颗粒，同时保持纳米材料的结构和性能稳定。通过再生处理，纳米材料可以多次使用，这大大降低了污染治理的成本。此外，纳米材料的可重复利用性还促进了资源的循环利用，减少了环境污染物的排放，符合可持续发展的理念。

④纳米材料的挑战

长期应用中的可靠性担忧：尽管纳米材料在微塑料污染治理中展现出巨大潜力，但其在水体中的稳定性仍需进一步研究和评估。纳米材料在水体中的稳定性受到多种因素的影响，如pH值、离子强度、温度等。这些因素的变化可能会导致纳米材料发生团聚、沉淀或溶解等现象，从而降低其吸附性能。因此，在将纳米材料应用于微塑料污染治理之前，需要对其在水体中的稳定性进行深入研究，以确保其在长期应用中的可靠性。

生物安全性与生态效应的不确定性：纳米材料在环境中的长期影响尚不清楚，这是制约其广泛应用的关键因素之一。纳米材料因其微小的尺寸和独特的物理化学性质，可能会通过食物链传递、生物累积等方式对生物体和生态系统产生潜在影响。这些影响可能包括毒性作用、遗传损伤、生态平衡的破坏等。因此，在将纳米材料应用于微塑料污染治理之前，需要对其生物安全性和生态效应进行深入研究，以评估其对环境和生态系统的潜在风险。

成本问题：虽然纳米材料的制备工艺相对简单，但大规模应用仍需考虑成本问题。纳米材料的成本受原料价格、制备工艺、生产效率等多种因素的影响。在微塑料污染治理中，为了降低成本，需要开发更加经济高效的纳米材料制备方法和再生处理技术。此外，还需要考虑纳米材料在运输、储存和使用过程中的成本问题，以确保其在实际应用中的可行性。

⑤应对策略与展望

面对纳米材料在微塑料污染治理中的挑战，我们需要采取一系列应对策略，以推动其在实际应用中的发展。首先，应加强纳米材料稳定性研究，探索提高其在水体中的稳定性的方法和技术。其次，应深入开展纳米材料的生物安全性和生态效应研究，建立相应的风险评估体系，从而为纳米材料的安全应用提供科学依据。同时，应加大纳米材料制备工艺和再生处理技术的研发力度，降低生产成本，提高生产效率。此外，还需要加强国际合作与交流，以共同应对微塑料污染这一全球性挑战，推动纳米材料在微塑料污染治理中的广泛应用。

未来，随着纳米技术的不断发展和创新，我们有理由相信纳米材料将在微塑料污染治理中发挥更加重要的作用。通过深入研究纳米材料的性质和行为机制，不断优化制备工艺和再生处理技术，我们可以开发出更加高效、经济、环保的纳米材料污染治理技术，为保护生态环境和人类健康作出更大的贡献。

⑥未来发展方向

为了应对纳米材料在微塑料污染治理中的挑战，未来研究应注重以下几个方面：

提高稳定性：通过表面修饰、改性等方式，提高纳米材料在水体中的稳定性。

加强环境影响评估：开展纳米材料在环境中的长期影响研究，评估其生物安全性和生态效应。

降低成本：通过优化制备工艺、开发新型低成本原料等方式，降低纳米材料的制备成本。

探索复合应用：将纳米材料与其他材料（如MOFs、生物材料等）复合，形成具有协同作用的复合吸附剂，进一步提高微塑料的去除效率。

3）生物材料

生物材料，如壳聚糖、纤维素等具有天然、可再生等优点，且对微塑料具有一定的吸附能力。通过改性或复合等方法，可以进一步提高生物材料的吸附性能和稳定性，为微塑料污染治理提供新的选择。

①生物材料的结构与性能

生物材料是指来源于生物体或经过生物加工得到的材料。壳聚糖和纤维素是两种常见的生物材料。壳聚糖是一种由甲壳素脱乙酰化得到的天然高分子化合物，具有良好的生物相容性和可降解性。纤维素则是一种从植物细胞壁中提取的天然高分子化合物，具有极高的机械强度和化学稳定性。

②生物材料在微塑料污染治理中的应用

壳聚糖和纤维素等生物材料可以通过改性或复合等方法，从而提高其对微塑料的吸附性能和稳定性。例如，一些研究者利用壳聚糖与纳米材料（如纳米颗粒、纳米纤维等）复合，形成具有协同作用的复合吸附剂。这些复合吸附剂不仅具有壳聚糖的生物相容性和可降解性，还具有纳米材料的高比表面积和优异的吸附性能。

在去除水体中的微塑料方面，生物材料主要通过静电吸附、表面络合等方式发挥作用。与纳米材料类似，生物材料表面的电荷和官能团可以与微塑料表面的电荷和官能团相互作用，从而实现微塑料的去除。实验结果表明，经过改性或复合的生物材料对水体中的微塑料具有显著的去除效果。

③生物材料的优势

生物材料在微塑料污染治理中具有以下优势：

天然可再生：生物材料来源于生物体或经过生物加工得到，具有天然可再生性，符合可持续发展的理念。

生物相容性：生物材料具有良好的生物相容性，对环境和生物体无害。

可降解性：生物材料在环境中可以自然降解，不会造成长期污染。

④生物材料的挑战

然而，生物材料在微塑料污染治理中也面临着一些挑战：

吸附性能有限：虽然生物材料对微塑料具有一定的吸附能力，但其吸附性能相对有限，需要进一步提高。

稳定性问题：生物材料在水体中的稳定性仍需进一步研究和评估，以确保其在长期应用中的可靠性。

成本问题：虽然生物材料的来源广泛且可再生，但大规模应用仍需考虑成本。

⑤未来发展方向

为了应对生物材料在微塑料污染治理中的挑战，未来的研究应注重以下几个方面：

改性技术：通过化学或物理改性技术，引入具有更强吸附能力的官能团或结构，从而提高生物材料对微塑料的吸附能力。例如，通过交联、接枝等方法，将具有特定吸附功能的基团引入壳聚糖或纤维素分子链上，从而提高其对微塑料的吸附效率。

复合策略：将生物材料与其他高性能材料（如纳米材料、MOFs等）复合，形成具有协同吸附效应的复合体系。这种复合体系可以结合两种或多种材料的优点，从而提高整体吸附性能和稳定性。

环境适应性：研究生物材料在不同水质条件下的稳定性，包括pH值、温度、盐度等因素对材料稳定性的影响。通过优化材料结构或引入稳定剂，提高生物材料在复杂环境条件下的适应性。

长期监测：开展长期的环境监测实验，以评估生物材料在自然环境中的稳定性和持久性。这有助于了解生物材料在实际应用中的性能变化，为进一步优化材料设计提供科学依据。

成本控制：探索低成本、高效率的生物材料制备方法，降低生产成本，提高市场竞争力。例如，利用农业废弃物、海洋生物质等资源，开发可持续的生物材料制备工艺。

绿色生产：注重生产过程的环境友好性，减少有害物质的使用和排放，实现绿色生产。这有助于提升生物材料在环保领域的应用价值。

多元化应用：研究生物材料在微塑料污染治理中的多元化应用，如用于土壤修复、海洋环境净化等领域。通过拓展应用领域，提高生物材料的综合利用率，从而提高经济效益。

跨界合作：加强与其他领域的合作与交流，如材料科学、环境科学、生态学等，共同推动生物材料在微塑料污染治理中的创新应用。跨界合作，可以汇聚各方智慧和资源，从而加速技术的研发和应用进程。

综上所述，吸附技术具有操作简单、成本较低、对环境友好等优点，能够在一定程度上有效去除环境中的微塑料。然而，吸附剂的使用也存在一些问题。首先，吸附剂的成本较高，大规模应用需要巨大的资金投入。其次，吸附剂在吸附微塑料的同时，也可能会吸附其他有害物质，如重金属、有机污染物等，从而增加了后续处理的难度。再者，吸附剂的吸附容量有限，当吸附剂达到饱和状态后，需要进行再生或更换，这增加了处理成本和操作难度。吸附技术对微塑料的去除效果受多种因素影响，在实际应用中需要根据具体情况进行优化和调整。吸附后的微塑料与吸附剂的分离也是一个需要解决的问题。因此，在应用吸附技术治理微塑料污染时，需要综合考虑各种因素，不断优化吸附剂和吸附工艺，以提高微塑料的去除效果。

（3）沉淀和离心

沉淀和离心是另一种物理修复方法，适用于处理含有微塑料的悬浮液或废水。沉淀法利用微塑料颗粒与水的密度差异，通过重力作用将其从悬浮液中分离出来。然而，沉淀法需要较长的时间，且对微塑料的去除效率不高。

离心法则利用离心力将微塑料颗粒从悬浮液中分离出来。离心法具有处理速度快、分离效率高的优点，但设备复杂、能耗高，且对微塑料的去除效果受颗粒大小、形状和密度等因素的影响。

（4）磁分离技术

磁分离技术是一种新兴的物理修复方法，通过在微塑料颗粒上添加磁性物质，使其具有磁性，然后利用磁场将其从环境中分离出来。磁分离技术具有处理速度快、分离效率高的优点，且对微塑料的去除效果不受颗粒大小、形状和密度等因素的影响。然而，磁分离技术需要预先对微塑料进行磁性化处理，这增加了处理成本。此外，磁性物质在环境中的长期影响尚不清楚，需要进一步研究。

7.2.1.2　化学修复

化学修复是利用化学反应将微塑料降解或转化为无害物质的方法。这种方法具有处理速度快、去除效率高的优点，但在实际应用中面临着二次污染、长期影响不明等挑战。

（1）氧化降解

氧化降解是化学修复中常用的一种方法，通过加入氧化剂（如过氧化氢、高锰酸钾等）将微塑料氧化分解为小分子物质。氧化降解法具有处理速度快、去除效率高的优点，但可能会产生有毒的氧化产物，如醛类、酮类等，这些产物会对环境造成二次污染。

（2）热解和裂解

热解和裂解是另一种化学修复方法，通过高温作用将微塑料分解为小分子物质。热解方法通常需要在高温下进行，且需要消耗大量的能源。裂解方法则利用催化剂来降低反应温度，提高反应效率。然而，热解和裂解在处理过程中可能会产生有毒气体和固体残留物，需要严格控制反应条件和后续处理过程。

（3）光催化降解

光催化降解是利用光催化剂（如二氧化钛、氧化锌等）在光照条件下产生的活性氧物种将微塑料降解为无害物质。光催化降解方法具有处理速度快、去除效率高的优点，且对环境的二次污染较小。然而，光催化降解方法需要光照条件，且光催化剂的稳定性和再生性需要进一步提高。

7.2.1.3　生物修复

生物修复是利用微生物、植物等生物体的代谢活动将微塑料降解或转化的方法。这种方法具有环保、可持续等优点，但在实际应用中面临着降解速率慢、不同种类微塑料对生物体影响不同等挑战。

（1）微生物降解

微生物降解是生物修复中常用的一种方法，通过微生物的代谢活动将微塑料分解为小分子物质。然而，微塑料的化学结构稳定，难以被微生物降解。目前，已有一些研究表明，某些微生物能够利用微塑料作为碳源进行生长和繁殖，但其降解速率较慢，且对微塑料的去除效率不高。

（2）植物吸收与转化

植物吸收与转化是另一种生物修复方法，通过植物根系对微塑料的吸收和转化作用将其从环境中去除。然而，植物对微塑料的吸收和转化能力有限，且不同种类的植物对微塑料的响应不同。此外，植物在吸收微塑料的同时，也可能会吸收其他有害物质，如重金属、有机污染物等，从而增加植物体内的污染负荷。

（3）酶促降解

酶促降解是利用酶对微塑料进行降解的一种方法。酶是一种生物催化剂，能够加速化学反应的速率。然而，目前针对微塑料的酶促降解研究较少，且酶的稳定性、活性和再生性需要进一步提高。此外，酶促降解法在处理过程中可能会受环境因素的影响，如温度、pH 值等。

7.2.2　治理技术的挑战

目前，微塑料的治理技术仍处于探索阶段，传统的物理、化学和生物方法在处理微塑料方面存在诸多局限。例如，物理方法（如过滤、沉淀等）难以完全去除水中的微塑料；化学方法（如氧化、还原等）可能产生二次污染；生物方法（如微生物降解等）则受到微生物种类、数量和活性等因素的限制。因此，需要开发更加高效、环保的微塑料防控技术。例如，可以利用纳米技术、生物技术和新材料技术等创新手段来提高微塑料的去除效率和降解速率。

7.2.3　未来展望：微塑料治理技术的突破

未来，技术创新将是推动微塑料治理的关键。未来研究应进一步优化技术方案，提高处理效率，并降低成本，以实现微塑料污染的有效防控。随着科技的进步，我们需要研发出更加环保、高效的微塑料治理技术，如生物降解技术、物理分离技术等，以减少微塑料对环境的污染。生物降解技术也是近年来微塑料处理领域的热点之一。科研人员通过筛选和优化微生物或酶的种类和条件，成功实现了对微塑料的生物降解。这种方法具有对环境友好、成本低廉等优点，有望成为未来微塑料处理的主流技术之一。然而，目前生物降解技术还存在降解效率不高、适用范围有限等问题，需要科研人员进一步研究和改进。

（1）生物降解技术

在微塑料污染治理的征程中，生物降解技术正逐渐崭露头角，成为备受瞩目的研究热点。该技术主要依赖微生物、昆虫及其分泌的酶来实现微塑料的降解。在微生物降解领域，一些细菌和真菌展现出独特的能力，它们把微塑料作为碳源来进行生长和代谢，通过分泌特定的酶来催化微塑料的分解反应。研究发现，某些细菌能够分泌脂肪酶，从而可有效分解聚酯类微塑料；而一些真菌产生的氧化酶，则可促进聚乙烯等微塑料的氧化分解。昆虫降解微塑料的研究也取得了一定进展，黄粉虫、大麦虫等昆虫对微塑料表现出了一定的摄食和降解能力。黄粉虫肠道内的微生物群落与宿主形成了一种特殊的共生关系，这些微生物能够协助黄粉虫对微塑料进行分解和代谢，使微塑料在昆虫体内发生生物转化。酶作为一种高效的生物催化剂，能够特异性地作用于微塑料的化学键，降低反应的活化能，从而加速微塑料的降解过程。

与传统的物理和化学处理方法相比，生物降解技术具有显著的优势。它具有环境友好性，在降解过程中不会产生二次污染，符合可持续发展的理念；生物降解通常在温和的条件下进行，不需要高温、高压等苛刻的反应条件，能耗较低；生物降解还具有较高的选择性，能够针对特定类型的微塑料进行降解。在应用前景方面，生物降解技术有望在土壤、水体等环境中得到广泛应用。在土壤修复领域，利用微生物或昆虫降解土壤中的微塑料，能够改善土壤质量，促进植物生长；在污水处理厂中，引入生物降解技术，可以有效去除污水中的微塑料，减少其对生态环境的危害。然而，生物降解技术也面临一些挑战，如降解速度相对较慢，难以满足大规模治理微塑料污染的需求；微生物和昆虫的生长和代谢受到环境因素的影响较大，在不同的环境条件下，其降解效果可能会有较大差异。此外，目前对于生物降解的机制和影响因素的研究还不够深入，需要进一步加强基础研究。生物降解技术还处于研究和发展阶段，需要进一步深入研究微生物和昆虫的降解机制，筛选和培育高效的降解菌株和昆虫品种，优化降解条件，提高降解效率，以实现其大规模的应用。

（2）光催化降解技术

光催化降解技术是利用光催化剂在光照下产生的光生载流子引发氧化还原反应，将微塑料降解为小分子物质。常用的光催化剂包括二氧化钛、氧化锌、硫化镉等半导体材料，其中二氧化钛因具有化学稳定性高、催化活性强、价格低廉等优点，成为应用最为广泛的光催化剂。在光催化降解微塑料的过程中，当光催化剂受到能量大于其价带宽度的光照射时，价带上的电子会被激发到导带，形成光生电子-空穴对。光生空穴具有强氧化性，能够直接氧化微塑料分子；光生电子则可以与吸附在催化剂表面的氧气分子反应，生成超氧自由基等活性氧物种。这些活性氧物种也具有很强的氧化能力，能够进一步降解微塑料。

光催化降解技术具有诸多优势，能够利用太阳能等清洁能源，实现微塑料的降解，减少对传统能源的依赖，从而降低能耗和碳排放；光催化反应条件温和，不需要使用大量的化学试剂，减少了二次污染的风险；该技术还具有较高的降解效率，能够在较短的时间内将微塑料降解为小分子物质。在应用前景上，光催化降解技术可用于处理海洋、河流、湖泊等水体中的微塑料污染，也可用于降解土壤中的微塑料。在水体表面铺设光催化材料，利用太阳光照射，实现对水体中微塑料的原位降解；在土壤中添加光催化剂，可促进微塑料的分解。不过，光催化降解技术也存在一些局限性：光催化剂的光响应范围较窄，通常只能吸收紫外光或部分可见光，对太阳光的利用率较低；光生载流子的复合率较高，导致光催化效率受到一定限制；此外，光催化剂的分离和回收较为困难，难以实现大规模的工业化应用。为了实现光催化降解技术的广泛应用，还需要解决光催化剂的光响应范围窄、光生载流子复合率高，以及分离回收困难等问题，开发新型的光催化剂和光催化反应器，以提高光催化效率和稳定性。

（3）物理分离技术

物理分离技术是基于微塑料与其他物质在物理性质上的差异，如粒径、密度、磁性等，通过物理方法将微塑料从环境介质中分离出来，从而达到去除微塑料的目的。常见的物理分离方法包括筛分、过滤、密度梯度离心和磁分离等。筛分是利用不同孔径的筛网，根据微塑料的粒径大小进行分离；过滤则是通过过滤介质，如滤纸、滤膜等，将微塑料从液体或气体中拦截下来；密度梯度离心是利用微塑料与其他物质密度的差异，在离心力的作用下实现分离；磁分离则是针对含有磁性物质的微塑料，通过施加磁场将其分离出来。

该技术的优势在于操作简单、成本较低、处理量大，能够快速有效地去除环境中的微塑料。在应用前景方面，物理分离技术在污水处理、海洋垃圾清理、工业废水处理等领域具有重要的应用价值。在污水处理厂中，过滤和沉淀等物理方法可以去除污水中的微塑料；在海洋垃圾清理中，利用专门的打捞设备和物理分离技术，可以收集和分离海面上的微塑料；在工业废水处理中，物理分离技术可用于去除废水中的微塑料，实现水资源的循环利用。但物理分离技术也存在一定的局限性，对于小粒径的微塑料去除效果不佳，且在分离过程中可能会对微塑料造成破坏，增加了后续处理的难度。因此，需要进一步改进物理分离技术，以提高其对小粒径微塑料的分离效率，同时结合其他处理方法，实现对微塑料的有效治理。

7.3　公众层面

7.3.1　社会参与度逐渐提高

（1）公众环保意识的提升

随着微塑料污染问题的日益加重，公众对这一环境问题的关注度也在不断上升。越来越多的民众开始深入了解微塑料的来源、分布及其对环境生态和人体健康的潜在危害。这种认识的提升促使公众积极参与微塑料的防治工作，从日常生活中的小事做起，为环境保护贡献力量。他们通过参与各种环保活动，如海滩清洁、垃圾分类等，亲身践行环保理念。同时，公众在选择消费产品时也更加注重环保属性，倾向于购买那些使用可降解材料或包装的产品，以此减少一次性塑料制品的使用。这些行动不仅体现了公众对环境保护的责任感，也为减少微塑料污染提供了有力支持。

（2）企业环保责任的落实

在微塑料污染防治工作中，企业同样扮演着举足轻重的角色。作为塑料制品的生产者和销售者，企业有责任从源头上控制微塑料的产生和排放。一些有远见的企业会积极响应政府的环保号召，不仅加强了对生产过程中微塑料排放的检测和管控，还投入大量资金研发更加环保的微塑料处理技术。此外，这些企业还通过改进产品设计、提高产品质量等手段，减少一次性塑料制品的生产和销售，转而推广那些可重复使用或易于回收的环保产品。这些举措不仅有助于降低微塑料的产生量，还提升了企业的社会形象和竞争力。

（3）媒体宣传与舆论监督

媒体在微塑料防治工作中发挥着不可或缺的桥梁作用。通过广泛宣传微塑料污染的危害和防治策略，媒体不仅提高了公众对微塑料问题的认识和理解，还激发了公众对环境保护的热情和参与度。同时，媒体还通过舆论监督的方式，对政府和企业的微塑料防治工作进行有效监督。对于那些在防治工作中表现不力或存在问题的政府和企业，媒体会及时曝光并提出批评，从而推动他们加强微塑料防治工作，确保各项政策措施得到有效落实。这种舆论监督的力量不仅有助于提升防治工作的效率和质量，还促进了社会公正和环境保护的良性循环。

7.3.2　挑战与局限

（1）对微塑料认知不足

大部分公众对微塑料的定义仅停留在模糊概念上，未能充分认识到微塑料对生态环境和人体健康的深远危害，因此，参与微塑料治理的积极性会大打折扣。微塑料相关研究涉及环境科学、化学、生物学等专业知识，科研成果中的专业术语、复杂实验数据以及晦涩的理论模型，在向公众传播过程中缺乏通俗易懂的解读。社区、学校、企业等基层组织在组织公众参与方面的积极性不高，缺乏有效的宣传动员和活动策划。

（2）固有习惯难以改变

现代生活中，塑料制品因其便携、耐用、价格低廉等特性，成为公众日常生活的首选。一次性塑料袋、塑料餐具、塑料吸管等使用极为方便，公众长期形成的使用习惯难以在短时间内改变。即使部分公众已经意识到其对环境的危害，要在购物、餐饮等场景中克服便利性依赖，养成自带购物袋、可重复使用餐具的习惯，仍需付出巨大的努力。

（3）回收体系不完善

塑料回收站点布局不合理。在城市中，一些区域回收站点过于集中，而另一些区域则严重不足；在农村和偏远地区，回收站点更是稀缺，使公众投放废弃塑料极为不便。同时，回收设施的标识不清晰、分类标准不统一，使公众对于不同类型塑料的回收方式感到困惑，导致回收效率低下。此外，回收运输环节缺乏规范管理，存在运输成本高、回收企业积极性不高的问题，影响了塑料回收产业的发展。

（4）可替代产品不成熟

市场上可降解的塑料制品和环保替代品的种类有限，无法满足公众多样化的需求。一些可降解制品的性能与传统塑料制品相比存在差距，如可降解塑料袋的承重能力较弱、可降解餐具的耐高温性能不足等，这些影响了公众的使用体验。可降解塑料制品由于生产成本较高，其价格普遍高于传统塑料制品。公众在购买时，出于经济考虑，更倾向于选择价格低廉的传统塑料制品，尽管他们可能知道可降解制品对环境更友好。

7.3.3　未来展望：公众意识与教育提升

（1）提高公众认知

目前，公众对微塑料污染的认知普遍较低，许多人甚至对微塑料的概念都感到陌生。根据相关调查，在普通民众中，仅有不到30%的人听说过微塑料，而对微塑料的来源、危害以及分布情况有深入了解的人更是少之又少。这主要是由于微塑料污染是一个相对较新的环境问题，其影响往往是潜移默化的，不像一些其他环境问题（如大气污染、水污染等）那样容易被直观地感受到。微塑料的研究和报道在过去相对较少，媒体对微塑料污染的宣传力度不足，导致公众缺乏获取相关信息的渠道。

为了提高公众对微塑料污染的认知，需要加强宣传教育。媒体应发挥重要作用，通过多种渠道广泛传播微塑料污染的相关知识。在电视、广播等传统媒体上，开设专门的环保栏目，邀请专家学者讲解微塑料的危害、来源以及防治措施；制作生动有趣的微塑料污染主题纪录片，在电视台和网络平台播放，让公众更直观地了解微塑料对生态环境和人类健康的影响；利用社交媒体平台，如微博、微信、抖音等，发布微塑料污染的科普文章、短视频等内容，提高公众的关注度和参与度；发起微塑料污染相关话题讨论，鼓励公众分享自己的看法和经验，形成良好的舆论氛围。

学校教育也是提高公众认知的重要途径。在学校课程中，增加微塑料污染相关的内容，将其融入科学、环境教育等学科中；编写专门的微塑料污染科普教材，针对不同年龄段的学生，设计相应的教学内容和活动；对于小学生，可以通过绘本、动画等形式，生动形象地介绍微塑料的概念和危害；对于中学生，可以开展实验探究、实地调研等活动，让学生亲身体验微塑料污染的现状和影响；组织环保社团和志愿者活动，鼓励学生参与微塑料污染的监测和治理，培养学生的环保意识和责任感。

科普讲座和宣传活动也是提高公众认知的有效手段。在社区、图书馆、科技馆等场所举办微塑料污染科普讲座，邀请专家为公众进行讲解。设置宣传展板，展示微塑料污染的现状、危害以及防治方法；发放宣传手册，提供微塑料污染的相关信息；开展环保知识竞赛、主题演讲等活动，激发公众的学习兴趣和参与热情。

(2) 倡导绿色的生活方式

倡导绿色的生活方式是减少微塑料污染的重要举措，公众在日常生活中应积极践行绿色理念，通过改变消费习惯和生活方式，为减少微塑料污染贡献力量。

减少一次性塑料制品的使用是关键。一次性塑料制品，如塑料袋、塑料餐具、塑料吸管等，使用后往往被随意丢弃，成为微塑料的重要来源。在购物时，携带可重复使用的布袋或竹篮，避免使用一次性塑料袋；外出就餐时，自带餐具，减少对一次性塑料餐具的依赖；对于喜欢喝饮料的人来说，可以使用可重复使用的吸管，如不锈钢吸管、玻璃吸管等，替代一次性塑料吸管。这些小小的改变，不仅能够减少微塑料的产生，还能降低能源消耗，并减轻垃圾处理压力。

选择环保产品也是减少微塑料污染的重要方面。在购买个人护理产品时，仔细查看产品成分表，避免购买含有塑料微珠的产品，选择使用天然成分的磨砂产品，如含有天然植物颗粒的洁面乳、沐浴乳等；在购买服装时，优先选择天然纤维材质的衣物，如棉质、麻质等，减少合成纤维衣物的购买，因为合成纤维衣物在洗涤过程中会释放出微塑料纤维，而天然纤维衣物则不会；购买环保型清洁用品，如无磷洗衣粉、可降解的清洁剂等，这些产品不仅对环境友好，还能减少微塑料的产生。

合理处理塑料垃圾对于减少微塑料污染也至关重要。在日常生活中，要养成垃圾分类的好习惯，将塑料垃圾与其他垃圾分开投放。塑料垃圾应投放到可回收垃圾桶中，以便进行回收利用。对于一些难以回收的塑料垃圾，如破损的塑料玩具、塑料包装等，不要随意丢弃，应妥善处理。可以将这些塑料垃圾送到专门的垃圾处理场所，进行无害化处理。在处理废旧塑料制品时，避免将其焚烧或填埋，因为焚烧会产生有害气体，填埋则会导致塑料在土壤中长期存在，难以降解。

倡导绿色的生活方式需要全社会的共同努力。政府应加强对绿色生活方式的宣传和引导，并制定相关政策，鼓励企业生产环保产品，推动绿色消费。企业应积极履行社会责任，加大对环保产品的研发和生产投入，为消费者提供更多选择。社会组织可以开展各种环保活动，引导公众参与，形成良好的社会风尚。只有公众、政府、企业和社会组织共同行动起来，才能有效减少微塑料污染，保护我们的生态环境。

结语:微塑料污染是
全人类必须共同面对的生存威胁

微塑料污染已成为全球环境治理领域的重要议题。作为一个典型的环境问题,微塑料污染不仅影响生态系统的平衡,更深刻地影响着人类社会的可持续发展。首先,塑料材料的不可替代性决定了微塑料污染治理的长期性。塑料在现代社会的各个领域都发挥着不可替代的作用。要找到完全替代塑料的材料,必须满足三个条件:既要继承塑料优良性能,又要在成本上具有竞争力,同时不能造成新的环境负担。这种近乎完美的替代要求,使得塑料与人类社会藕断丝连在所难免。根据热力学中的熵增原理,孤立系统总趋向于混乱度增加,这也预示着塑料材料的形态将向更细小的微塑料、纳米塑料方向演变。

微塑料污染的全球性特征尤为值得警惕。环境流行病学研究表明,不同社会经济背景、不同职业特点的人群均面临微塑料暴露风险。尽管婴幼儿、低收入人群和塑料行业从业人员等特定群体因生活方式或职业暴露等因素,具有更高的暴露概率,但最新研究成果表明,微塑料已经广泛存在于人类大脑、肝脏和肾脏等重要器官和组织中。从环境分布来看,无论是在繁华都市还是偏远极地,微塑料污染都无处不在,这意味着每个人都是微塑料污染的潜在受害者。

更值得忧虑的是,微塑料的复合型环境危害。作为有机聚合物的一大类,微塑料不仅直接威胁生态安全,还为其他污染物提供了理想的载体和“社交平台”,形成了复杂的多介质、多界面污染体系。这种新型污染物间的协同作用机制,使得微塑料的危害突破了传统污染物的范畴,演变为更加复杂的环境威胁。

尽管微塑料污染治理面临的挑战巨大,但值得欣慰的是,国际社会已经采取了积极行动。在联合国组织下,多项治理公约正在酝酿和实施。各国政府和非政府组织已经制定了一系列防治措施。特别是在公众意识方面,越来越多的人开始关注微塑料污染问题,并采取实际行动以减少塑料使用。可以预见,在全人类的共同努力下,依靠科技进步和国际合作,微塑料污染治理必将取得积极进展。